高等职业教育土建类专业课程改革系列教材

智慧建造概论

主　编　王宇航　罗晓蓉

副主编　霍天昭　赵爱园

参　编　勇　妍　王宇红

主　审　王全杰

机 械 工 业 出 版 社

本书结合智慧建造对人才的技能要求，注重理论知识的适用性，落实课程思政的有关要求，突出智慧建造岗位的实践性。本书以建设工程项目建设程序为主线，介绍了工程项目管理原理（工程项目进度管理、工程项目成本管理、工程项目质量管理、工程项目安全管理）、智慧建造技术、智慧工地，并列举了典型案例。

本书适用于高职高专、职业本科、应用型本科、成人高校建筑类专业，并能满足培训机构社会培训、建筑企事业单位工程技术人员自学参考。

图书在版编目（CIP）数据

智慧建造概论/王宇航，罗晓蓉主编．—北京：机械工业出版社，2021.8（2025.1重印）

高等职业教育土建类专业课程改革系列教材

ISBN 978-7-111-68954-6

Ⅰ.①智… Ⅱ.①王… ②罗… Ⅲ.①智能化建筑-高等职业教育-教材 Ⅳ.①TU18

中国版本图书馆CIP数据核字（2021）第166303号

机械工业出版社（北京市百万庄大街22号 邮政编码100037）

策划编辑：常金锋 责任编辑：常金锋 舒 宜

责任校对：张 力 封面设计：马精明

责任印制：常天培

北京机工印刷厂有限公司印刷

2025年1月第1版第4次印刷

184mm×260mm · 16.5印张 · 374千字

标准书号：ISBN 978-7-111-68954-6

定价：49.00元

电话服务

客服电话：010-88361066

010-88379833

010-68326294

网络服务

机 工 官 网：www.cmpbook.com

机 工 官 博：weibo.com/cmp1952

金 书 网：www.golden-book.com

机工教育服务网：www.cmpedu.com

前言
Preface

建筑业是我国国民经济的支柱产业之一。随着社会进步和科技发展，我国建筑业应用 BIM 技术、云计算、大数据、物联网、人工智能、移动互联网等数字化和信息技术，以科技创新为支撑、以智慧建造为技术手段的新型建造方式，正在推动建筑业转型升级、提质增效，在产业升级等方面释放着巨大的能量，促使建筑业建造能力不断增强，产业规模不断扩大，对经济社会发展、城乡建设和民生改善做出了重要贡献。

编者在长期的实践基础上，与广联达科技股份有限公司合作编写了一本为推进智慧建造发展的教材。本书分三大模块，模块一概述了智慧建造需要的理论支撑——工程项目管理原理，包括工程项目进度管理、工程项目成本管理、工程项目质量管理、工程项目安全管理；模块二为智慧建造技术，包括智慧建造体系、智慧建造应用技术；模块三为智慧工地，包括智慧工地管理系统、智慧工地基础设施与智能设备、智慧工地业务功能、智慧工地管理系统集成与运行维护；附录部分为典型案例，为智慧建造的学习提供实践指导。

本书由秦皇岛职业技术学院王宇航、罗晓蓉担任主编，广联达科技股份有限公司霍天昭、赵爱园担任副主编，广联达科技股份有限公司勇妍、秦皇岛职业技术学院王宇红参与了本书的编写。广联达科技股份有限公司教育培训事业部王全杰担任主审。本书在编写和审核过程中，得到了广联达科技股份有限公司相关专家和业内同行的大力支持和帮助，在此表示衷心感谢。

由于编者水平有限，书中难免存在不足之处，恳请广大读者给予指正。

编　者

微课资源列表

目录 Contents

模块三 智慧工地

附录　典型案例

模块一

工程项目管理原理

项目 1

工程项目进度管理

能力目标:

通过本项目的学习，能够编制并实施项目进度计划，具备施工进度计划调整与控制的能力。

学习目标:

1. 熟悉工程项目进度管理程序。
2. 编制施工进度计划。
3. 选择流水施工组织方式。
4. 熟知网络计划技术在工程组织中的应用。
5. 实施进度计划。
6. 控制与调整施工项目进度计划。
7. 编制施工项目进度计划管理总结。

任务 1.1 工程项目进度计划编制

训练目标:

1. 编制施工项目进度计划。
2. 绘制横道图。
3. 组织流水施工。
4. 绘制网络图，并计算网络图时间参数。
5. 进行工期优化、费用优化。

施工企业项目进度管理的实质是合理安排资源供应，有条不紊地实施工程项目各项活动，保证工程项目按业主的工期要求以及施工企业投标时在进度方面的承诺完成。项目经理部应按照以下程序进行进度管理：

1）根据施工合同的要求确定施工进度目标，明确计划开工日期、计划总工期和计划竣工日期，确定项目分期分批的开工、竣工日期。

2）编制施工进度计划，具体安排实现计划目标的工艺关系、组织关系、搭接关系、起止时间、劳动力计划、材料计划、机械计划及其他保证性计划。

3）进行计划交底，落实责任，并向监理工程师提出开工申请报告，按监理工程师开工令确定的日期开工。

4）实施施工进度计划。项目经理应通过施工部署、组织协调、生产调度和指挥、改善施工程序和方法等，应用技术、经济和管理手段实现有效的进度管理。项目经理部要建立系统和严密的工作制度，依据工程项目进度目标体系，对施工的全过程进行系统控制。

5）任务全部完成后，进行进度管理总结并编写进度管理报告。

项目进度管理程序如图 1-1 所示。

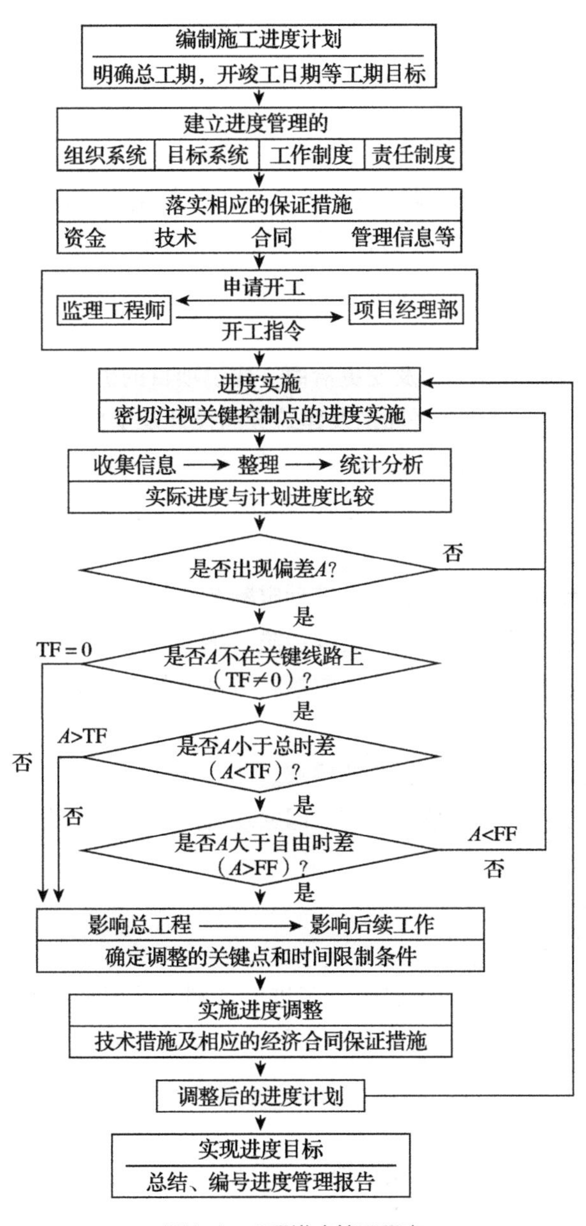

图 1-1　项目进度管理程序

施工项目进度计划是规定各项工程的施工顺序和开、竣工时间及相互衔接关系的计划，是在确定工程施工项目目标工期的基础上，根据相应完成的工程量，对各项施工过程的施工顺序、起止时间和相互衔接关系所做的统筹安排。

施工项目进度计划按计划时间划分，可分为施工总进度计划和阶段性计划；按计划表达形式划分，可分为文字说明计划与图表形式计划；按计划对象划分，可分为施工总进度计划、单位工程进度计划和分项工程进度计划；按计划作用划分，可分为控制性进度计划和指导性进度计划。这里仅介绍常用的两种进度计划：施工总进度计划和单位工程进度计划。

1.1.1 施工总进度计划

1. 编制依据

为了使施工进度计划能更好地、密切地结合工程的实际情况，更好地发挥其在施工中的指导作用，在编制施工进度计划时，按编制对象的要求，依据下列资料编制。

1）工程项目承包合同及招投标书。主要包括招投标文件及签订的工程承包合同，工程材料和设备的订货、供货合同等。

2）工程项目全部设计施工图及变更洽商。建设项目的扩大初步设计、技术设计、施工图设计、设计说明书、建筑总平面图及建筑竖向设计及变更洽商等。

3）工程项目所在地区位置的自然条件和技术经济条件。主要包括：气象，地形地貌，水文地质情况，地区施工能力，交通、水电条件等，建筑施工企业的人力、设备、技术和管理水平等。

4）工程项目设计概算和预算资料、劳动定额及机械台班定额等。

5）工程项目拟采用的主要施工方案及措施、施工顺序、流水段划分等。

6）工程项目需要的主要资源。主要包括：劳动力状况、机具设备能力、物资供应来源等。

7）建设方及上级主管部门对施工的要求。

8）现行规范、规程和有关技术规定。国家现行的施工及验收规范、操作规程、技术规定和技术经济指标。

2. 编制步骤和方法

施工总进度计划是建设工程项目的施工进度计划，是用来确定建设工程项目中所含的各单位工程的施工顺序、施工时间及相互衔接关系的计划。施工总进度计划的编制步骤和方法如下：

（1）计算工程量

根据批准的工程项目一览表，按单位工程分别计算其主要实物工程量。

（2）确定各单位工程的施工期限

各个单位工程的施工期限应根据合同工期确定，同时要考虑建筑类型、结构特征、施工方法、施工管理水平、施工机械化程度及施工现场条件等因素。

（3）确定各单位工程的开竣工时间和相互搭接关系

确定各个单位工程的开、竣工时间和相互搭接关系时主要考虑以下几点：

1）尽量提前建设可供工程施工使用的永久性工程，以节省临时工程费用。

2）急需和关键的工程先施工，以保证工程项目如期交工。对于某些技术复杂、施工周期较长、施工困难较多的工程，应安排提前施工，以利于整个工程项目按期交付使用。

3）同一时期施工的项目不宜过多，以避免人力、物力过于分散。

4）尽量做到均衡施工，以使劳动力、施工机械和主要材料的供应在整个工期范围内达到均衡。

5）施工顺序必须与主要生产系统投入生产的先后顺序吻合，同时要安排好配套工程的施工时间，以保证建成的工程能迅速投入生产或交付使用。

6）注意主要工种和主要施工机械能连续施工。

7）应注意季节对施工顺序的影响，使施工季节不导致工期拖延，不影响工程质量。

8）安排一部分附属工程或零星项目作为后备项目，用于调整主要项目的施工进度。

（4）编制初步施工总进度计划

施工总进度计划应安排全工地性的流水作业。全工地性的流水作业安排应以工程量大、工期长的单位工程为主导，组织若干流水线，并以此带动其他工程。施工总进度计划既可以用横道图表示，也可以用网络图表示。如果用横道图表示，则常用格式见表 1-1。

表 1-1　施工总进度计划

<table>
<tr><th rowspan="3">序号</th><th rowspan="3">单位工程名称</th><th rowspan="3">建筑面积</th><th rowspan="3">结构类型</th><th rowspan="3">工程造价</th><th rowspan="3">施工时间</th><th colspan="12">施工进度计划</th></tr>
<tr><th colspan="4">第一年</th><th colspan="4">第二年</th><th colspan="4">第三年</th></tr>
<tr><th>Ⅰ</th><th>Ⅱ</th><th>Ⅲ</th><th>Ⅳ</th><th>Ⅰ</th><th>Ⅱ</th><th>Ⅲ</th><th>Ⅳ</th><th>Ⅰ</th><th>Ⅱ</th><th>Ⅲ</th><th>Ⅳ</th></tr>
<tr><td></td><td></td><td></td><td></td><td></td><td></td><td></td><td></td><td></td><td></td><td></td><td></td><td></td><td></td><td></td><td></td><td></td><td></td></tr>
</table>

（5）编制正式施工总进度计划

初步施工总进度计划编制完成后，要对其进行检查。主要是检查总工期是否符合要求，资源使用是否均衡且其供应是否能得到保证。如果出现问题，则应进行调整。调整的主要方法是改变某些工程的起止时间或调整主导工程的工期。如果是网络计划，则可以利用电子计算机分别进行工期优化、费用优化及资源优化。当初步施工总进度计划经过调整符合要求后，即可编制正式的施工总进度计划。正式的施工总进度计划确定后，应根据它编制劳动力、材料、大型施工机械等资源的需用量计划，以便组织供应，保证施工总进度计划的实现。

1.1.2　单位工程进度计划

微课：

单位工程进度计划编制步骤

单位工程施工进度计划是指在既定施工方案基础上，

根据规定的工期和各种资源供应条件，对单位工程中的各分部分项工程的施工顺序、施工起止时间及衔接关系进行合理安排。单位工程进度计划的编制步骤如图 1-2 所示。

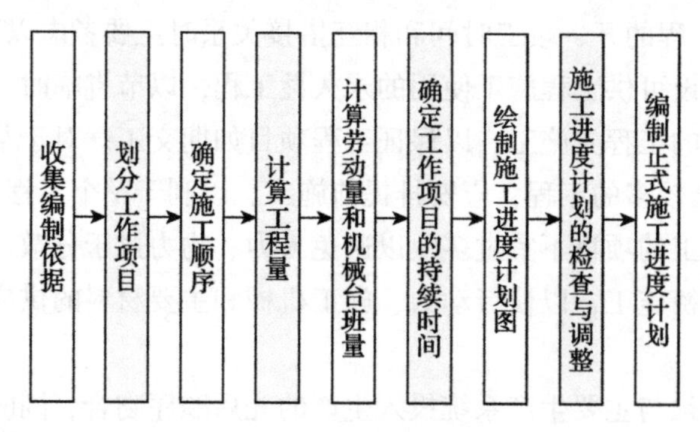

图1-2 单位工程进度计划的编制步骤

（1）收集编制依据

1）主管部门的批示文件及建设单位的要求。

2）施工图及设计单位对施工的要求。其中包括：单位工程的全部施工图、会审记录和标准图、变更洽商等有关部门设计资料，对较复杂的建筑工程还要有设备图样和设备安装对土建施工的要求，及设计单位对新材料、新技术新工艺和新方法的要求。

3）施工企业年度计划与该工程的有关指标，如：进度、其他项目穿插的要求等。

4）施工组织总设计或大纲对该工程的有关部门规定和安排。

5）资源配备情况，如：施工中需要的劳动力、施工机械和设备、材料、预制构件和加工品的供应能力及来源情况。

6）建设单位可能提供的条件和水电供应情况，如：建设单位可能提供的临时房屋数量，水电供应量，水压、电压能否满足施工需要等。

7）施工现场条件和勘察，如：施工现场的地形、地貌、地上与地下的障碍物、工程地质和水文地质、气象资料、交通运输通路及场地面积等。

8）预算文件和国家及地方规范等资料。工程的预算文件等提供的工程量和预算成本，国家和地方的施工验收规范、质量验收标准、操作规程和有关定额是确定编制施工进度计划的主要依据。

（2）划分工作项目

工作项目是施工进度计划的基本组成单元。工作项目内容的多少和划分的粗细程度应该根据计划的需要来确定。对于大型建设工程，经常需要编制控制性施工进度计划，此时工作项目可以划分得粗一些，一般只明确到分部工程即可。

（3）确定施工顺序

1）确定施工顺序是按照施工的技术规律和合理的组织关系，解决各工作项目在时间上的先后和搭接问题，以达到保证质量、安全施工、充分利用空间、争取时间、实现合理安排工期的目的。

2）一般来说，施工顺序受施工工艺和施工组织两方面的制约。当施工方案确定之后，工作项目之间的工艺关系也就随之确定。如果违背这种关系，将不可能施工，或者导致工程质量事故和生产安全事故的出现，或者造成返工浪费。

3）不同的工程项目，其施工顺序不同。即使是同一类工程项目，其施工顺序也难以做到完全相同。因此，在确定施工顺序时，必须根据工程的特点、技术组织要求以及施工方案等进行研究，不能拘泥于某种固定的顺序。

（4）计算工程量

工程量的计算应根据施工图和工程量计算规则，针对所划分的每一个工程项目进行。当编制施工进度计划时已有预算文件，且工作项目的划分与施工进度计划一致时，可以直接套用施工预算的工程量，不必重新计算。若某些项目有出入，但出入不大时，应结合工程的实际情况进行某些必要的调整。

（5）计算劳动量和机械台班量

1）劳动量计算。劳动量也称劳动工日数，凡是以手工操作为主的施工过程，其劳动量均可按下式计算：

$$P_i = \frac{Q_i}{S_i} \text{ 或 } P_i = Q_i \times H_i$$

式中 P_i——某施工过程所需劳动量（工日）；

Q_i——该施工过程的工程量（m^3、m^2、m 、t 等）；

S_i——该施工过程的产量定额（m^3/工日、m^2/工日、m/工日、t /工日等）；

H_i——该施工过程采用的时间定额（工日/m^3、工日/m^2、工日/m、工日/t 等）。

例 1-1　某单层工业厂房的柱基坑土方量为 3240 m^3，采用人工挖土，查劳动定额得产量定额为 3.9m^3/工日，计算完成基坑挖土所需的劳动量。

解：$P=Q/S=$（3240÷3.9）工日＝830.8 工日

取 831 工日。

当某一施工过程是由两个或两个以上不同分项工程合并而成时，其总劳动量应按下式计算：

$$P_{总} = P_1+P_2+\cdots+P_n$$

例 1-2　某钢筋混凝土基础工程，其支模板、绑扎钢筋、浇筑混凝土三个施工过程的工程量分别为 719.6 m^2、6.284t、287.3m^3，查劳动定额得时间定额分别为 0.253 工日/m^2、5.28 工日/t、0.833 工日/m^3，试计算完成钢筋混凝土基础所需劳动量。

解：$P_{模}=$（719.6×0.253）工日＝182.1 工日

$P_{筋}=$（6.284×5.28）工日＝33.2 工日

$P_{混凝土}=$（287.3×0.833）工日＝239.3 工日

$P_{基}=P_{模}+P_{筋}+P_{混凝土}=$（182.1+33.2+239.3）工日＝454.6 工日

取 455 个工日。

例 1-3　某工程外墙面装饰有外墙面涂料、面砖、剁假石三种做法，其工程量分别是 930.5m^2、491.3m^2、185.3m^2，产量定额分别是 7.56m^2/工日、4.05m^2/工日、3.05m^2/工日。试计算它们的综合产量定额。

解：$S=(Q_1+Q_2+Q_3)/(Q_1/S_1+Q_2/S_2+Q_3/S_3)$

$=[(930.5+491.3+185.3)\div(930.5\div7.56+491.3\div4.05+185.3\div3.05)]\ m^2/工日$

$=5.27\ m^2/工日$

2）机械台班量计算。凡是采用机械为主的施工过程，可采用下式计算其所需的机械台班数：

$$P_{机械}=\frac{Q_{机械}}{S_{机械}} \text{ 或 } P_{机械}=Q_{机械}\times H_{机械}$$

式中 $P_{机械}$——某施工过程所需机械台班数（台班）；

$Q_{机械}$——机械完成的工程量（m^3、t 等）；

$S_{机械}$——机械的产量定额（m^3/台班、t/台班等）；

$H_{机械}$——机械的时间定额（台班/m^3、台班/t 等）。

例 1-4 某工程基础挖土采用 W-100 型反铲挖土机，挖土量为 $3010m^3$，经计算采用的机械台班产量为 $120m^3$/台班，计算挖土机所需台班量。

解：$P_{机械}=Q_{机械}/S_{机械}=(3010\div120)$ 台班$=25.08$ 台班

取 25 个台班。

（6）确定工作项目的持续时间

施工过程持续时间的确定方法有三种：定额计算法、经验估算法和倒排计划法。

1）定额计算法。根据施工过程需要的劳动量或机械台班，以及配备的劳动人数或机械台数，确定施工持续时间。其计算公式如下：

$$D=\frac{P}{N\times R}$$

式中 D——施工过程持续时间（天）；

P——施工过程所需的劳动量或机械台班（工日或台班）；

R——该施工过程所配备的施工班组人数或机械台数（人或台）；

N——每天采用的工作班制（班）。

例 1-5 某工程砌墙需要劳动量为 740 工日，每天采用两班制，每班安排 20 人施工，如果分三个施工段，试求完成砌墙任务的持续时间。

解：

$$D=\frac{P}{N\times R}=\frac{740}{2\times20}天=18.5\ 天$$

2）经验估算法。根据过去经验估计，适用于新技术、新工艺、新材料、新方法等无定额可循的施工过程。其计算公式如下：

$$D=\frac{A+4B+C}{6}$$

式中 A——最乐观时间；

B——最悲观时间；

C——最可能时间。

3）倒排计划法。这种方法根据施工的工期要求，先确定施工过程的持续时间及工作班制，再确定施工班组人数 R 或机械台班 $R_{机械}$。计算公式如下：

$$R=\frac{P_{机械}}{N_{机械}\times D_{机械}}$$

$$R=\frac{P}{N\times D}$$

式中 D——完成工作项目所需要的时间，即持续时间（天）；

P——每班安排的工人数或施工机械台数；

N——每天工作班数。

如果按上述两式计算出来的结果超过了本部门现有人数或机械台数，则要求有关部门进行平衡、调度及支持，或从技术上和组织上采取措施，如组织平行立体交叉流水施工、提高混凝土早期强度、某些施工过程采用多班制施工等。

例 1-6 某工程挖土方所需劳动量为 600 工日，要求在 20 天内完成，采用一班制施工，试求每班工人数。

解：

$$R=\frac{600}{1\times 20}人=30\ 人$$

上例所需施工班组人数为 30 人，是否有这么多劳动人数，是否有足够的工作面，这都需要经分析研究才能确定。

（7）绘制施工进度计划图

若要绘制施工进度计划图，首先应选择施工进度计划的表达形式。目前，常用来表达建设工程施工进度计划的方法有横道图和网络图两种形式。横道图比较简单，而且非常直观，多年来被人们广泛地用于表达施工进度计划，并以此作为控制工程进度的主要依据。但是，采用横道图控制工程进度具有一定的局限性。随着计算机的广泛应用，网络计划技术日益受到人们的青睐。

（8）施工进度计划的检查与调整

当施工进度计划初始方案编制好后，需要对其进行检查与调整，以使进度计划更加合理。进度计划检查的主要内容如下：

1）工作项目的施工顺序、平行搭接和技术间歇是否合理。

2）总工期是否满足合同规定。

3）主要工种的工人是否能满足连续、均衡施工的要求。

4）主要机具、材料等的利用是否均衡和充分。

（9）编制正式施工进度计划

根据调整的施工进度计划，绘制正式施工进度计划。

1.1.3 流水施工组织

建设项目施工表达方法有横道图、垂直图表和网络图三种。其中，最直观且易于接受的是横道图。

1. 施工表达方法——横道图

时间进度计划单靠语言和文字很难表达清楚。为了清楚、直观地表达项目各项活动之间的时间先后和逻辑关系，1917 年亨利・甘特发明了著名的横道图（也称甘特图），它是结合时间坐标线，用一系列水平线段分别表示各施工过程的起止时间和先后顺序的图表。横道图易于理解，且制作简单，把流水情况表达得很清楚，不仅能安排工期，而且可以与劳动计划、资源计划、资金计划相结合，形成控制工具。流水施工横道图如图 1-3 所示。

施工过程	施工进度（天）						
	2	4	6	8	10	12	14
挖基槽	①	②	③	④			
做垫层		①	②	③	④		
砌基础			①	②	③	④	
回填土				①	②	③	④

流水施工总工期

图 1-3　流水施工横道图

横向表示流水施工的持续时间，纵向表示施工过程的名称或编号。n 条带有编号的水平线段表示 n 个施工过程或专业工作队的施工进度安排，其编号①、②……表示不同的施工段。

横道图的特点如下：

1）能够清楚地表达各项工作的开始时间、结束时间和持续时间，计划内容排列整齐有序，形象直观。

2）能够按计划和单位时间统计各种资源的需求量。

3）使用方便、制作简单、易于掌握。

4）不容易分辨计划内部工作之间的逻辑关系，一项工作的变动对其他工作或整个计划的影响不能清晰地反映出来。

5）不能表达各项工作的重要性，计划任务的内在矛盾和关键工作不能直接从图中反映出来。

这种表达方式简单明了、直观易懂，但是也存在一些问题。如工序之间的逻辑关系不易表达清楚；适用于手工编制计划；没有通过严谨的时间参数计算，不能确定关键线路和时差；计划调整只能用手工方式进行，工作量较大；难以适应大的进度计划系统。

2. 流水施工组织方式

微课：

流水施工的组织

流水作业原理是在分工大量出现之后的顺序作业和平行作业的基础上产生的，是一种以分工为基础的协作，是成批地生产产品的一种优越的作业方法。在建筑工程施工中，各施工段（相当于产品或中间产品）是固定不动的，而专业施工队是流动的，他们由前一个施工段流向后一个施工段。根据具体情况不同，流水施工组织方式有 3 种：依次施工、平行施工和流水施工，这 3 种方式各有特点，适用的范围各异。

例 1-7　有 4 幢同类型宿舍楼的基础工程，划分 4 个施工过程：基槽开挖、垫层浇筑、基础砌筑、基槽回填，它们在每幢房屋上的持续时间分别为 2 天、1 天、3 天、1 天，每个班组工人数分别为 20 人、15 人、25 人、10 人，试分别用三种方式组织施工。

解：（1）依次施工

依次施工也称为顺序施工，是各施工段或施工过程依次开工、依次完成的一种顺序组织方式。依次施工不考虑后续施工工程在时间和空间上的相互搭接，而是依照顺序进行施工。

1）按施工段依次施工。这种施工方式是在完成一个施工段的各施工过程后，接着依次完成其他施工段的各施工过程，直至完成全部任务。按施工段依次施工的施工进度如图 1-4 所示。工期计算公式如下：

$$T = M\sum t_i$$

式中　T——工期；

M——施工段数；

t_i——某施工过程在一个施工段上所需时间。

施工过程	班组人数（人）	施工进度（天）																											
			2		4		6		8		10		12		14		16		18		20		22		24		26		28
基槽开挖	20	—	—						—	—						—	—						—	—					
垫层浇筑	15			—							—							—							—				
基础砌筑	25				—	—	—					—	—	—					—	—	—					—	—	—	
基槽回填	10							—							—							—							—

图 1-4　按施工段依次施工的施工进度

2）按施工过程依次施工。这种施工方式是在依次完成每个施工段的第一个施工过程后，再开始第二个施工过程的施工，直至完成最后一个施工过程的施工。按施工过程依次施工的施工进度如图 1-5 所示。工期计算方法与按施工段依次施工相同，但每天所需的劳动力消耗不同。

依次施工特点是同时投入的劳动资源较少，组织简单，材料供应单一；但劳动生产率低，工期较长，难以在短期内提供较多的产品，不能适应大型工程的施工。

（2）平行施工

平行施工是指同一施工过程在各施工段上同时开工、同时完成的一种施工组织方式。平行施工的施工进度如图 1-6 所示。工期计算公式如下：

$$T = \sum t_i$$

式中 T——工期；

t_i——某施工过程在一个施工段上所需时间。

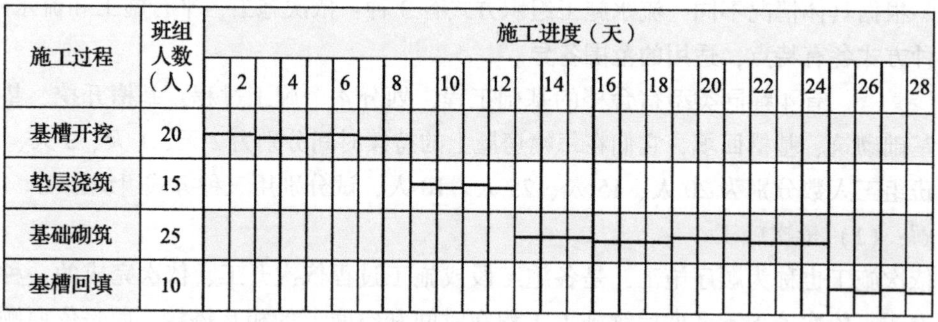

施工过程	班组人数（人）	施工进度（天）													
		2	4	6	8	10	12	14	16	18	20	22	24	26	28
基槽开挖	20														
垫层浇筑	15														
基础砌筑	25														
基槽回填	10														

图1-5　按施工过程依次施工的施工进度

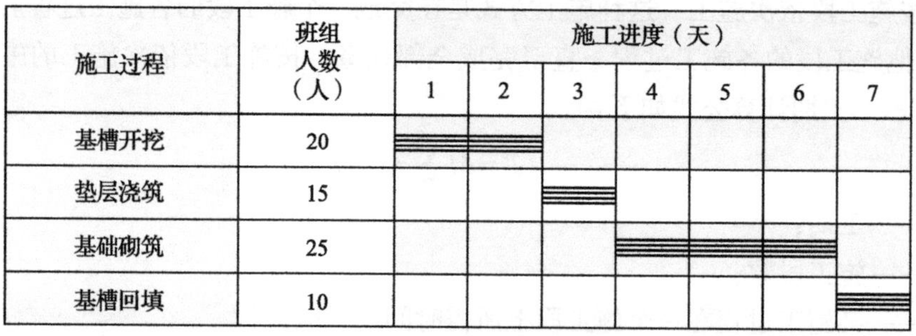

施工过程	班组人数（人）	施工进度（天）						
		1	2	3	4	5	6	7
基槽开挖	20							
垫层浇筑	15							
基础砌筑	25							
基槽回填	10							

图1-6　平行施工的施工进度

平行施工特点是最大限度地利用了工作面，工期最短；但在同一时间内需提供的相同劳动资源成倍增加，这给实际施工管理带来了一定难度，因此只有在工程规模较大和工期较紧的情况下采用才合理。

（3）流水施工

流水施工是指将建筑工程项目划分为若干个施工段，所有的施工班组按一定的时间间隔依次投入施工，各个施工班组陆续开工、陆续竣工，使同一施工班组保持连续、均衡地施工，不同的施工班组尽可能平行搭接施工的组织方式。流水施工的施工进度如图1-7所示。

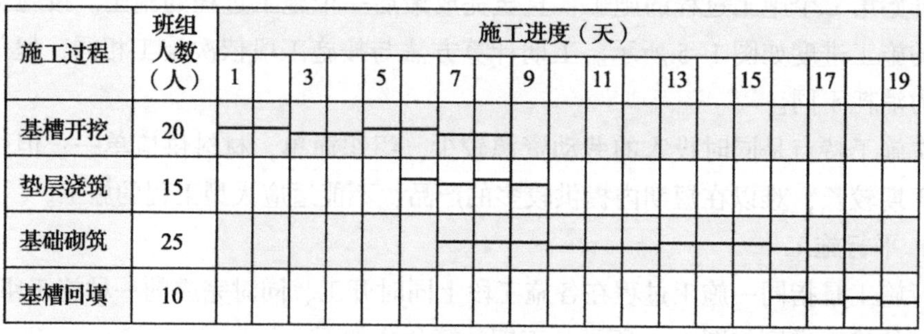

施工过程	班组人数（人）	施工进度（天）									
		1	3	5	7	9	11	13	15	17	19
基槽开挖	20										
垫层浇筑	15										
基础砌筑	25										
基槽回填	10										

图1-7　流水施工的施工进度

（4）三种施工组织方式比较

由上面分析可知，依次施工、平行施工和流水施工是施工组织的三种基本方式，流水施工兼具依次施工和平行施工的优点，克服了两者的缺点，是三种组织方式中比较合理、先进、可行的组织方式，但是依次施工、平行施工也各有特点。

在实际应用中，要结合实际进行具体分析，然后选择合理、适用的组织方式。流水施工适用于大多数工程，平行施工一般适用于工期要求紧、大规模建筑群（如住宅小区）及分期分批组织施工的工程；当工程规模较小，施工工作面又有限时，依次施工是适用的，也是常见的。三种施工组织方式比较见表1-2。

表1-2　三种施工组织方式比较

方式	工期	资源投入	评价	适用范围
依次施工	最长	投入强度低	劳动力投入少，资源投入不集中，有利于组织工作。现场管理工作相对简单，可能会产生窝工现象	工程规模较小，工作面有限
平行施工	最短	投入强度最大	资源投入集中，现场组织管理复杂，不能实现专业化生产	工程工期要求紧，大规模建筑群（如住宅小区）及分期分批组织施工的工程及工作面允许情况下可采用
流水施工	较短	较短	结合了依次施工与平行施工的优点，作业队伍连续，充分利用工作面，是较理想的施工组织方式	一般项目均可适用

3. 流水施工主要参数

（1）工艺参数

1）施工过程数。工艺参数指施工过程的数目，用“N”表示。应按照图样和施工顺序将拟建工程的各个施工过程列出，并结合施工方法、施工条件、劳动组织等因素，加以适当调整。

2）流水强度。流水强度，用“V”表示。流水强度是指组织流水施工时，每一施工过程在单位时间内完成的工程量，也称流水能力或生产能力。

（2）空间参数

1）工作面。工作面是指施工对象上满足工人或机械设备进行正常施工操作的空间大小。一方面。工作面的大小决定了施工时可以安置的工人数量、机械的规格、型号和数量；另一方面，每个工人或每台设备所需的工作面大小取决于单位时间内其完成的工作量的多少以及施工安全、施工质量的要求。

2）施工段数。拟建工程在组织流水施工中所划分的施工区段数，简称施工段数，用“M”表示，包括平面上划分的施工段数和垂直方向划分的施工层数。

在平面上划分的若干个劳动量大致相等的施工段数，用“m”表示，在垂直方向划分的施工层数，用“r”表示。施工段数 M 与 m、r 的关系为：$M=m\times r$。施工层的划分视工程对象的具体情况而定，一般以建筑物的结构层作为施工层，也可按施工高度进行划分。

划分施工段的目的在于保证不同的施工班组在不同的施工段上同时进行施工，并使各施工班组按一定的时间间隔转移到另一个施工段进行连续施工。这样既消除了等待、停歇现象，又互不干扰。

在平面上划分施工段，应考虑以下几点：

①施工段的分界线应尽可能位于结构的界限，或对结构整体性影响小的部位，如温度缝、沉降缝、门窗洞口或高低跨界处等；结构对称或等分线处，也往往是施工段的分界线。

②施工段的数目要合理。若施工段过多，则每个施工段的工作面减小，施工班组人数需要减少，加之工作面不能充分利用，会使工期延长；若施工段过少，则会引起劳动力、机械和材料供应的过分集中，有时还会造成“断流现象”的发生。

③要有足够的工作面。使每一个施工段所能容纳的劳动力人数或机械台数满足合理劳动组织的要求。

④各施工段上的劳动量（或工程量）应尽可能相等（相差宜在15%以内），以保证各个施工班组连续、均衡、有节奏地施工。

⑤某些工程的流水组织，施工段可以是一幢楼的一层的若干部分，也可以把有相同类型的若干幢楼组成的建筑群中的每一幢作为一个施工段，以满足不同范围内的流水施工组织的需要。

（3）时间参数

时间参数包括流水节拍、流水步距和工期。

1）流水节拍。流水节拍是指从事某一施工过程的专业施工队在一个施工段上的施工持续时间，用 t_i 表示。

2）流水步距。流水步距是指前后相邻的两个施工过程先后投入施工的时间间隔，用符号 $K_{i,i+1}$ 表示。

3）工期。工期是指完成一项工程任务或一个流水施工所需的时间，一般采用下式表示：

$$T=\sum K_{i,i+1}+T_N$$

式中　T——流水施工工期；

$\sum K_{i,i+1}$——流水施工中各流水步距之和；

T_N——最后一个施工班组的持续时间。

4. 流水施工分类及计算

- 流水施工
  - 有节奏流水施工
    - 等节奏流水施工
      - 等节拍等步距流水施工
      - 等节拍不等步距流水施工
    - 异节奏流水施工
      - 不等节拍流水施工
      - 成倍节拍流水施工
  - 无节奏流水施工

（1）有节奏流水施工

1）等节奏流水施工。等节奏流水施工是指同一施工过程在各施工段上的流水节拍都相等，并且不同施工过程之间的流水节拍也相等的一种流水施工方式，即各施工过程的流水节拍均为常数，故其也称为全等节拍流水。等节奏流水施工分为等节拍等步距流水施工和等节拍不等步距流水施工两种。

① 等节拍等步距流水施工。等节拍等步距流水施工是指各施工过程的流水节拍均相等，各流水步距均相等，且等于流水节拍的一种流水施工方式。

各施工过程的流水节拍均相等，$t_i=t$（常数）；各流水步距均相等，且等于流水节拍值，$K_{i,i+1}=K=t$（常数）。

工期计算公式如下：

$$T=(N+M-1)t$$

式中　N——施工过程数；

　　　M——施工段数。

例 1-8　某分部工程划分为 A、B、C、D 共 4 个施工过程，每个施工过程分为 3 个施工段，各施工过程的流水节拍均为 4 天，试组织等节拍等步距流水施工。

解：确定流水步距。由等节拍等步距流水施工的特征可知：

$$K=t=4\text{ 天}$$

$$\text{工期 } T=(N+M-1)\times t=[(4+3-1)\times 4]\text{ 天}=24\text{ 天}$$

用横道图绘制等节拍等步距流水施工进度计划，如图 1-8 所示。

施工过程	施工进度（天）																							
		2		4		6		8		10		12		14		16		18		20		22		24
A																								
B																								
C																								
D																								

图 1-8　等节拍等步距流水施工进度计划

② 等节拍不等步距流水施工。等节拍不等步距流水施工是指各施工过程的流水节拍均相等，但各流水步距不相等的一种流水施工方式。

各施工过程在各施工段上的流水节拍均相等，$t_i=t$（常数）；各流水步距不相等，

$K_{i,i+1}=t+t_j-t_d$。

工期计算公式如下：

$$T=(N+M-1)t+\sum t_j-\sum t_d$$

式中　N——施工过程数；

M——施工段数。

间歇时间 t_j 是指在组织流水施工时，某些施工过程完成后，后续施工过程不能立即投入施工而必须等待的时间。其分为技术间歇（抹灰层的干燥时间）和组织间歇（施工机械转移）。

搭接时间 t_d 是指在组织流水施工时，为缩短工期，在工作面允许的条件下，前一个施工班组完成部分施工任务后，提前为后一个施工班组提供工作面，使后者提前进入前一个施工段施工，两者在同一施工段上平行搭接施工的时间。

例 1-9　某分部工程划分为 A、B、C、D 共 4 个施工过程，每个施工过程分为 4 个施工段，各施工过程的流水节拍均为 4 天，其中 A 与 B 之间有 2 天的间歇时间，C 与 D 之间有 1 天的搭接时间。试组织等节拍不等步距流水施工。

解：流水节拍：$t_i=t=4$

流水步距：$K_{A,B}=$（4+2）天=6 天，$K_{B,C}=4$ 天，$K_{C,D}=$（4−1）天=3 天，

工期：$T=(N+M-1)t+\sum t_j-\sum t_d=[(4+4-1)\times4+2-1]$ 天=29 天

用横道图绘制等节拍不等步距流水施工进度计划，如图 1-9 所示。

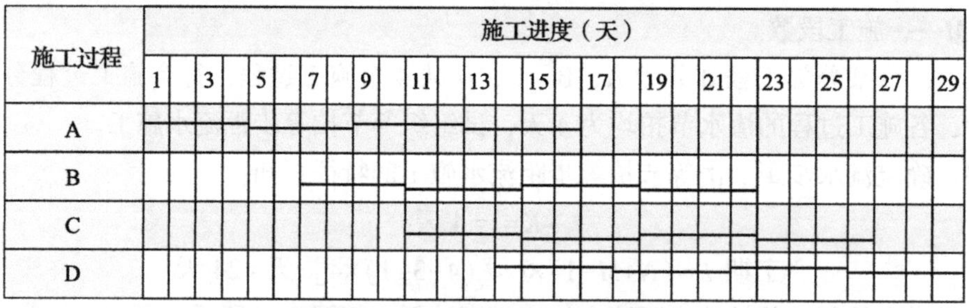

施工过程	施工进度（天）																												
	1		3		5		7		9		11		13		15		17		19		21		23		25		27		29
A																													
B																													
C																													
D																													

图 1-9　等节拍不等步距流水施工进度计划

③等节奏流水施工组织方法与适用范围。等节奏流水施工组织方法是：首先划分施工过程，将劳动量小的施工过程合并到相邻施工过程中，以使各流水节拍相等；其次确定主要施工过程的施工班组人数，计算其流水节拍；最后根据已定的流水节拍，确定其他施工过程的施工班组人数及其组成。

等节奏流水施工一般适用于工程规模较小、建筑结构比较简单、施工过程不多的建筑物，常用于组织分部工程的流水施工。

2）异节奏流水施工。异节奏流水是指同一施工过程在各施工段上的流水节拍都相等，不同施工过程之间的流水节拍不完全相等的流水施工方式。异节奏流水施工分为不等节拍流水施工和成倍节拍流水施工两种。

① 不等节拍流水施工。不等节拍流水施工是指同一施工过程在各施工段上的流水节

拍相等，不同施工过程之间的流水节拍既不相等也不成倍的流水施工方式。

流水步距可按下式计算：

$$K_{i,i+1}=\begin{cases}t+(t_j-t_d) & (t_i\leqslant t_{i+1})\\ Mt_i-(M-1)t_{i+1}+(t_j-t_d) & (t_i>t_{i+1})\end{cases}$$

工期计算公式如下：

$$T=\sum K_{i,\ i+1}+T_N$$

式中 N——施工过程数；

M——施工段数；

t_j——间歇时间；

t_d——搭接时间。

例 1-10 某工程划分为 A、B、C、D 共 4 个施工过程，分为 3 个施工段组织施工，各施工过程的流水节拍分别为 3 天、4 天、2 天、3 天，施工过程 C 与 D 搭接 1 天。试组织不等节拍流水施工，求出各施工过程之间的流水步距及该工程的工期，并绘制施工进度图。

解： A. 确定流水步距。

$t_A<t_B$，$K_{A,B}=t_A=3$ 天

$t_B>t_C$，$K_{B,C}=Mt_B-(M-1)t_c=[3\times4-(3-1)\times2]$天$=8$天

$t_C<t_D$，且 C 与 D 搭接 1 天，$K_{C,D}=t_c-t_D=(2-1)$天$=1$ 天

B. 计算流水工期。

$$T=\sum K_{i,\ i+1}+T_N$$
$$=[(3+8+1)+(3\times3)]\text{天}=21\text{ 天}$$

用横道图绘制不等节拍流水施工进度计划，如图 1-10 所示。

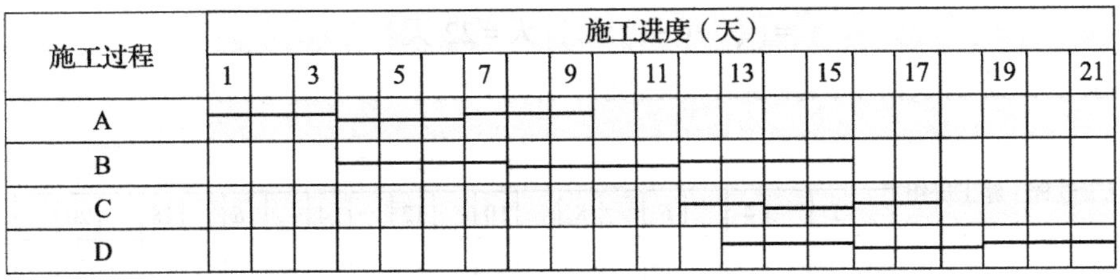

施工过程	施工进度（天）																				
	1		3		5		7		9		11		13		15		17		19		21
A																					
B																					
C																					
D																					

图 1-10 不等节拍流水施工进度计划

不等节拍流水施工适用于施工段大小相等的分部和单位工程的流水施工，其在进度安排上比等节奏流水施工灵活，实际应用范围广泛。

② 成倍节拍流水施工。成倍节拍流水施工是指同一施工过程在各施工段上的流水节拍相等，不同施工过程之间的流水节拍不完全相等，但各施工过程的流水节拍之间存在整数倍（或最大公约数）关系的流水施工方式。

流水步距用下式确定：

$$K_{i,i+1}=K_b+t_j-t_d$$

式中　K_b——流水节拍最大公约数；

t_j——间歇时间；

t_d——搭接时间。

某施工过程所需的施工班组数用下式计算：

$$b_i = \frac{t_i}{K_b}$$

式中　b_i——某施工过程所需施工班组数；

t_i——流水节拍。

施工班组总数计算公式如下：

$$N' = \sum b_i$$

式中　N'——施工班组总数。

工期计算公式如下：

$$T = (N' + M - 1)K_b + \sum t_j - \sum t_d$$

例 1-11　某工程划分为 A、B、C 共 3 个施工过程，分 6 个施工段施工，流水节拍分别为 $t_A = 6$ 天，$t_B = 4$ 天，$t_C = 2$ 天，试组织成倍节拍流水施工。

解：确定流水步距。

$$K = K_b = 2\text{ 天}$$

确定每个施工过程的施工班组数：

$b_A = t_A/K_b =$（6÷2）个=3个；$b_B = t_B/K_b =$（4÷2）个=2个；$b_C = t_C/K_b =$（2÷2）个=1个

施工班组总数 $N' = \sum b_i = (3+2+1)$个$=6$个

工期：

$$T = (N' + M - 1)K_b + \sum t_j - \sum t_d$$

$$= [(6+6-1)\times 2]\text{ 天} = 22\text{ 天}$$

用横道图绘制成倍节拍流水施工进度计划，如图 1-11 所示。

施工过程	施工班组	施工进度（天）																					
			2		4		6		8		10		12		14		16		18		20		22
A	A_1				1						4												
	A_2					2						5											
	A_3							3						6									
B	B_1									1				3				5					
	B_2											2				4				6			
C	C_1												1		2		3		4		5		6

图 1-11　成倍节拍流水施工进度计划

（2）无节奏流水施工

无节奏流水施工是指同一施工过程在各施工段上的流水节拍不完全相等的一种流水施工方式。

1）特征。

① 同一施工过程在各施工段上的流水节拍不完全相等。

② 各施工过程之间的流水步距不完全相等且差异较大。

③ 各施工班组能够在各施工段上连续作业，但有的施工段可能有空闲时间。

④ 施工班组数等于施工过程数。

2）流水步距确定。

无节奏流水施工由于同一施工过程在各施工段上流水节拍不等，很容易造成工艺停歇或工艺超前现象，所以必须正确计算出流水步距。

无节奏流水施工的流水步距通常采用“累加斜减取大差法”确定，步骤如下：

① 将各施工过程的流水节拍逐段累加。

② 错位相减。

③ 取差数较大者作为流水步距。

工期计算公式如下：

$$T=\sum K_{i,\ i+1}+T_N$$

例 1-12　某工程由 A、B、C、D 共 4 个施工过程组成，划分为 4 个施工段，各施工过程在各施工段上的流水节拍见表 1-3。试组织无节奏流水施工。

表 1-3　某工程各施工过程在各施工段上的流水节拍　（单位：天）

施工段	施工过程			
	Ⅰ	Ⅱ	Ⅲ	Ⅳ
A	4	2	3	2
B	3	4	3	4
C	3	2	2	3
D	2	2	1	2

解：计算流水步距：

求 $K_{A,B}$：

$$\begin{array}{rrrrrr} & 4 & 6 & 9 & 11 & \\ - & & 3 & 7 & 10 & 14 \\ \hline & 4 & 3 & 2 & 1 & -14 \end{array}$$

$K_{A,B}=4$ 天。

求 $K_{B,C}$：

$$\begin{array}{rrrrrr} & 3 & 7 & 10 & 14 & \\ - & & 3 & 5 & 7 & 10 \\ \hline & 3 & 4 & 5 & 7 & -10 \end{array}$$

$K_{B,C}=7$ 天。

求 $K_{C,D}$：

$$
\begin{array}{rrrrrr}
 & 3 & 5 & 7 & 10 & \\
- & & 2 & 4 & 5 & 7 \\
\hline
 & 3 & 3 & 3 & 5 & -7
\end{array}
$$

$K_{C,D}=5$ 天。

工期计算：

$$T=\sum K_{i,\,i+1}+T_N=[(4+7+5)+(2+2+1+2)]\text{天}=23\text{天}$$

用横道图绘制无节奏流水施工进度计划，如图 1-12 所示。

施工过程	施工进度（天）																						
	1	2	3	4	5	6	7	8	9	10	11	12	13	14	15	16	17	18	19	20	21	22	23
A																							
B																							
C																							
D																							

图 1-12　无节奏流水施工进度计划

3）无节奏流水施工适用范围。在无节奏流水施工中，各施工过程在各施工段上流水节拍不完全相等，不像有节奏流水施工那样有一定的时间约束，在进度安排上比较自由、灵活，适用于各种不同结构和规模的工程组织施工，在实际工程中应用最多。

5. 流水施工表示方法——网络计划技术

网络图是指箭线和节点按一定的次序排列而成的网状图形。网络图按节点和箭线所代表的含义不同，分为双代号网络图和单代号网络图两大类。由于双代号网络图应用较广，在此仅介绍双代号网络图。

（1）双代号网络图

微课：

双代号网络图的绘制

用双代号表示方法将计划中的全部工作根据它们的逻辑关系，从左到右绘制而成的网状图形称为双代号网络图。

1）构成要素。

① 箭线。

A. 实箭线。一根实箭线表示一个施工过程或一项工作。一般情况下，每根实箭线表示的施工过程都要消耗一定的时间和资源，但也存在只消耗时间而不消耗资源的施工过程。

B. 虚箭线。虚箭线表示虚工作，既不消耗时间也不消耗资源，它在双代号网络图中起逻辑连接、逻辑断路或逻辑区分的作用。

C. 箭线的长短一般与工作的持续时间无关。

D. 箭线的方向表示工作进行的方向。

双代号网络图如图 1-13 所示。

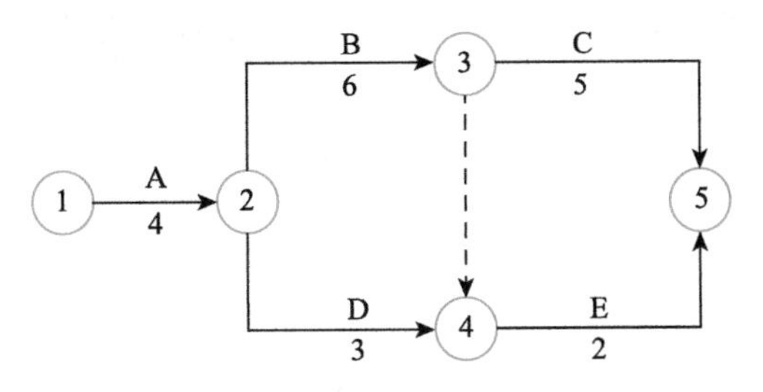

图 1-13　双代号网络图

② 节点（圆圈）。节点表示前面工作结束或后面工作开始的瞬间，因此节点既不消耗时间也不消耗资源。

起点节点：网络图第一个节点为起点节点，代表一项计划的开始。

终点节点：网络图最后一个节点为终点节点，代表一项计划的结束。

中间节点：位于起点节点和终点节点之间的所有节点都称为中间节点。

节点编号的要求和原则为：从左到右，由小到大，始终做到箭尾编号小于箭头编号，即 $i<j$。

③ 线路。在网络图中，从起点节点开始，沿着箭线方向顺序通过一系列节点，最后到达终点节点的若干条通路，称为线路。

在网络图中，至少存在一条关键线路。关键线路不是一成不变的，在一定条件下，关键线路和非关键线路是可以互相转换的。

④ 紧前工作：在本工作之前的工作。

紧后工作：在本工作之后的工作。

平行工作：与本工作同时进行的工作。

（2）网络图绘制规则

正确绘制工程网络图是网络计划技术应用的关键。因此，在绘制时应做到两点：一是正确表达工作之间的逻辑关系；二是必须遵守网络图的绘制规则。

1）正确表达工作之间的逻辑关系。

在网络图中，各工作之间的逻辑关系变化多端，表 1-4 为常见逻辑关系及其双代号表示方法。

表 1-4　常见逻辑关系及其双代号表示方法

序号	逻辑关系	双代号表示方法	备　注
1	A、B 两项工作依次进行	A　B	A 工作的结束节点是 B 工作的开始节点
2	A、B、C 三项工作同时开始	A　B　C	三项工作具有共同的起点节点

（续）

序号	逻辑关系	双代号表示方法	备　注
3	A、B、C 三项工作同时结束	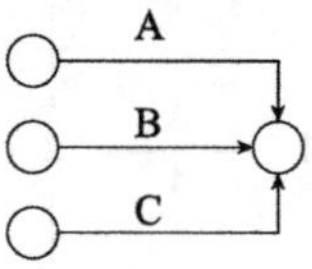 A B C	三项工作具有共同的结束节点
4	A、B、C 三项工作，A 完成后进行 B、C	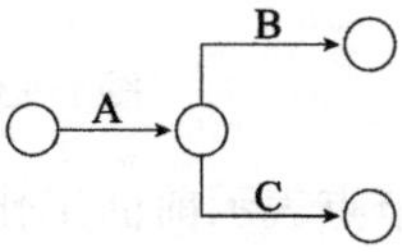 B A C	A 工作的结束节点是 B、C 工作的开始节点
5	A、B、C 三项工作，A、B 完成后进行 C	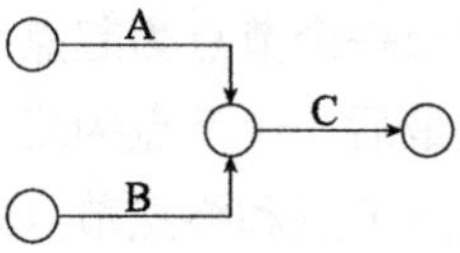 A C B	A、B 工作的结束节点是 C 工作的开始节点
6	A、B、C、D 四项工作，A、B 完成后进行 C、D	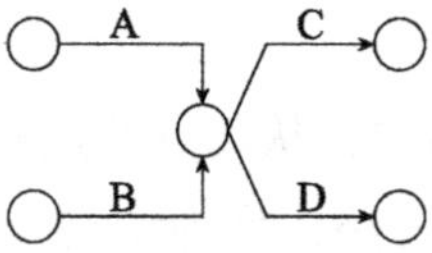 A C B D	A、B 工作的结束节点是 C、D 工作的开始节点
7	A、B、C、D 四项工作，A 完成后进行 C，A、B 完成后进行 D	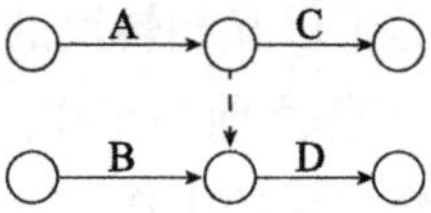 A C B D	引入虚箭线，使 A 工作成为 D 工作的紧前工作
8	A、B、C、D、E 五项工作，A、B 完成后进行 D，B、C 完成后进行 E	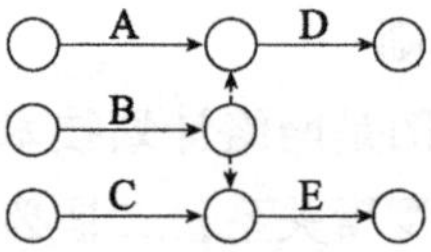 A D B C E	加入两条虚箭线，使 B 工作成为 D、E 共同的紧前工作
9	A、B、C、D、E 五项工作，A、B、C 完成后进行 D，B、C 完成后进行 E	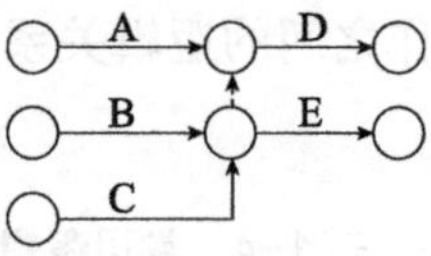 A D B E C	引入虚箭线，使 B、C 工作成为 D 工作的紧前工作
10	A、B 两个施工过程，按三个施工段流水施工	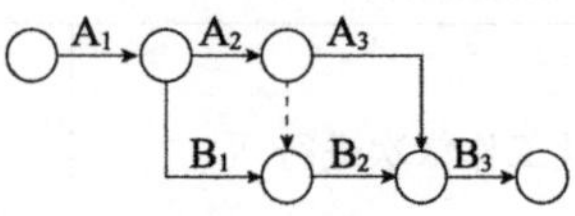 A_1 A_2 A_3 B_1 B_2 B_3	引入虚箭线，B_2 工作的开始受到 A_2 和 B_1 两项工作的制约

2）绘制规则。

① 在双代号网络图中，严禁出现循环回路，如图 1-14 所示。

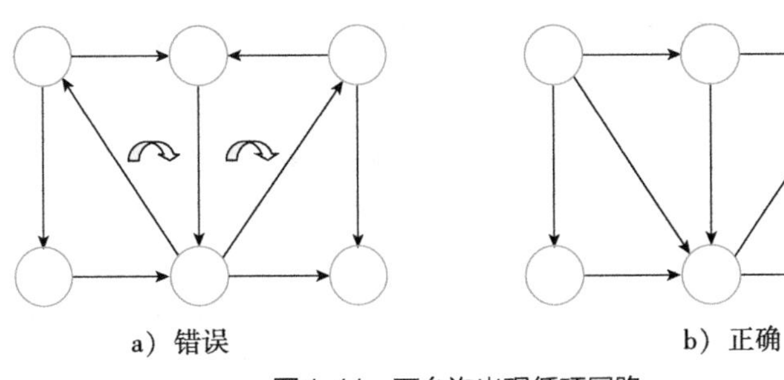

a）错误　　b）正确

图1-14　不允许出现循环回路

② 在双代号网络图中，不允许出现一个代号表示一项工作，如图 1-15 所示。

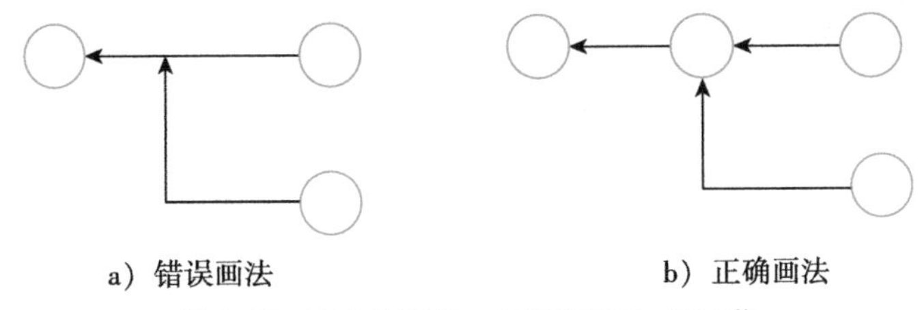

a）错误画法　　b）正确画法

图1-15　不允许出现一个代号表示一项工作

③ 在双代号网络图中，在节点之间严禁出现双向箭头或无箭头的箭线，如图 1-16 所示。

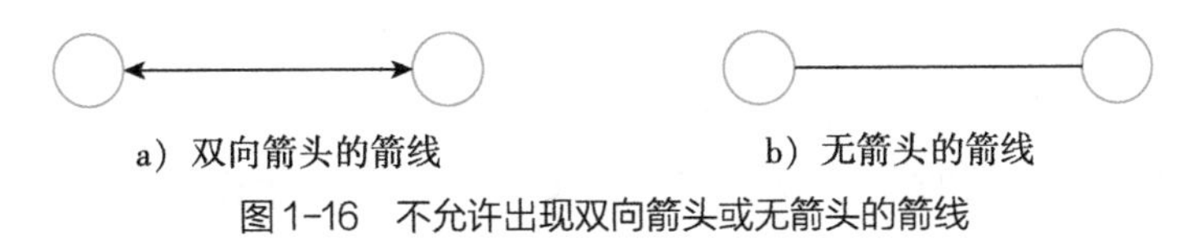

a）双向箭头的箭线　　b）无箭头的箭线

图1-16　不允许出现双向箭头或无箭头的箭线

④ 在双代号网络图中，严禁出现没有箭头或没有箭尾节点的箭线，如图 1-17 所示。

a）无箭尾节点的箭线　　b）无箭头节点的箭线

图1-17　严禁出现没有箭头或没有箭尾节点的箭线

⑤ 在双代号网络图中，不允许出现编号相同的节点或工作，如图 1-18 所示。

⑥ 双代号网络图中应只有一个起点节点；在不分期完成任务的网络图中，应只有一个终点节点；而其他节点均应是中间节点。

3）绘图步骤。

① 绘草图。其绘图步骤如下：

A. 画出从起点节点出发的所有箭线。

B. 从左到右依次绘出紧接其后的箭线，直至终点节点。

C. 检查网络图中各施工过程的逻辑关系。

② 整理网络图。使网络图条理清楚、层次分明。

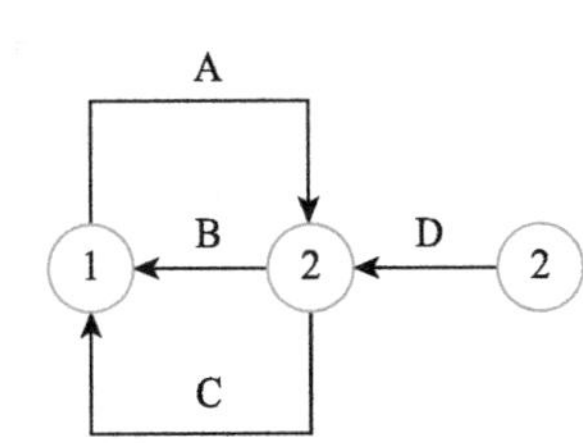

图1-18　不允许出现编号相同的节点或工作

例 1-13　请根据某工程各工作的逻辑关系如表 1-5 所示，绘制双代号网络图如图 1-19 所示。

表 1-5　各工作的逻辑关系

项目	A	B	C	D	E	F	G
紧前工作	—	A	—	A、C	A、C	B、D	E

解：

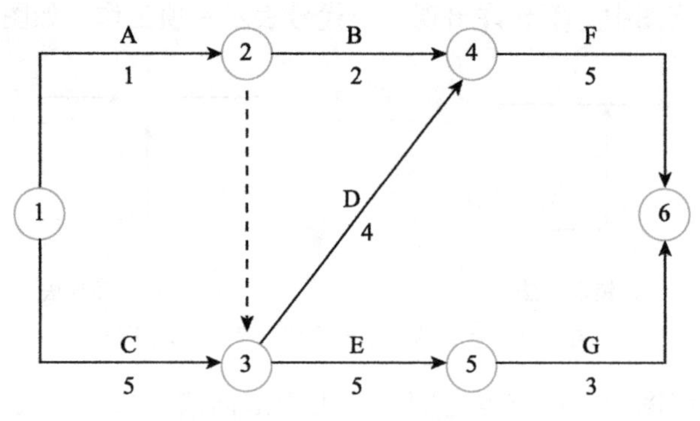

图 1-19　双代号网络图

③ 时间参数计算——工作计算法。双代号网络计划时间参数的计算方法有工作计算法、节点计算法、标号计算法如表 1-6 所示。这里只介绍工作计算法。工作计算法是指直接计算各项工作的时间参数的方法。按工作计算法计算时间参数，其结果也可标注在箭头之上。

表 1-6　双代号网络计划时间参数法

项　目	内　容
工期	计算工期 T_c：根据时间参数计算所得到的工期 要求工期 T_r：任务委托人提出的指令性工期 计划工期 T_p：根据要求工期和计算工期所确定的作为实施目标的工期
持续时间	D_{i-j}：一项工作从开始到完成的时间
工作的最早开始时间 ES_{i-j}	工作的最早开始时间是指各紧前工作全部完成后，本工作有可能开始的最早时刻 工作最早开始时间的计算应从网络计划的起点节点开始，顺着箭线方向依次进行 （1）以起点节点为开始节点的工作，当未规定其最早开始时间时，其值等于零 （2）其他工作的最早时间，应按下式进行计算： $ES_{i-j}=\max\{ES_{h-i}+D_{h-i}\}$ 式中　ES_{i-j}——工作 $i-j$ 的最早开始时间； ES_{h-i}——工作 $i-j$ 的紧前工作 $h-i$ 的最早时间； D_{h-i}——工作 $i-j$ 的紧前工作 $h-i$ 的持续时间

（续）

项　目	内　容
工作的最早完成时间 EF_{i-j}	工作的最早完成时间是指各紧前工作全部完成后，本工作有可能完成的最早时刻 工作的最早完成时间等于该工作最早开始时间加本工作的持续时间，即： $EF_{i-j}=ES_{i-j}+D_{i-j}$ 网络计划的计算工期等于以终点节点为结束节点的工作的最早完成时间的最大值，即： $T_c=\max\{EF_{i-n}\}$ 式中　T_c——网络计划的计算工期； EF_{i-n}——以终点节点 n 为结束节点的工作的最早完成时间 （1）当已规定了要求工期时，计划工期不应超过要求工期，即 $T_p \leqslant T_r$ （2）当未规定要求工期时，取计划工期等于计算工期，即 $T_p=T_r$
工作的最迟完成时间 LF_{i-j}	工作的最迟完成时间是指在不影响整个任务按期完成的前提下，本工作必须完成的最迟时刻 工作的最迟完成时间计算应从网络计划的终点节点开始，逆着箭线方向依次进行 （1）以终点节点为完成节点的工作，其最迟完成时间应等于网络计划的计划工期 T_p （2）其他工作的最迟完成时间，按下式计算： $LF_{i-j}=\min\{LF_{j-k}-D_{j-k}\}$ 式中　LF_{i-j}——工作 $i-j$ 的最迟完成时间； LF_{j-k}——工作 $i-j$ 的紧后工作 $j-k$ 最迟完成时间； D_{j-k}——工作 $i-j$ 的紧后工作 $j-k$ 的持续时间
工作的最迟开始时间 LS_{i-j}	工作的最迟开始时间指在不影响整个任务按期完成（计划工期）的前提下，本工作必须开始的最迟时刻 工作的最迟开始时间等于其最迟完成时间减本工作的持续时间，即： $LS_{i-j}=LT_{i-j}-D_{i-j}$
工作的总时差 TF_{i-j}	工作的总时差是指在不影响整个任务按期完成的前提下，本工作可以利用的机动时间 工作的总时差等于该工作最迟开始时间与最早开始时间之差，或等于该工作最迟完成时间与最早完成时间之差，即： $TF_{i-j}=LS_{i-j}-ES_{i-j}=LF_{i-j}-EF_{i-j}$
工作的自由时差 FF_{i-j}	工作的自由时差是指在不影响其紧后工作最早开始时间的前提下，本工作可以利用的机动时间 （1）对于有紧后工作的工作，其自由时差等于紧后工作的最早开始时间减本工作的最早完成时间，即： $FF_{i-j}=ES_{j-k}-EF_{i-j}$

（续）

项目	内容
工作的自由时差 FF_{i-j}	式中 FF_{i-j}——工作 $i-j$ 的自由时差； ES_{j-k}——工作 $i-j$ 的紧后工作 $j-k$ 最早开始时间； EF_{i-j}——工作 $i-j$ 的最早完成时间 （2）对于无紧后工作的工作，也就是以终点节点为结束节点的工作，其自由时差等于计划工期与本工作最早完成时间之差，即： $FF_{i-n}=T_p-EF_{i-n}$ 式中 FF_{i-n}——以终点节点 n 为结束节点的工作 $i-n$ 的自由时差； T_p——网络计划的计划工期； EF_{i-n}——以终点节点 n 为结束节点的工作 $i-n$ 的最早完成时间
关键线路	在网络计划中，总时差最小的工作为关键工作。找出关键工作后，将这些关键工作首尾相连，便至少构成一条从起点节点到终点节点的通路，通路上各项工作的持续时间总和最大的就是关键线路。在关键线路上可能有虚工作存在。关键线路一般用粗箭线或双线箭线标出

例 1–14　请计算双代号网络计划时间参数，某工程双代号网络计划如图 1–20 所示。

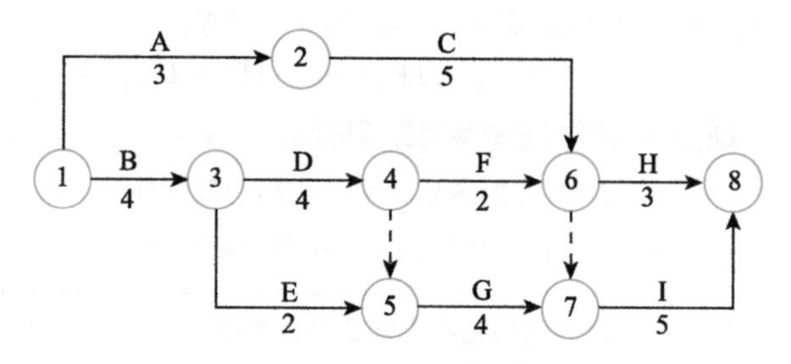

图 1-20　某工程双代号网络计划

解：最早开始时间 ES_{i-j}：

$ES_{1-2}=ES_{1-3}=0$　　　$ES_{2-6}=ES_{1-2}+D_{1-2}=0+3=3$

$ES_{3-4}=ES_{3-5}=ES_{1-3}+D_{1-3}=0+4=4$

$ES_{4-5}=ES_{4-6}=ES_{3-4}+D_{3-4}=4+4=8$

$ES_{5-7}=\max\{ES_{3-5}+D_{3-5},\ ES_{4-5}+D_{4-5}\}=\max\{4+2,\ 8+0\}=8$

$ES_{6-7}=ES_{6-8}=\max\{ES_{2-6}+D_{2-6},\ ES_{4-6}+D_{4-6}\}=\max\{3+5,\ 8+2\}=10$

$ES_{7-8}=\max\{ES_{5-7}+D_{5-7},\ ES_{6-7}+D_{6-7}\}=\max\{8+4,\ 10+0\}=12$

最早完成时间 EF_{i-j}：

$EF_{1-2}=ES_{1-2}+D_{1-2}=0+3=3$　　　$EF_{1-3}=ES_{1-3}+D_{1-3}=0+4=4$

$EF_{2-6}=ES_{2-6}+D_{2-6}=3+5=8$　　　$EF_{3-4}=ES_{3-4}+D_{3-4}=4+4=8$

$EF_{3-5}=ES_{3-5}+D_{3-5}=4+2=6$　　　$EF_{4-5}=ES_{4-5}+D_{4-5}=8+0=8$

$EF_{4-6}=ES_{4-6}+D_{4-6}=8+2=10$　　　$EF_{5-7}=ES_{5-7}+D_{5-7}=8+4=12$

$EF_{6-7}=ES_{6-7}+D_{6-7}=10+0=10$　　$EF_{6-8}=ES_{6-8}+D_{6-8}=10+3=13$

$EF_{7-8}=ES_{7-8}+D_{7-8}=12+5=17$

$T_c=\max\{EF_{i-n}\}=\max\{EF_{6-8}, EF_{7-8}\}=\max\{13, 17\}=17$

最迟完成时间 LF_{i-j}：

$LF_{7-8}=LF_{6-8}=T_p=17$

$LF_{6-7}=LF_{5-7}=LF_{7-8}-D_{7-8}=17-5=12$

$LF_{4-6}=\min\{LF_{6-7}-D_{6-7}, LF_{6-8}-D_{6-8}\}=\min\{12-0, 17-3\}=12$

$LF_{4-5}=LF_{3-5}=LF_{5-7}-D_{5-7}=12-4=8$

$LF_{3-4}=\min\{LF_{4-6}-D_{4-6}, LF_{4-5}-D_{4-5}\}=\min\{12-2, 8-0\}=8$

$LF_{2-6}=\min\{LF_{6-7}-D_{6-7}, LF_{6-8}-D_{6-8}\}=\min\{12-0, 17-3\}=12$

$LF_{1-3}=\min\{LF_{3-4}-D_{3-4}, LF_{3-5}-D_{3-5}\}=\min\{8-4, 8-2\}=4$

$LF_{1-2}=LF_{2-6}-D_{2-6}=12-5=7$

最迟开始时间 LS_{i-j}：

$LS_{1-2}=LF_{1-2}-D_{1-2}=7-3=4$　　$LS_{1-3}=LF_{1-3}-D_{1-3}=4-4=0$

$LS_{2-6}=LF_{2-6}-D_{2-6}=12-5=7$　　$LS_{3-4}=LF_{3-4}-D_{3-4}=8-4=4$

$LS_{3-5}=LF_{3-5}-D_{3-5}=8-2=6$　　$LS_{4-5}=LF_{4-5}-D_{4-5}=8-0=8$

$LS_{4-6}=LF_{4-6}-D_{4-6}=12-2=10$　　$LS_{5-7}=LF_{5-7}-D_{5-7}=12-4=8$

$LS_{6-7}=LF_{6-7}-D_{6-7}=12-0=12$　　$LS_{6-8}=LF_{6-8}-D_{6-8}=17-3=14$

$LS_{7-8}=LF_{7-8}-D_{7-8}=17-5=12$

总时差：

$TF_{1-2}=LS_{1-2}-ES_{1-2}=4-0=4$　　$TF_{1-3}=LS_{1-3}-ES_{1-3}=0-0=0$

$TF_{2-6}=LS_{2-6}-ES_{2-6}=7-3=4$　　$TF_{3-4}=LS_{3-4}-ES_{3-4}=4-4=0$

$TF_{3-5}=LS_{3-5}-ES_{3-5}=6-4=2$　　$TF_{4-5}=LS_{4-5}-ES_{4-5}=8-8=0$

$TF_{4-6}=LS_{4-6}-ES_{4-6}=10-8=2$　　$TF_{5-7}=LS_{5-7}-ES_{5-7}=8-8=0$

$TF_{6-7}=LS_{6-7}-ES_{6-7}=12-10=2$　　$TF_{6-8}=LS_{6-8}-ES_{6-8}=14-10=4$

$TF_{7-8}=LS_{7-8}-ES_{7-8}=12-12=0$

自由时差：

$FF_{1-2}=ES_{2-6}-EF_{1-2}=3-3=0$　　$FF_{1-3}=ES_{3-4}-EF_{1-2}=4-4=0$

$FF_{2-6}=ES_{6-8}-EF_{2-6}=10-8=2$　　$FF_{3-4}=ES_{4-6}-EF_{3-4}=8-8=0$

$FF_{3-5}=ES_{5-7}-EF_{3-5}=8-6=2$　　$FF_{4-5}=ES_{5-7}-EF_{4-5}=8-8=0$

$FF_{4-6}=ES_{6-8}-EF_{4-6}=10-10=0$　　$FF_{5-7}=ES_{7-8}-EF_{5-7}=12-12=0$

$FF_{6-7}=ES_{7-8}-EF_{6-7}=12-10=2$　　$FF_{6-8}=T_p-EF_{6-8}=17-13=4$

$FF_{7-8}=T_p-EF_{7-8}=17-17=0$

关键线路：①③④⑤⑦⑧。

按工作计算法计算时间参数，其结果应标注在箭线之上，如图 1-21 所示，双代号网络计划如图 1-22 所示。

$ES_{i\text{-}j}$ $LS_{i\text{-}j}$ $TF_{i\text{-}j}$

$EF_{i\text{-}j}$ $LF_{i\text{-}j}$ $FF_{i\text{-}j}$

i $D_{i\text{-}j}$ j

图 1-21　工作计算法的标注内容

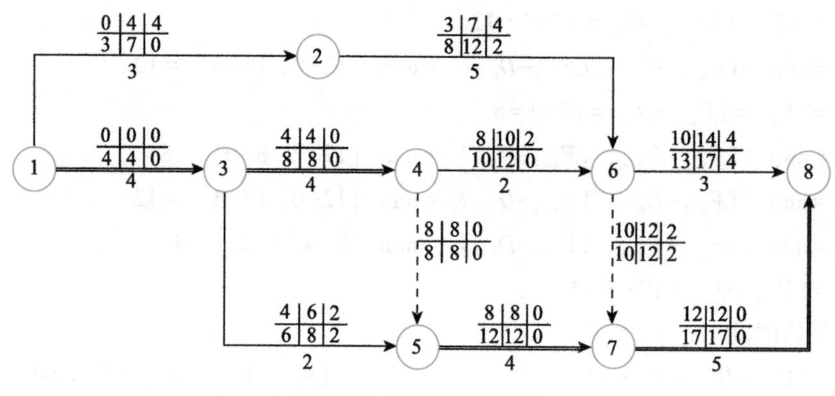

图 1-22　双代号网络计划

6. 双代号时标网络计划

针对工作特点需要在编制网络计划前确定以时间坐标为尺度的科学的网络计划，并以实际进度前锋线控制进度计划。双代号时标网络计划是以时间坐标为尺度绘制的网络计划。时标的时间单位应根据需要在编制网络计划之前确定，可为时、天、周、旬、月或季。时标网络计划以实箭线表示工作，每项工作直线段的水平投影长度代表工作的持续时间，以虚箭线表示虚工作，以波形线表示工作与其紧后工作之间的时间间隔（以网络计划终点节点为完成节点的工作除外）。双代号时标网络计划的适用范围：工作项目较少、工艺过程比较简单的工程局部网络计划；作业性网络计划；使用实际进度前锋线进行进度控制的网络计划。双代号时标网络计划分为早时标网络计划和迟时标网络计划，这里仅介绍早时标网络计划。

（1）规定

1）双代号时标网络计划必须以水平时间坐标为尺度表示工作时间。时间坐标的单位应根据需要在编制网络计划之前确定，可以是小时、天、周、月或季度等。时间坐标的刻度线宜为细线，为使图面清晰简洁，此线也可不画或少画。

2）在时标网络计划中，以实箭线表示工作，以虚箭线表示虚工作，以波形线表示工作的自由时差。

3）时标网络计划中所有符号在时间坐标上的水平投影位置，都必须与其时间参数对应。节点中心必须对准相应的时标位置。虚工作必须以垂直方向的虚箭线表示，由自由时差加波形线表示。

（2）绘制方法

时标网络计划宜按工作的最早开始时间绘制。

在绘制时标网络计划之前，应先绘制无时标网络计划，并按已经确定的时间单位绘制时间坐标，然后按间接绘制法或直接绘制法绘制时标网络计划。

1）间接绘制法。间接绘制法是先计算网络计划的时间参数，再根据时间参数在时间坐标上进行绘制的方法，其绘制步骤如下：

A. 计算各节点的时间参数。

B. 将所有节点按其最早时间定位在时间坐标的相应位置。

C. 依次在各节点之间用规定线绘出工作和自由时差。

2）直接绘制法。直接绘制法是不计算时间参数而直接按无时标网络计划草图绘制时标网络计划的方法，其绘制步骤如下：

A. 将起点节点定位在时间坐标的起始刻度上。

B. 按工作的持续时间绘制起点节点的外向箭线。

C. 除起点节点外，其他节点必须在其所有内向箭线绘出后，定位在这些箭线中最迟的箭线末端。其他内向箭线的长度不足到达该节点时，须用波形线补足，箭头画在与该节点的连接处。

D. 用上述方法从左到右依次确定其他各节点的位置，直至绘出终点节点。

（3）关键线路的确定和时间参数的确定

1）关键线路的确定。在时标网络计划中，自终点节点逆箭线方向朝起点节点观察，自始至终不出现波形线的线路为关键线路。

2）计算工期的确定。时标网络计划的工期应等于终点节点与起点节点所对应的时标值之差。

3）工作时间参数的确定。

A. 工作的最早开始时间 ES_{i-j} 和最早完成时间 EF_{i-j}。按最早时间绘制的时标网络计划，每条箭线的箭尾和箭头所对应的时标值应为该工作的最早开始时间和最早完成时间。

B. 工作的自由时差。波形线的水平投影长度即为该工作的自由时差 FF_{i-j}。

C. 工作的总时差。工作总时差的判定应从网络计划的终点节点开始，逆着箭线方向依次进行。以终点节点为完成节点的工作，其总时差应等于计划工期与本工作最早完成时间之差，即：

$$TF_{i-n}=T_{p}-EF_{i-n}$$

其他工作的总时差应为：$TF_{i-j}=\min\{TF_{j-k}+FF_{i-j}\}$。

D. 工作的最迟开始时间和最迟完成时间。工作的最迟开始时间等于本工作的最早开始时间与其总时差之和，即：$LS_{i-j}=ES_{i-j}+TF_{i-j}$。

工作的最迟完成时间等于本工作的最早完成时间与其总时差之和，即：$LF_{i-j}=EF_{i-j}+TF_{i-j}$。

例 1-15　双代号时标网络计划绘制。无时标网络计划与双代号时标网络计划对比如图 1-23 所示。

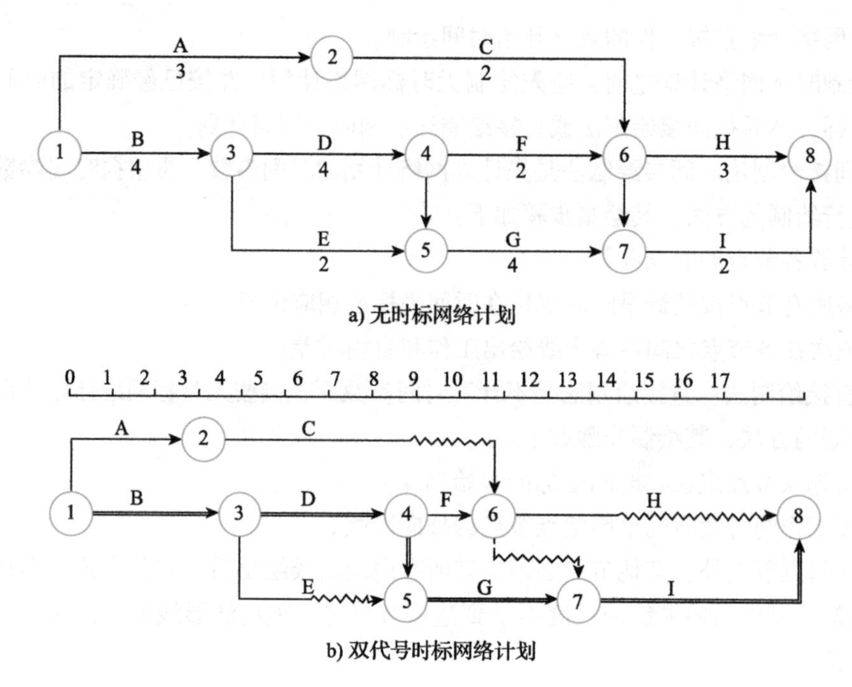

图1-23　无时标网络计划与双代号时标网络计划对比

7. 网络计划的优化

网络计划的优化是指在一定约束条件下，按既定目标对网络计划进行不断改进，以寻求满意方案的过程，包括工期优化、费用优化、资源优化。下文仅介绍工期优化及费用优化。

（1）工期优化

工期优化是指网络计划的计算工期不满足要求工期时，通过压缩关键工作的持续时间以满足要求工期目标的过程。

网络计划工期优化的基本方法是在不改变网络计划中各项工作之间逻辑关系的前提下，通过压缩关键工作的持续时间来达到优化目标。其优化步骤如下：

1）确定初始网络计划的计算工期和关键线路。

2）按要求工期计算应缩短的时间 $\Delta T=T_c-T_r$。

3）确定各关键工作能够缩短的持续时间。

4）选择关键工作，压缩其持续时间，并重新计算网络计划的计算工期。

选择适宜压缩的关键工作应考虑以下因素：缩短持续时间对质量和安全影响不大的工作；有充足备用资源的工作；缩短持续时间所需增加的费用最少的工作。

5）当计算工期仍超过要求工期时，则重复上述4）步骤，直至满足要求或计算工期不能再压缩为止。

6）当所有关键工作的持续时间都已达到其所能缩短的极限而工期仍不能满足要求时，应对网络计划的原技术方案、组织方案进行调整或对要求工期重新审定。

在压缩过程中，一定要注意不能把关键工作压缩成非关键工作；若出现多条关键线路，要同时压缩多条关键线路。

例 1-16　已知某工程初始网络计划如图 1-24 所示，图中箭线下方括号外数字为工作的正常持续时间，括号内数字为最短持续时间，箭线上方括号内数字为工作优选系数，该系数综合考虑了压缩时间对工作质量、安全的影响和费用的增加，优选系数小的工作适宜压缩。假设要求工期 19 天，试对其进行工期优化。

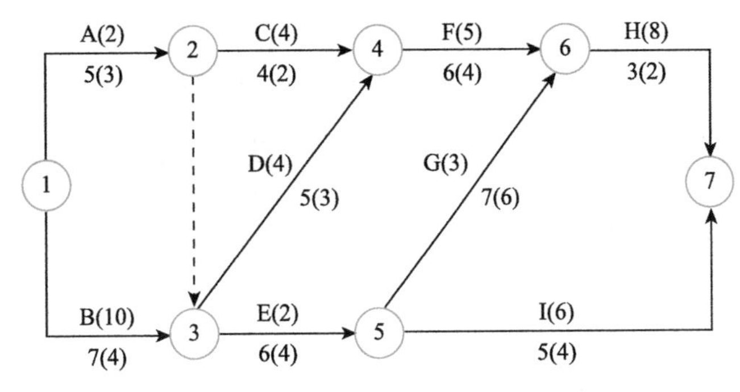

图 1-24　初始网络计划

解：该网络计划的工期优化可按以下步骤进行。

1）根据各项工作的正常持续时间，确定初始网络计划的计算工期和关键线路，如图 1-25 所示。此时关键线路为①③⑤⑥⑦，计算工期为 23 天。

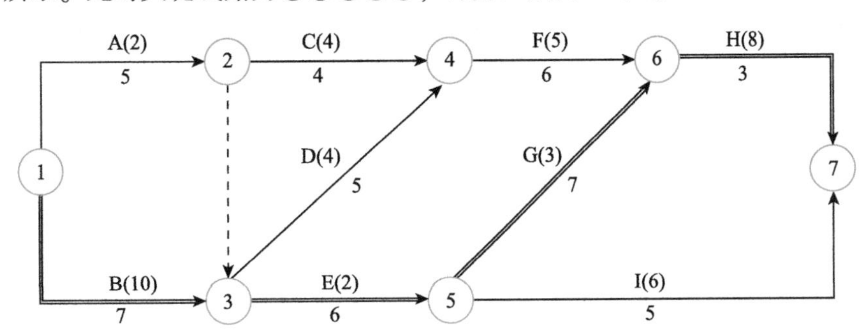

图 1-25　初始网络计划的计算工期和关键线路

2）计算应缩短的时间：

$$\Delta T = T_c - T_r = (23-19)\text{天} = 4\text{天}$$

3）第一次压缩：由于关键工作中③⑤工作的优选系数最小，故首先应压缩工作③⑤的持续时间，将其压缩 2 天，并重新计算网络计划的计算工期，确定关键线路，第一次压缩后的网络计划如图 1-26 所示，此时计算工期为 21 天，网络计划中出现两条关键线路，即①③⑤⑥⑦和①③④⑥⑦。

4）第二次压缩，此时网络计划中有两条关键线路，需同时压缩，工作③⑤的持续时间已达最短，选择优选系数组合最小的关键工作③④和⑤⑥同时压缩 1 天（D 压缩至最短），再重新计算网络计划的计算工期，确定关键线路，第二次压缩后的如图 1-27 所示，此时计算工期为 20 天，关键线路没有变化。

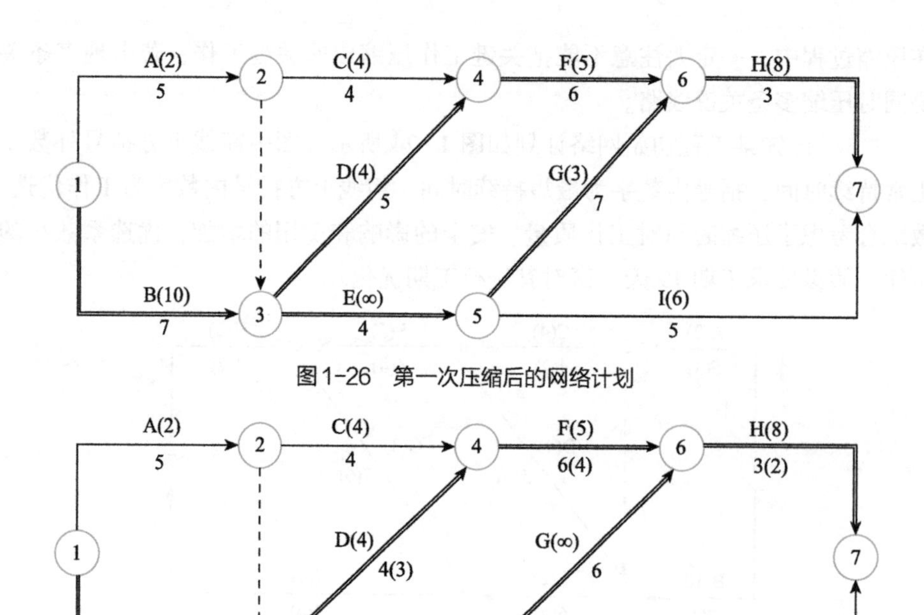

图1-26　第一次压缩后的网络计划

图1-27　第二次压缩后的网络计划

5）第三次压缩。工作⑤⑥的持续时间达到最短，不能再压缩。选择优选系数最小的关键工作⑥⑦压缩1天（图1-28）。此时计算工期为19天，等于要求工期，网络计划即满意方案。

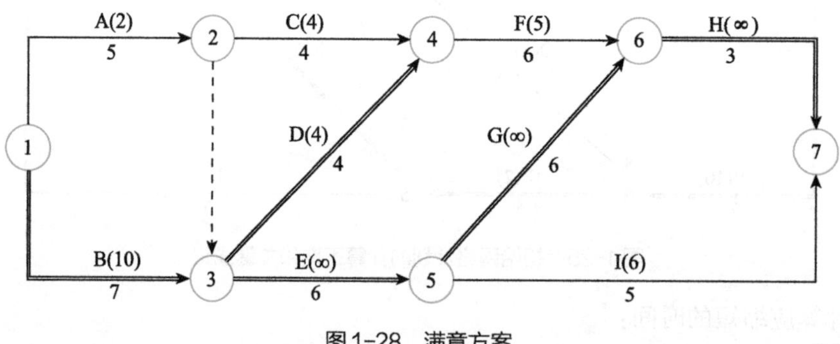

图1-28　满意方案

（2）费用优化

费用优化又称工期成本优化，是指寻求工程总成本最低时的工期安排或按要求工期寻求最低成本的计划安排的过程。这里研究第一种情况。

1）费用和时间的关系。工程费用由直接费和间接费组成，直接费由人工费、机械使用费、措施费等组成。施工方案不同，直接费不同；如果施工方案一定，工期不同，直接费也不同。直接费会随着工期的缩短而增加，间接费包括企业经营管理的全部费用，它一般会随着工期缩短而减少。

2）工作直接费与持续时间的关系。由于网络计划的工期取决于关键工作的持续时间，为了进行工期成本优化，必须分析网络计划中各项工作的直接费与持续时间之间的关系，它是网络计划工期成本优化的基础。工作的持续时间每缩短单位时间而增加的直接费称为直接费用率。

3）费用优化方法和步骤。费用优化思路：不断在网络计划中找出直接费用率（或组合直接费用率）最小的关键工作，缩短其持续时间，同时考虑间接费随工期缩短而减少的数值，最后求得工程总成本最低时的最优工期安排。

按照上述基本思路，费用优化可按以下步骤进行：

①按工作的正常持续时间确定网络计划的计算工期、关键线路和总费用。

②计算各项工作的直接费用率。

③在网络计划中，找出直接费用率（或组合直接费用率）最小的一项关键工作（或一组关键工作），通过压缩其持续时间压缩工期。

④计算压缩工期后相应的总费用。

⑤重复上述步骤③、④，直至工程总费用最低为止。

注意：在压缩过程中，一定要注意不能把关键工作压缩成非关键工作；若出现多条关键线路，要同时压缩多条关键线路。

例 1-17　已知某工程双代号初始网络计划如图 1-29 所示，图中箭线下方括号外数字为工作的正常时间，括号内数字为最短持续时间；箭线上方括号外数字为工作按照正常持续时间完成时所需的直接费，括号内数字为按照最短持续时间完成时所需要的直接费。该工程的间接费用率为 0.7 万元/天，正常工期时的间接费为 26.4 万元，试对其进行费用优化。

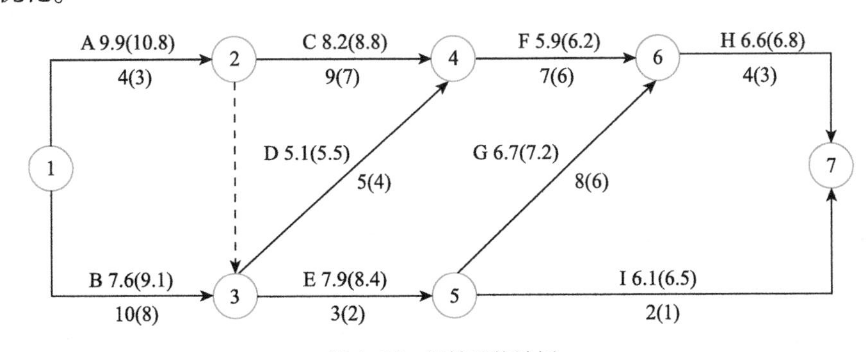

图 1-29　初始网络计划

解：1）根据各项工作的正常持续时间，确定初始网络计划的计算工期和关键线路，如图 1-30 所示。计算工期为 26 天，关键线路为①③④⑥⑦。

此时，工程总费用=直接费+间接费

=[(9.9+7.6+8.2+5.1+7.9+5.9+6.7+6.1+6.6)+26.4]万元

=(64+26.4)万元

=90.4 万元

2）计算各项工作的直接费用率，见表 1-7。

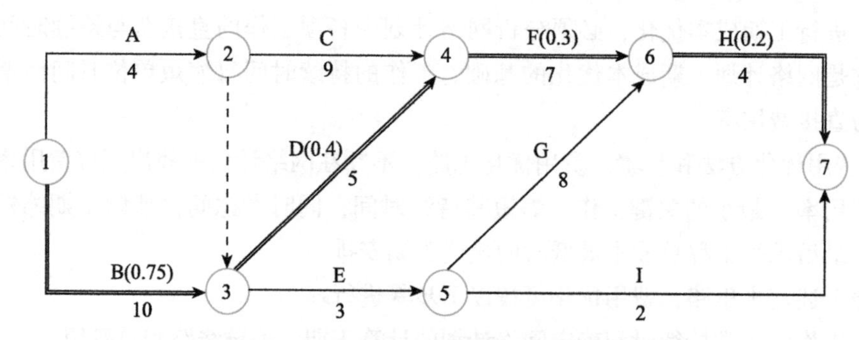

图 1-30　初始网络计划的计算工期和关键线路

表 1-7　直接费用率计算表

工作代号	正常持续时间（天）	最短持续时间（天）	正常时间直接费/（万元/天）	最短时间直接费/（万元/天）	直接费用率/（万元/天）
A	4	3	9.9	10.8	0.9
B	10	8	7.6	9.1	0.75
C	9	7	8.2	8.8	0.3
D	5	4	5.1	5.5	0.4
E	3	2	7.9	8.4	0.5
F	7	6	5.9	6.2	0.3
G	8	6	6.7	7.2	0.25
H	4	3	6.6	6.8	0.2
I	2	1	6.1	6.5	0.4

3）压缩关键工作的持续时间。第一次压缩：从图 1-30 可知，该网络计划中有一条关键线路，直接费用率最低的关键工作⑥⑦的直接费用率为 0.2 万元/天，小于间接费用率 0.7 万元/天，压缩其持续时间可使总费用降低，故将其压缩至最短持续时间 3 天，第一次压缩后的网络计划如图 1-31 所示，关键线路没有发生变化，工期缩短为 25 天。

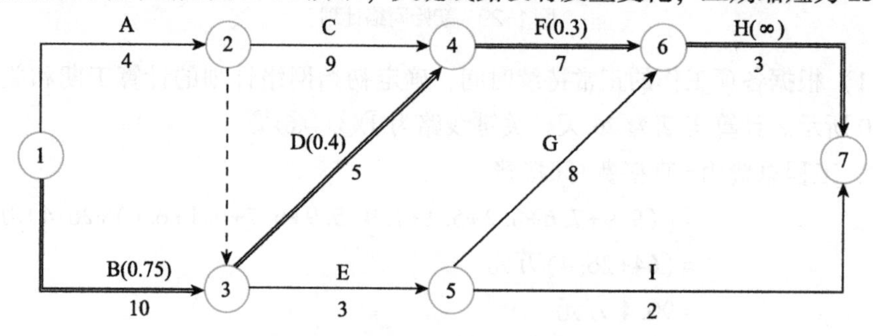

图 1-31　第一次压缩后的网络计划

第一次压缩后的工程总费用=(90.4+0.2×1-0.7×1)万元=89.9万元

第二次压缩：从图1-31可知，该网络计划中关键线路仍为①③④⑥⑦。此时，关键工作①⑦的持续时间已达最短，不能再压缩，故其直接费用率变为无穷大。在剩余的关键工作中，直接费用率最低的关键工作④⑥的直接费用率为0.3万元/天，小于间接费用率0.7万元/天，压缩其持续时间可使总费用降低，故将其压缩至最短持续时间6天。第二次压缩后的网络计划如图1-32所示，关键线路成为两条：①③④⑥⑦和①③⑤⑥⑦，工期缩短为24天。

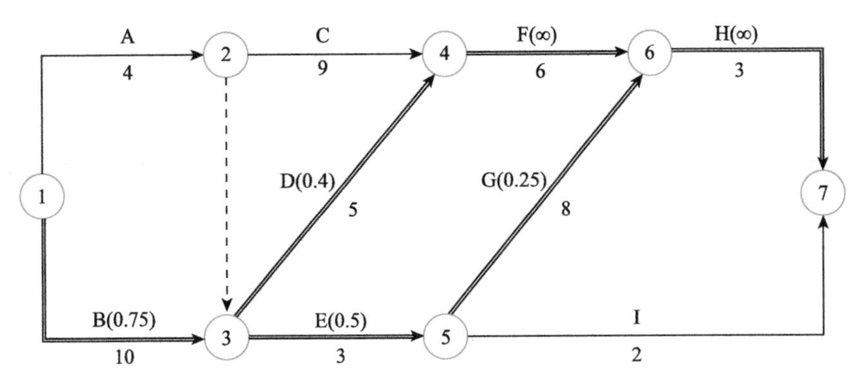

图1-32 第二次压缩后的网络计划

第二次压缩后的工程总费用=(89.9+0.3×1-0.7×1)万元=89.5万元

第三次压缩：从图1-32可知，工作④⑥和工作⑥⑦不能再压缩。费用率最小的工作组合③④和⑤⑥同时压缩1天，其组合直接费用率为(0.4+0.25)万元/天=0.65万元/天，小于间接费用率0.7万元/天，压缩其持续时间可使总费用降低。第三次压缩后的网络计划如图1-33所示，关键线路没有发生变化，工期压缩为23天。

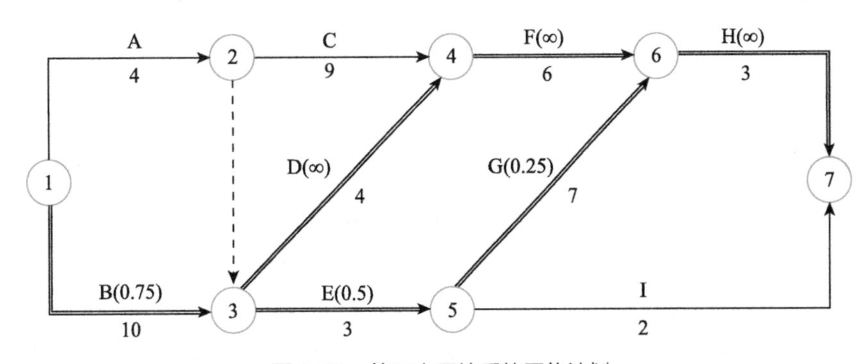

图1-33 第三次压缩后的网络计划

第三次压缩后的工程总费用=(89.5+0.65×1-0.7×1)万元=89.45万元

第四次压缩：从图1-33可知，由于工作③④、④⑥和⑥⑦不能再压缩，只能够压缩工作①③。但因其直接费用率为0.75万元/天，大于间接费用率0.7万元/天，再次压缩会使总费用增加。因此，如图1-33所示的网络计划为最优方案，最优工期即为23天，相对应的总费用为89.45万元。

任务1.2 工程项目进度计划实施

训练目标：

审核施工进度计划。

1.2.1 施工进度计划审核

在施工项目进度计划实施之前，为了保证进度计划的科学合理性，项目经理必须对施工项目进度计划进行审核，主要审核内容有：

1）进度安排是否符合施工合同中确定的建设项目总目标和分目标，是否符合开工、竣工日期的规定。

2）施工进度计划中的项目是否有遗漏，分期施工是否满足分批交工的需要和配套交工的要求。

3）总进度计划中施工顺序的安排是否合理。

4）资源供应计划是否能保证施工进度的实现，供应是否均衡，分包人供应的资源是否能满足进度的要求。

5）总分包之间的进度计划是否相协调，专业分工与计划的衔接是否明确、合理。

6）对实施进度计划的风险是否分析清楚，是否有相应的对策。

7）各项保证进度计划实现的措施是否周到、可行、有效。

1.2.2 施工进度计划实施内容

1. 编制月、季、旬、周作业计划和施工任务书

1）施工组织设计中编制的施工进度计划，是按整个项目（或单位工程）编制的，带有一定的控制性，但还不能满足施工作业的要求。实际作业时是按季、月、旬、周作业计划和施工任务书执行的。

2）作业计划除依据施工进度计划编制外，还应依据现场情况及季、月、旬、周的具体要求编制。计划以贯彻施工进度计划、明确当期任务及满足作业要求为前提。

3）施工任务书是计划文件，也是核算文件，又是原始记录。它把作业计划下达到班组，并将计划执行与技术管理、质量管理、成本核算、原始记录、资源管理等融合为一体。

4）施工任务书一般由工长根据计划要求、工程数量、定额标准、工艺标准、技术要求、质量标准、节约措施、安全措施等为依据进行编制。

5）施工任务书下达班组时，由工长进行交底。交底内容为：交任务、交操作规程、

交施工方法、交质量、交安全、交定额、交节约措施、交材料使用、交施工计划、交奖罚要求等。交底时应做到任务明确、报酬预知、责任到人。

6）施工班组接到任务书后，应做好分工，安排完成，执行中要保质量、保进度、保安全、保节约、保工效。任务完成后，班组自检，在确认完成后，向工长报请验收。工长验收时查数量、查质量、查安全、查用工、查节约，然后回收任务书，交作业队登记结算。

2. 做好施工记录、掌握现场施工实际情况

在施工中，如实记录每项工作的开始日期、工作进程和完成日期，记录每日完成数量、施工现场发生的情况、干扰因素的排除情况，可为计划实施的检查、分析、调整、总结提供原始资料。

3. 落实跟踪控制进度计划

1）检查作业计划执行中的问题，找出原因，并采取措施解决。

2）督促供应单位按进度要求供应资料。

3）控制施工现场临时设施的使用。

4）按计划进行作业条件准备。

5）传达决策人员的决策意图。

4. 工程项目进度计划实施基本要求

1）经批准的进度计划，应向执行者进行交底并落实责任。

2）进度计划执行者应制订实施计划。

3）在实施进度计划的过程中应进行下列工作：

①跟踪检查，收集实际进度数据。

②将实际数据与进度计划进行对比。

③分析计划执行的情况。

④对产生的进度变化采取相应措施进行纠正或调整。

⑤检查措施的落实情况。

⑥进度计划的变更必须及时与有关单位和部门沟通。

5. 实施施工进度计划应注意的事项

1）在施工进度计划实施的过程中，应执行施工合同对开工及延期开工、暂停施工、工期延误及工程竣工的承诺。

2）对工程量、产值及耗用人工、材料和机械台班等数量进行统计，编制统计报表。

3）实施好分包计划。

4）处理好进度索赔。

1.2.3 施工进度计划的检查

施工进度计划检查工作内容见表1-8。

表1-8 施工进度计划检查工作内容

项 目	说 明
检查依据	施工进度计划、作业计划及施工进度计划实施记录
检查目的	检查实际施工进度，收集整理有关资料并与计划对比，为进度分析和计划调整提供信息
检查时间	（1）根据施工项目的类型、规模、施工条件和对进度执行要求的程度确定检查时间和间隔时间 （2）常规性检查可确定为每月、半月、旬或周进行一次 （3）施工中遇到天气、资源供应等不利因素影响严重时，间隔时间可临时缩短，对施工进度有重大影响的关键施工作业可每日检查或派人驻现场督阵
检查内容	（1）对施工作业效率，周、旬作业进度及月作业进度分别进行检查，对完成情况做出记录 （2）检查期内实际完成和累计完成的工作量 （3）实际参加施工的人力、机械数量和生产效率 （4）窝工人数、窝工机械台班及其原因分析 （5）进度偏差情况 （6）进度管理情况 （7）影响进度的特殊原因及分析
检查方法	（1）建立内部施工进度报告制度 （2）定期召开进度工作会议，汇报实际进度情况 （3）进度控制，检查人员经常到现场实地查看
数据整理、比较、分析	（1）将实际收集的进度数据和资料进行整理加工，使之与相应的进度计划有可比性 （2）一般采用实物工程量、施工产值、劳动消耗量、累计百分比等实施形象进度统计 （3）将整理后的数据、资料与进度计划比较，通常采用的方法有：横道图法、列表比较法、S形曲线比较法、香蕉形曲线比较法和前锋线比较法等 （4）得出实际进度与计划进度是否存在偏差的结论：一致、超前、落后
检查报告	由计划负责人或进度管理人员与其他管理人员协作，在检查后及时编写进度控制报告，也可按月、旬、周的间隔时间编写上报，其中： （1）向项目经理、企业经理或业务部门以及建设单位上报关于整个施工项目进度执行情况的项目概要及进度报告

（续）

项　目	说　明
检查报告	（2）向项目经理、企业业务部门上报关于单位工程或项目分区进度执行情况的项目概要管理及进度报告 （3）重点部位或重点问题的检查结果应编制业务管理及进度报告，为项目管理者及各业务部门提供参考 施工项目进度报告的基本内容如下： （1）对施工进度执行情况做综合描述，即检查期的起止时间及当地气象及晴雨天气统计、计划目标及实际进度、检查期内施工现场主要大事记 （2）项目实施、管理、进度概况的总说明，即施工进度、形象进度及简要说明；施工图提供进度；材料、物资、构配件供应进度；劳务记录及预测；日历计划；对建设单位和施工者的工程变更指令、价格调整、索赔及工程款收支情况；停水、停电、事故发生及处理情况；实际进度与计划目标相比较的偏差情况及其原因分析；解决问题措施；计划调整意见等

任务 1.3 工程项目进度计划控制与调整

训练目标：

1. 控制施工进度计划。
2. 调整施工进度计划。

1.3.1 施工项目进度计划控制——实际进度与计划进度比较方法

实际进度与计划进度比较是建设工程进度监测的主要环节，常用比较方法有横道图比较法、S 形曲线比较法、香蕉形曲线比较法、前锋线比较法和列表比较法。

1. 横道图比较法

横道图比较法将项目实施过程中检查实际进度收集到的数据，经加工整理后直接用横道线平行绘于原计划的横道线处，进行实际进度与计划进度的比较。根据工程项目中各项工作的进展是否匀速，可分为匀速进展横道图比较法和非匀速进展横道图比较法。

（1）匀速进展横道图比较法

匀速进展是指在工程项目中，每项工作在单位时间内完成的任务量都是相等的，即工作的进展速度是均匀的。完成的任务量可以用实物工程量、劳动消耗量或费用支出表示。

采用匀速进展横道图比较法的步骤如下：

1）编制横道图进度计划。

① 在进度计划上标出检查日期。

② 将检查收集到的实际进度数据经加工整理后按比例用粗线标于计划进度的下方，如图 1-34 所示。

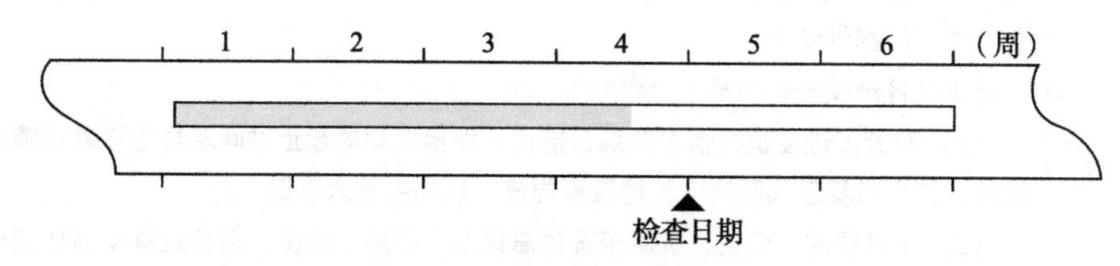

图 1-34 匀速进展横道图比较法

2）对比分析实际进度与计划进度：

①如果粗线右端落在检查日期左侧，表明实际进度拖后。

②如果粗线右端落在检查日期右侧，表明实际进度超前。

③如果粗线右端与检查日期重合，表明实际进度与计划进度一致。

该方法仅适用于工作从开始到结束的整个过程中，其进展速度均固定不变的情况。如果工作的进展速度是变化的，则不能采用这种方法进行实际进度与计划进度的比较，否则会得出错误结论。

例 1-18　某工程项目基础工程的计划进度与实际进度比较如图 1-35 所示，其中双线条表示该工程计划进度，粗实线表示实际进度。从图中实际进度与计划进度的比较可以看出，到第 9 天检查实际进度时，A 工程和 B 工程已经完成；C 工程只完成了计划的 3/4；D 工程只完成计划的 1/5。

工作编号	持续时间（天）	进度计划（天）															
		1	2	3	4	5	6	7	8	9	10	11	12	13	14	15	16
A	6																
B	3																
C	4																
D	5																
E	4																
F	5																

计划进度　实际进度　检查日期

图 1-35 基础工程实际进度与计划进度比较

（2）非匀速进展横道图比较法

当工作在不同单位时间里的进展速度不相等时，累计完成的任务量与时间的关系就不可能是线性关系。非匀速进展横道图比较法在用粗线表示工作实际进度的同时，还要标出其对应时刻完成任务量的累计百分比，并将该百分比与其同时刻计划完成任务量的累计百分比相比，判断工作实际进度与计划进度之间的关系。具体步骤如下：

1）编制横道图进度计划。

2）在横道线上方标出各主要工作时间的计划完成任务量累计百分比。

3）在横道线下方标出相应时间工作的实际完成任务量累计百分比。

4）用粗线标出工作的实际进度，从开工日起，同时反映出该工作在实施过程中的连续与间断情况。

5）通过比较同一时刻实际完成任务量累计百分比和计划完成任务量累计百分比，判断工作实际进度与计划进度之间的关系：

A. 如果同一时刻横道线上方累计百分比大于横道线下方累计百分比，表明实际进度拖后，拖欠的任务量为二者之差。

B. 如果同一时刻横道线上方累计百分比小于横道线下方累计百分比，表明实际进度超前，超前的任务量为二者之差。

C. 如果同一时刻横道线上下方两个累计百分比相等，表明实际进度与计划进度一致。

例 1-19　某工程项目中的基槽开挖工作按施工进度计划安排需 7 周完成，每周计划完成任务量百分比如图 1-36 所示。

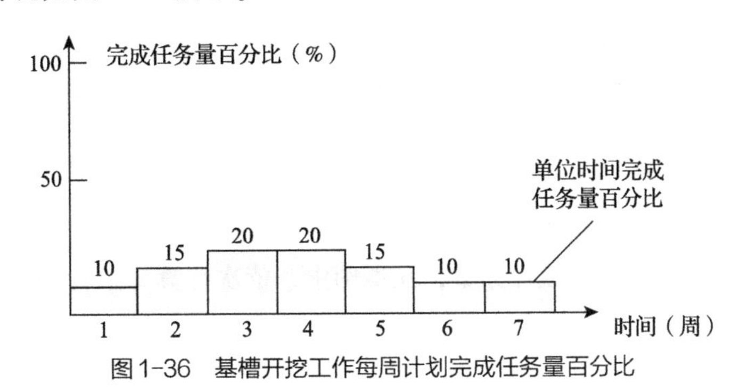

图 1-36　基槽开挖工作每周计划完成任务量百分比

1）编制横道图进度计划（图 1-37）。

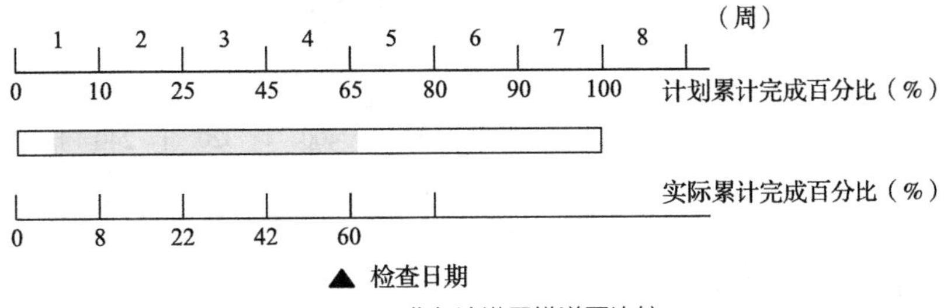

图 1-37　非匀速进展横道图比较

2）在横道图下方标出基槽开挖工作每周计划完成任务量的百分比，分别为 10%，25%，45%，65%，80%，90%，100%。

3）在横道图下方标出第 1 周至检查日期（第 4 周）每周实际累计完成任务量的百分比，分别为 8%，22%，42%，60%。

4）用粗线标出实际投入的时间。如图 1-37 所示，该工作实际开始时间晚于计划开始时间，在开始后连续工作，没有中断。

5）比较实际进度与计划进度。从图 1-37 中可以看出，该工作在第 1 周实际进度比计划进度拖后 2%，以后各周末累计拖后分别为 3%，3%和 5%。

横道图比较法虽然有记录和比较简单、形象直观、易于把握、使用方便等优点，但由于以横道计划为基础，因而带有不可克服的局限性。在横道计划中，各项工作之间的逻辑关系表达不明确，关键工作和关键路线无法确定。一旦某些工作实际进度出现偏差，则难以预测其对后续工作和工程总工期的影响，也就难以确定相应的进度计划调整方法。因此，横道图比较法主要用于工程项目中某些工作实际进度与计划进度的局部比较。

2. S 形曲线比较法

S 形曲线比较法是以横坐标表示时间，以纵坐标表示累计完成任务量，绘制一条按计划时间累计完成任务量的 S 形曲线；然后将工程项目实施过程中各检查时间实际累计完成任务量的 S 形曲线绘制在同一坐标系中，进行实际进度与计划进度比较的一种方法。

（1）S 形曲线的绘制方法

下面举例说明 S 形曲线的绘制方法。

例 1-20　某混凝土工程的浇筑总量为 2000m^3，按照施工方案计划 9 个月完成。每月计划完成工作量见表 1-9，绘制该混凝土工程的计划 S 形曲线。

解：根据已知条件

1）确定单位时间计划完成任务量。在本例中，每月计划完成工程量见表 1-9。

2）计算不同时间累计完成任务量，在本例中，依次计算每月计划累计完成工程量，见表 1-9。

3）根据累计完成任务量绘制 S 形曲线。在本例中，每月计划完成工程量如图 1-38 所示，根据每月计划累计完成工程量绘制的 S 形曲线如图 1-39 所示。

表 1-9　每月计划完成工程量统计表

时间（月）	1	2	3	4	5	6	7	8	9
每月完成工程量/m^3	80	160	240	320	400	320	240	160	80
累计完成工程量/m^3	80	240	480	800	1200	1520	1760	1920	2000

（2）实际进度与计划进度的比较

同横道图比较法一样，S 形曲线比较法也是在图上进行工程项目实际进度与计划进度的直接比较。在工程项目实施过程中，按照规定时间将检查收集到的实际累计完成任务量绘制在计划进度 S 形曲线图上，即可得到实际进度 S 形曲线。

如图 1-40 所示，通过比较实际进度 S 形曲线和计划进度 S 形曲线，可以获得如下信息：

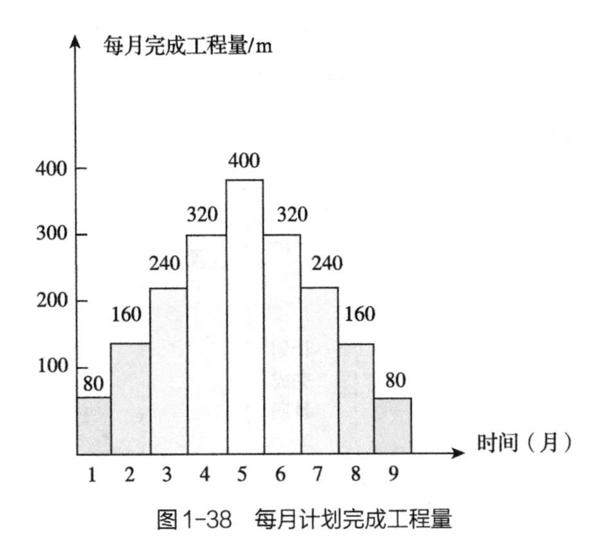

图 1-38　每月计划完成工程量

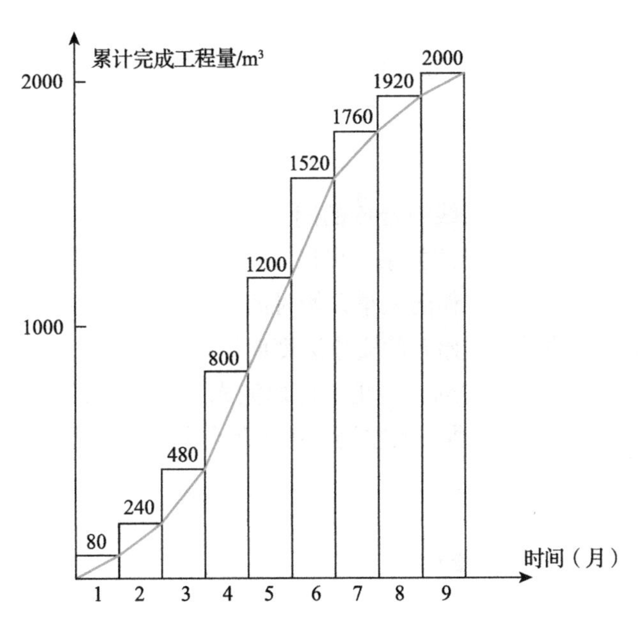

图 1-39　根据每月计划累计完成工程量绘制 S 形曲线

1）工程实际进展情况。如果工程实际进展点落在计划进度 S 形曲线左侧，表明此时实际进度比计划进度超前，如图 1-40 中的 a 点；如果工程实际进展点落在计划进度 S 形曲线右侧，表明此时实际进度拖后，如图 1-40 中的 b 点；如果工程实际进度进展点正好落在计划进度 S 形曲线上，则表示此时实际进度与计划进度相符。

2）工程项目实际进度超前或拖后的时间。在 S 形曲线比较图中可以直接读出实际进度比计划进度超前或拖后的时间。如图 1-40 所示，ΔT_a 表示 T_a 时刻实际进度超前的时间；ΔT_b 表示 T_b 时刻实际进度拖后的时间。

3）工程项目实际超额也可直接读出实际进度比计划进度超额或拖延的工程量。如图 1-40 所示，ΔQ_a 表示 T_a 时刻超额完成的工程量，ΔQ_b 表示 T_b 时刻拖欠的工程量。

4）后期工程进度预测。如果后期工程按计划速度进行，则可做出后期工程计划S形曲线，如图1-40中虚线所示，从而可以确定工期拖延预测值ΔT。

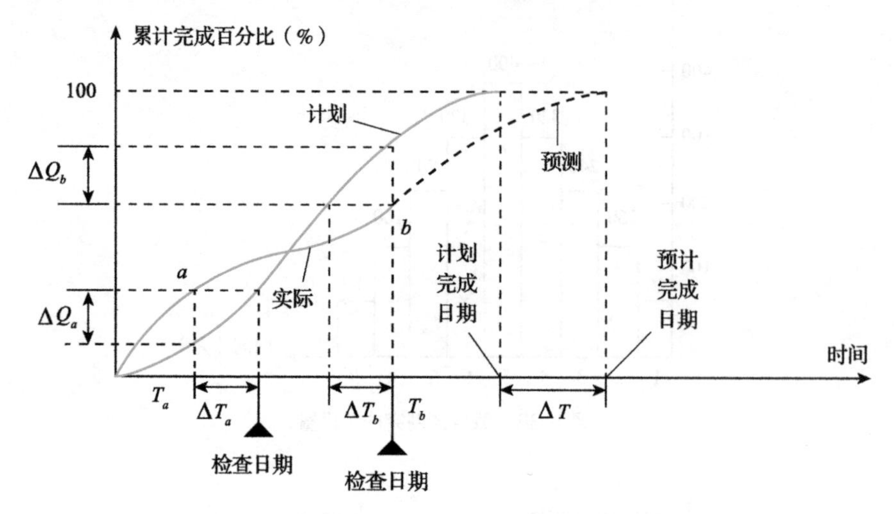

图1-40　实际进度S形曲线与计划进度S形曲线比较

3. 香蕉形曲线比较法

香蕉形曲线是由两条S形曲线组合成的闭合图形。由S形曲线比较法可知，工程项目累计完成的工程量与计划时间的关系，可以用一条S形曲线表示。对于一个工程项目的网络计划来说，以其中各项工作的最早开始时间安排进度而绘制的S形曲线，称为ES曲线；以其中各项工作的最迟开始时间安排进度而绘制出的S形曲线，称为LS曲线。这两条曲线都是起始于计划开始时刻，终止于计划完成之时，因而图形是闭合的。一般情况下，ES曲线上各点均应在LS曲线的左侧，由于闭合曲线形似香蕉，故称为香蕉形曲线（图1-41）。

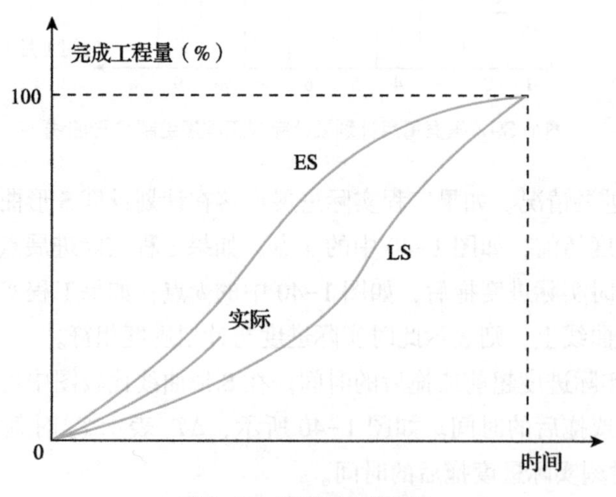

图1-41　香蕉形曲线比较

（1）香蕉形曲线比较法的作用

1）预测后期工程进展趋势。利用香蕉形曲线可以对后期工程的进展情况进行预测。

2）合理安排工程项目进度计划。

① 如果工程项目中的各项工作均按其最早开始时间安排进度，将导致项目的投资加大。

② 如果各项工作都按其最迟开始时间安排进度，则一旦受到进度影响因素的干扰，将导致工期拖延，使工程进度风险加大。

因此，科学合理的进度计划优化曲线应处于香蕉曲线所包括的区域之内。

3）定期比较工程项目的实际进度与计划进度。在工程项目的实施过程中，根据每次检查收集到的实际完成任务量，绘制出实际进度S形曲线，便可以与计划进度进行比较。

① 工程项目实施进度的理想状态是任一时刻工程实际进展点应落在香蕉形曲线图的范围之内。

② 如果工程实际进展点落在ES曲线的左侧，表明此刻实际进度比各项工作按其最早开始时间安排的计划进度超前。

③ 如果工程实际进展点落在LS曲线的右侧，则表明此刻实际进度比各项工作按其最迟开始时间安排的计划进度拖后。

（2）绘制方法

香蕉形曲线的绘制方法与S形曲线的绘制方法基本相同，不同之处在于香蕉形曲线是以工作按最早开始时间安排进度和按最迟开始时间安排进度分别绘制的两条S形曲线组合而成，其绘制步骤如下。

1）以工程项目的网络计划为基础，计算各项工作的最早开始时间和最迟开始时间。

2）确定各项工作在各单位时间的计划完成任务量。分别按以下两种情况考虑：

① 以工程项目的网络计划为基础，计算各项工作的最早开始时间和最迟开始时间。

② 根据各项工作按最迟开始时间安排的进度计划，确定各项工作在各单位时间的计划完成任务量。

3）计算工程项目总任务量，即对所有工作在各单位时间计划完成的任务量累加求和。

4）分别根据各项工作按最早开始时间、最迟开始时间安排的进度计划，确定工程项目在各单位时间计划完成的任务量，即将各项工作在某一单位时间内计划完成的任务量求和。

5）分别根据各项按最早开始时间、最迟开始时间安排的进度计划，确定不同时间累计完成的任务量或任务量的百分比。

6）绘制香蕉形曲线，分别根据各项工作按最早开始时间、最迟开始时间安排的进度计划而确定的累计完成任务量或任务量的百分比描绘各点，并连接各点得到ES曲线和LS曲线组成香蕉形曲线。

在工程项目实施过程中，根据检查得到的实际累计完成任务量，按同样的方法在计划香蕉形曲线图上绘出实际进度曲线，便可以进行实际进度与计划进度的比较。

例 1-21　某工程项目网络计划如图 1-42 所示，图中箭线上方括号内数字表示各项计划完成的工程量，以劳动消耗量表示，箭线下方的数字表示各项工作的持续时间(周)，试绘制香蕉形曲线。

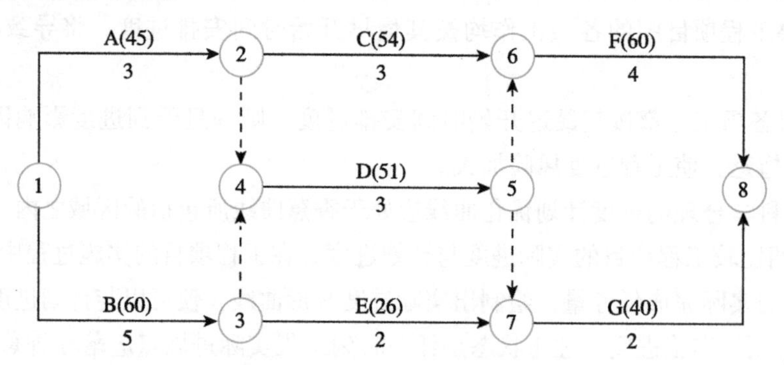

图 1-42　某工程项目网络计划

解：假设各项工作均为匀速进展，即各项工作每周消耗的劳动量相等。

1）确定各项工作每周的劳动消耗量。

工作 A：45÷3=15　　工作 B：60÷5=12

工作 C：54÷3=18　　工作 D：51÷3=17

工作 E：26÷2=13　　工作 F：60÷4=15

工作 G：40÷2=20

2）计算工程项目劳动消耗总量 Q。

$Q=45+60+54+51+26+60+40=336$

3）根据各项工作按照最早开始时间安排的进度计划，确定工程项目每周计划劳动消耗量及各周累计劳动消耗量，如图 1-43 所示。

4）根据各项工作按照最迟开始时间安排的进度计划，确定工程项目每周计划劳动消耗量及各周累计劳动消耗量，如图 1-44 所示。

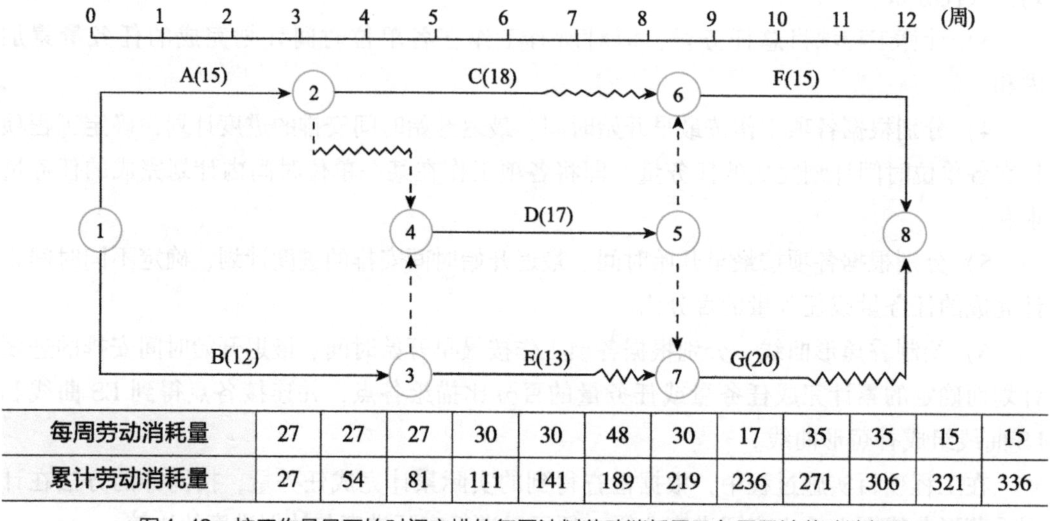

每周劳动消耗量	27	27	27	30	30	48	30	17	35	35	15	15
累计劳动消耗量	27	54	81	111	141	189	219	236	271	306	321	336

图 1-43　按工作最早开始时间安排的每周计划劳动消耗量及各周累计劳动消耗量

每周劳动消耗量	12	12	27	27	27	35	35	35	28	28	35	35
累计劳动消耗量	12	24	51	78	105	140	175	210	238	266	301	336

图1-44　按工作最迟开始时间安排的每周计划劳动消耗量及各周累计劳动消耗量

5）根据不同的累计劳动消耗量分别绘制ES曲线和LS曲线，便得到香蕉形曲线，如图1-45所示。

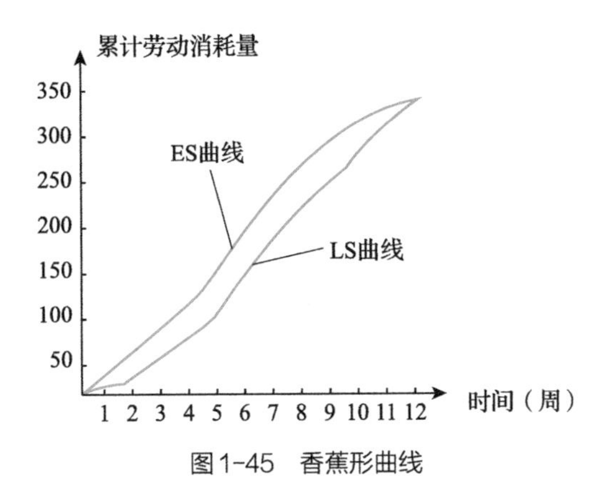

图1-45　香蕉形曲线

4. 前锋线比较法

前锋线比较法也是一种简单地进行工程实际进度与计划进度比较的方法，它主要适用于时标网络计划。其主要方法是从检查时刻的时标点出发，首先连接与其相邻的工作箭线的实际进度点，由此再去连接箭线相邻工作箭线的实际进度点，依此类推，将检查时刻正在进行工作的点都依次连接起来，组成一条一般为折线的前锋线。

按前锋线与箭线交点的位置可以判定工程实际进度与计划进度的偏差。实际上，前锋线法就是通过工程项目实际进度前锋线，比较工程实际进度与计划进度偏差的方法。

采用前锋线比较法进行实际进度与计划进度比较的步骤如下：

1）绘制时标网络计划图。工程项目实际进度前锋线是在时标网络计划图上标示的，为清楚起见，可在时标网络计划图的上方和下方各设一个时间坐标。

2）绘制实际进度前锋线。一般从时标网络计划图上方坐标的检查日期开始绘制，依次连接相邻工作的实际进展位置点，最后与时标网络计划图下方坐标的检查日期相连接。

工作实际进展位置点的标定方法有以下两种：

①按该工作已完任务量比例进行标定。假设工程项目中各项工作均为匀速进展，根据实际进度检查时刻该工作已完任务量占其计划完成总任务量的比例，在工作箭线上从左至右按相同的比例标定其实际进展位置点。

②按尚需作业时间进行标定。当某些工作的持续时间难以按实物工程量来计算而凭经验估算时，可以先估算出检查时刻到该工作全部完成尚需作业的时间，然后在该工作箭线上从右向左逆向标定其实际进展位置点。

3）比较实际进度与计划进度。前锋线反映出的检查日工作实际进度与计划进度的关系有以下三种情况：

①工作实际进度点位置与检查日时间坐标相同，则该工作实际进度与计划进度一致。

②工作实际进度点位置于检查日时间坐标右侧，则该工作实际进度超前，超前天数为两者之差。

③工作实际进度点位置于检查日时间坐标左侧，则该工作实际进展拖后，拖后天数为两者之差。

以上比较是指匀速进展的工作，而非匀速进展的工作比较方法比较复杂。

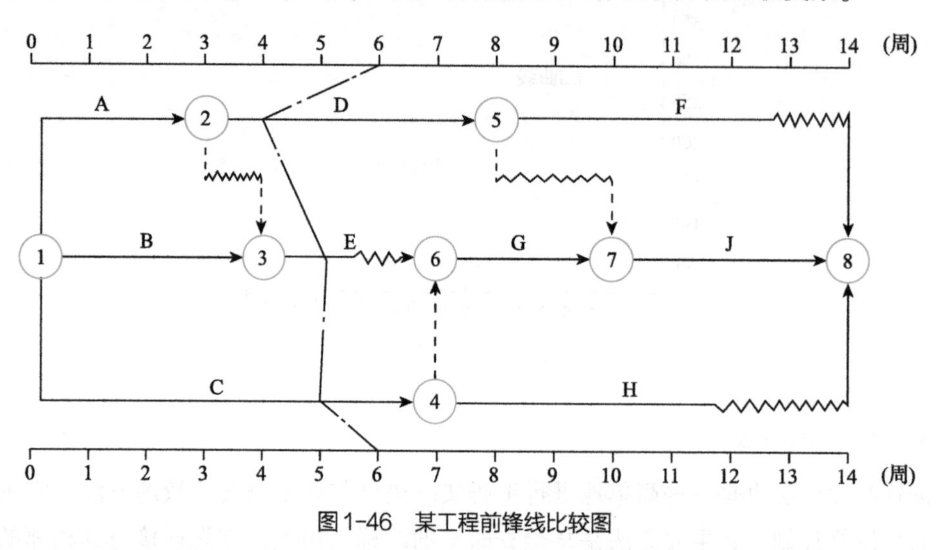

图1-46　某工程前锋线比较图

从图 1-46 中可以看出：

工作 C 进展拖后 2 周，将使其后续工作 G、H、J 的最早开始时间推迟 2 周。由于工作 G、J 开始时间推迟，从而使总工期延长 2 周。

工作 D 实际进度拖后 2 周，将使其后续工作 F 的最早开始时间推迟 2 周，并使总工期延长 1 周。

工作 E 实际进度拖后 1 周，既不影响总工期，也不影响其后续工作的正常进行。

5. 列表比较法

当工程进度计划用非时标网络图表示时，可用列表比较法进行实际进度与计划进度的比较。这种方法是记录检查日期应该进行的工作名称及其已经作业的时间，列表计算有关部门时间参数，并根据工作总时差进行实际进度与计划进度比较的方法。

采用列表比较法进行实际进度与计划进度的比较，其步骤如下：

1）对于实际进度检查日期应该进行的工作，根据已经作业的时间，确定其尚需作业时间。

2）根据原进度计划计算检查日期应该进行的工作从检查日期到原计划最迟完成时尚余时间。

3）计算工作尚有总时差，其值等于工作从检查日期到原计划最迟完成时间尚余时间与该工作尚需作业时间之差。

4）比较实际进度与计划进度，可能有以下几种情况：

①如果工作尚有总时差与原有总时差相等，说明工作实际进度与计划进度一致。

②如果工作尚有总时差大于原有总时差，说明该工作实际进度超前，超前的时间为二者之差。

③如果工作尚有总时差小于原有总时差，且仍为非负值，说明该工作实际进度拖后，拖后的时间为二者之差，但不影响总工期。

④如果工作尚有总时差小于原有总时差，且为负值，说明该工作实际进度拖后，拖后的时间为二者之差，此时工作实际进度偏差将影响总工期。

例 1–22　某工程项目进度计划执行到第 10 周末检查实际进度时，发现工作 A、B、C、D、E 已经全部完成，工作 F 已进行 1 周，工作 G 和工作 H 均已进行 2 周，试用列表比较法进行实际进度与计划进度比较。

解：根据工程项目进度计划及实际进度检查结果，可以计算出检查日期应进行工作的尚需作业时间、原有总时差及尚有总时差等，工程进度检查比较见表 1–10。通过比较尚有总时差和原有总时差，即可判断目前工程实际进展状况。

表 1–10　工程进度检查比较　（单位：周）

工作代号	工作名称	检查计划时尚需作业周数	到计划最迟完成时尚余周数	原有总时差	尚有总时差	情况判断
5–8	F	4	4	1	0	拖后 1 周，但不影响工期
6–7	G	1	0	0	–1	拖后 1 周，影响工期
4–8	H	3	4	2	1	拖后 1 周，但不影响工期

1.3.2　施工进度计划调整

1. 施工进度偏差分析

在建设工程项目实施过程中，当通过实际进度与计划进度比较，发现有进度偏差时，需要分析该偏差对后续工作及总工期的影响，从而采取相应的调整措施对进度计划进行调整，以确保工期目标的顺利进行。进度偏差的大小及其所处的位置不同，对后续工作和总工期的影响程度是不同的，分析时需要利用网络计划中工作总时差和自由时差的概念进行判断。

（1）分析发生进度偏差的工作是否为关键工作

1）在工程项目的施工过程中，若出现偏差的工作为关键工作，则无论偏差大小，都对后续工作及总工期产生影响，必须采取相应的调整措施。

2）若出现偏差的工作不为关键工作，需要根据偏差值与总时差和自由时差的大小关系，确定后续工作和总工期的影响程度。

（2）分析进度偏差是否大于总时差

1）在工程项目施工过程中，若工作的进度偏差大于该工作的总时差，说明此偏差必将影响后续工作和总工期，必须采取相应的调整措施。

2）若工作的进度偏差小于或等于该工作的总时差，说明此偏差对总工期无影响，但它对后续工作的影响程度需要比较偏差与自由时差的情况来确定。

（3）分析进度偏差是否大于自由时差

1）在工程项目施工过程中，若工作的进度偏差大于该工作的自由时差，说明此偏差对后续工作产生影响，该如何调整，应根据后续工作允许影响的程度而定。

2）若工作的进度偏差小于或等于该工作的自由时差，则说明此偏差对后续工作无影响，因此原进度计划可以不进行调整。

2. 施工进度计划调整要求

施工进度计划调整要求如下：

1）使用网络计划进行调整，应利用关键线路。

2）调整后编制的施工进度计划应及时下达。

3）施工进度计划调整应及时有效。

4）利用网络计划进行时差调整，调整后的进度计划要及时向班组及有关人员下达，防止继续执行原进度计划。

3. 施工进度计划调整方法

施工进度计划调整方法如图 1-47 所示。

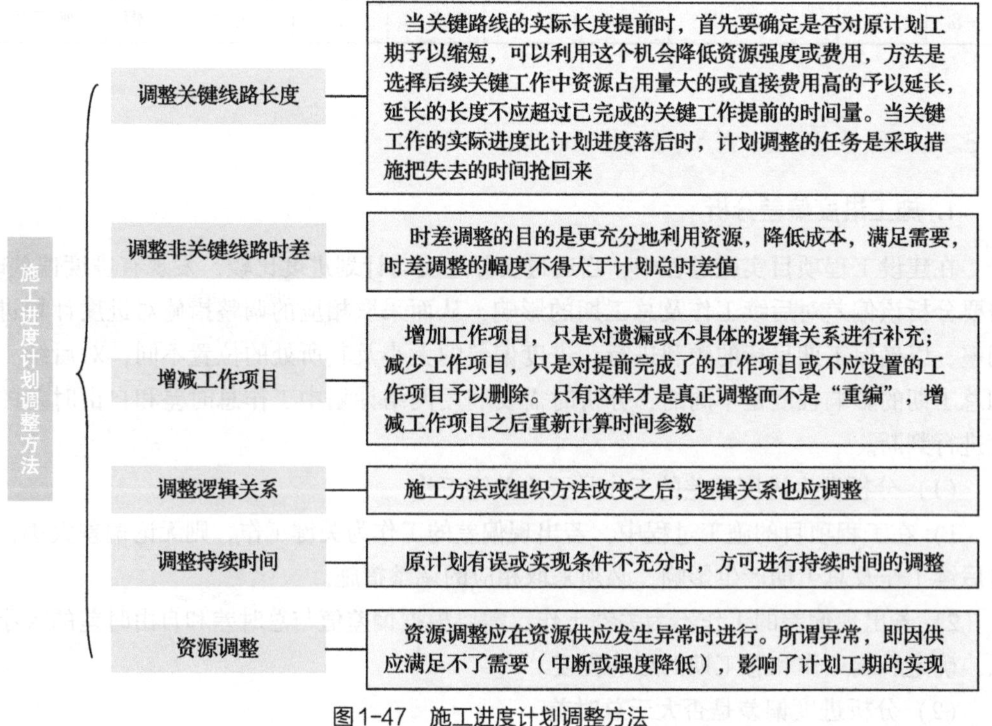

图1-47　施工进度计划调整方法

任务 1.4 工程项目进度计划措施

训练目标：

编制施工进度计划措施。

工程项目进度计划措施有组织措施、技术措施、经济措施及其他配套措施。

1. 组织措施

组织措施包括以下内容：

1）增加工作面，组织更多的施工队伍。

2）增加每天的施工时间。

3）增加劳动力和施工机械的数量。

2. 技术措施

技术措施包括以下内容：

1）改进施工工艺和施工技术，缩短工艺技术间歇时间。

2）采用更先进的施工方法，以减少施工过程的数量。

3）采用更先进的施工机械。

3. 经济措施

经济措施包括以下内容：

1）实行包干奖励。

2）提高奖金数额。

3）对所采取的技术措施给予相应的经济补偿。

4. 其他配套措施

其他配套措施包括以下内容：

1）改善外部配合条件。

2）改善劳动条件。

3）实施强有力的调度等。

任务1.5 工程项目进度计划管理总结

训练目标：

撰写施工进度计划管理总结。

1. 施工项目进度计划管理总结编制依据

1）施工进度计划。

2）施工进度计划执行的实际记录。

3）施工进度计划的检查结果。

4）施工进度计划的调整资料。

2. 施工项目进度计划管理总结编制应注意的事项

1）在总结之前进行调查，取得原始记录中没有的情况和信息。

2）提倡采用定量的对比分析方法。

3）在计划编制和执行中，应认真积累资料，为总结提供信息储备。

4）召开总结分析会议。

5）尽量采用计算机储存资料，进行计算、分析与绘图，以提高总结分析的速度和准确性。

6）总结分析资料要分类归档。

3. 施工项目进度计划管理总结内容

施工进度计划管理总结内容包括：合同工期目标及计划工期目标完成情况、资源利用情况、成本情况、施工进度控制经验、施工进度控制中存在的问题及分析、施工进度计划方法的应用情况、施工进度控制改进意见、其他。

（1）合同工期目标及计划工期目标完成情况

主要指标计算式如下：

合同工期节约值=合同工期-实际工期

指令工期节约值=指令工期-实际工期

定额工期节约值=定额工期-实际工期

计划工期提前率=(计划工期-实际工期)÷计划工期×100%

缩短工期的经济效益=缩短一天产生的经济效益×缩短工期天数

分析缩短工期的原因大致有以下几种：计划周密情况、执行情况、控制情况、协调情况、劳动效率。

（2）资源利用情况

主要指标计算式如下：

单方用工=总用工数÷建筑面积

劳动力不均衡系数=最高日用工数÷平均日用工数

节约工日数=计划用工工日−实际用工工日

主要材料节约量=计划材料用量−实际材料用量

主要机械台班节约量=计划主要机械台班数−实际主要机械台班数

主要大型机械节约率=（各种大型机械计划费之和−实际费之和）÷各种大型机械计划费之和×100%

资源节约大致原因有以下几种：计划积极可靠、资源优化效果好、按计划保证供应、认真制定并实施了节约措施、协调及时。

（3）成本情况

主要指标计算式如下：

降低成本额=计划成本−实际成本

降低成本率=降低成本额÷计划成本额×100%

节约成本的主要原因大致如下：计划积极可靠、成本优化效果好、认真制定并执行了节约成本措施、工期缩短、成本核算及成本分析工作效果好。

（4）施工进度控制经验

经验是指对成绩及其原因进行分析，为以后进度控制提供可借鉴的本质的、规律性的经验。分析进度控制的经验可以从以下几方面进行：

1）编制什么样的进度计划才能取得较大效益。

2）怎样优化计划更有实际意义，包括优化方法、目标、计算、电子计算机应用等。

3）怎样实施、调整与控制计划，包括记录检查、调整、修改、节约、统计等措施。

4）进度控制工作的创新之处。

（5）施工进度控制中存在的问题及分析

若施工进度控制目标没有实现，或在计划执行中存在缺陷，则应对存在的问题进行分析。分析时可以定量计算，也可以定性分析。产生问题的原因要从编制和执行计划中寻找。问题要找清，原因要查明，不能解释不清。遗留问题到下一控制循环中解决。

施工进度控制一般存在以下问题：工期拖后、资源浪费、成本浪费、计划变化太大等。施工进度控制中出现上述问题的原因一般包括：计划本身的原因、资源供应和使用中的原因、协调方面的原因、环境方面的原因。

（6）施工进度控制改进意见

对于施工进度控制中存在的问题，应进行总结，提出改进方法或意见，在以后的工程中加以应用。

（7）其他

施工项目进度计划管理总结见表1−11。

表 1-11　施工项目进度计划管理总结

项　目	内　容
合同工期目标完成情况	（1）主要计算公式如下： 合同工期节约值=合同工期-实际工期 指令工期节约值=指令工期-实际工期 定额工期节约值=定额工期-实际工期 计划工期提前率=(计划工期-实际工期)÷计划工期×100% 缩短工期的经济效益=缩短一天产生的经济效益×缩短工期天数 （2）缩短工期的原因大致有以下几种： 计划周密情况、执行情况、控制情况、协调情况、劳动效率
资源利用情况	（1）所使用的指标计算式如下： 单方用工=用工总数÷建筑面积 劳动力不均衡系数=最高日用工数÷平均日用工数 节约工日数=计划用工工日-实际用工工日 主要材料节约量=计划材料用量-实际材料用量 主要机械台班节约量=计划主要机械台班数-实际主要机械台班数 主要大型机械节约率=(各种大型机械计划费之和-实际费之和)÷各种大型机械计划费之和×100% （2）资源节约原因大致有以下几种： 计划积极可靠、资源优化效果好、按计划保证供应、认真制定并实施了节约措施、协调及时
成本情况	（1）主要指标计算式如下： 降低成本额=计划成本额-实际成本额 降低成本率=降低成本额÷计划成本额×100% （2）节约成本的主要原因大致如下：计划积极可靠、成本优化效果好、认真制定并执行了节约成本措施、工期缩短、成本核算及成本分析工作效果好
施工进度控制经验	分析进度控制的经验可以从以下几方面进行： （1）编制什么样的进度计划才能取得较大效益 （2）怎样优化计划更有实际意义，包括优化方法、目标、计算、电子计算机应用等 （3）怎样实施、调整与控制计划，包括记录检查、调整、修改、节约、统计等措施 （4）进度控制工作的创新之处

小结

工程项目目标制定应遵循一定依据、原则和程序，各个目标之间存在一定的内在联系。进度计划的编制工具主要有横道图、网络计划；编制原理有流水施工方法和网络计划技术，要按照一定的顺序展开。进度计划的实施主要通过月（旬）作业计划和施工任务书的方式下达具体任务，由班组实施完成。进度计划的比较方法主要有横道图比较法、S 形曲线比较法、香蕉曲线比较法、前锋线比较法和列表比较法。

实训题

1. 已知各工作之间的逻辑关系（表 1-12），请绘制双代号网络图。

表 1-12　各工作之间的逻辑关系

项目	A	B	C	D
紧前工作	—	—	A、B	B

2. 运用图上作业法计算时间参数，确定工期和关键线路（图 1-48）。

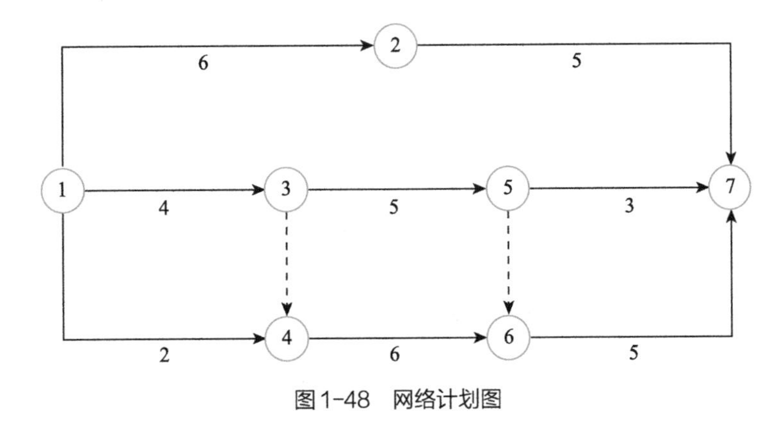

图 1-48　网络计划图

3. 试对某工程双代号网络计划（图 1-49）进行费用优化，已知工程的间接费用率为 0. 8 万元/天。

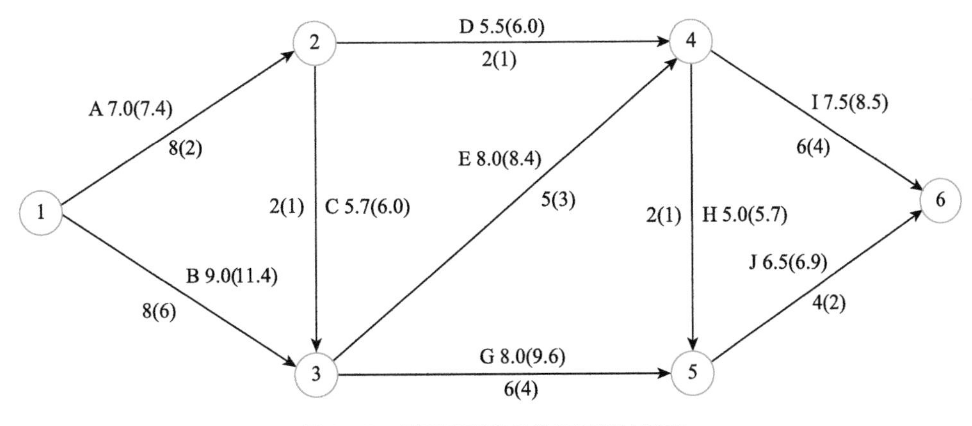

图 1-49　某工程双代号施工网络计划图

4. 某分项工程计划 10 天完成，每天计划完成任务量如图 1-50 所示，请绘制分项工程的计划 S 形曲线。

5. 已知网络计划如图 1-51 所示，在第 5 天检查时，发现工作 A 完成，工作 B 进行了 1 天，工作 C 进行了 2 天，工作 D 尚未开始。试用前锋线比较法进行实际进度与计划进度比较。

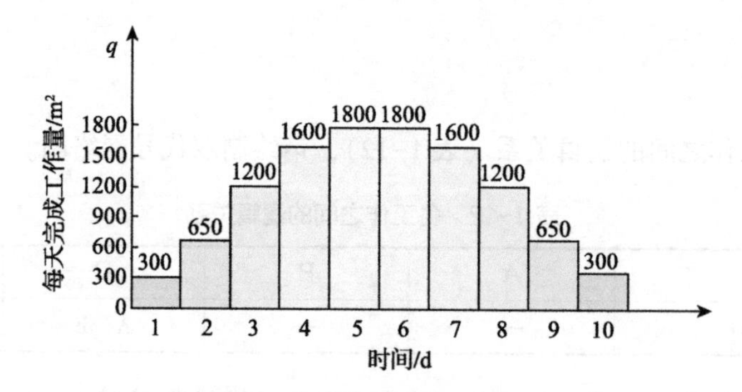

图 1-50　每天计划完成任务量

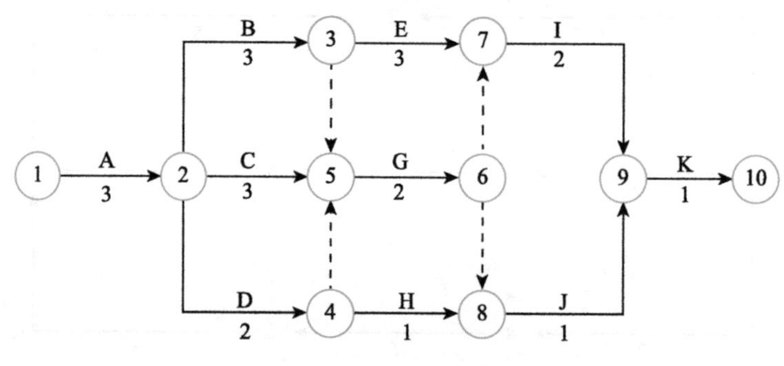

图 1-51　网络计划图

项目2
工程项目成本管理

能力目标:

通过本项目的学习，能够编制工程项目成本计划，分析核算工程项目成本，控制工程成本。

学习目标:

1. 熟悉工程项目成本构成。
2. 掌握工程项目成本预测方法。
3. 编制工程项目成本计划。
4. 工程项目成本核算。
5. 分析工程项目成本。
6. 成本控制。

任务2.1 工程项目成本计划编制

微课：工程项目管理成本计划

训练目标:

编制工程项目成本计划。

工程建设项目的施工成本是指在建设工程项目的施工过程中所发生的全部生产费用的总和，包括消耗的原材料、辅助材料、构配件的费用，周转材料的摊销费或租赁费等，施工机械的使用费或租赁费，支付给生产工人的工资、奖金、津贴等，以及进行施工与管理所发生的全部费用支出。

2.1.1 项目成本计划概念

成本计划是指在多种成本预测的基础上，经过分析、比较、论证、判断之后，以货币形式预先规定计划期内项目施工的耗费和成本所要达到的水平，并且确定各个成本项目比预计要达到的降低额和降低率，提出保证成本计划实施所需要的主要措施方案。

2.1.2 项目成本计划编制程序

项目成本计划编制程序如图 2-1 所示。

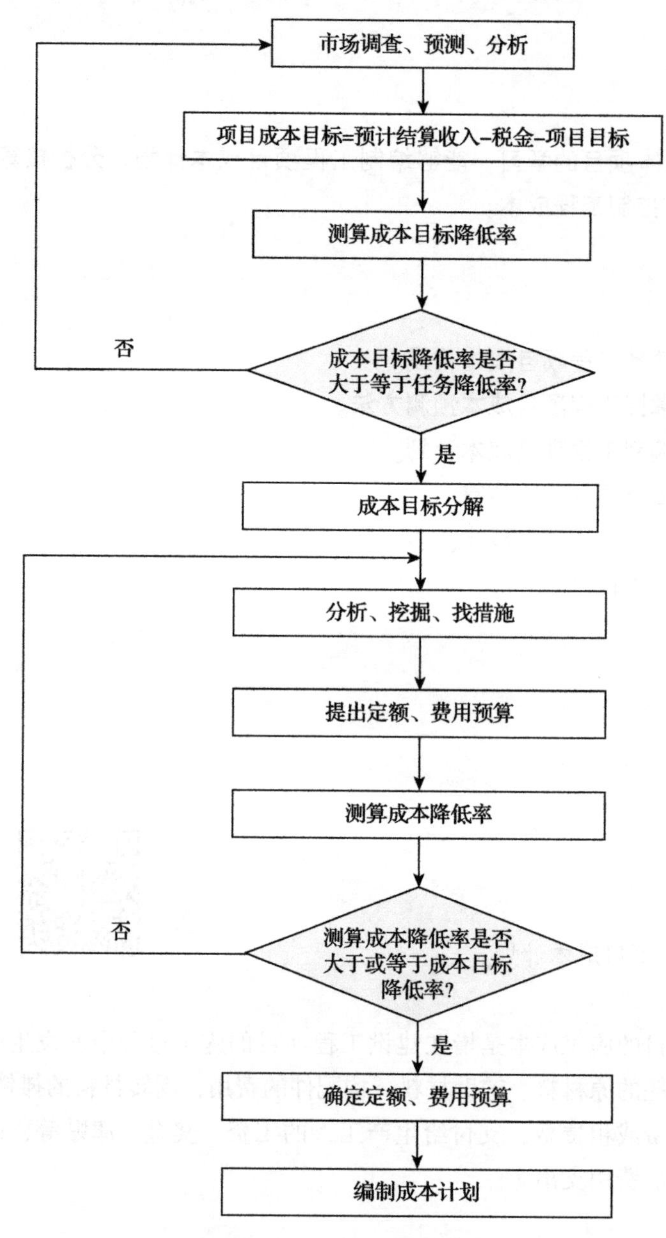

图 2-1 项目成本计划编制程序

2.1.3 项目成本计划编制内容

项目成本计划编制内容如图 2-2 所示。

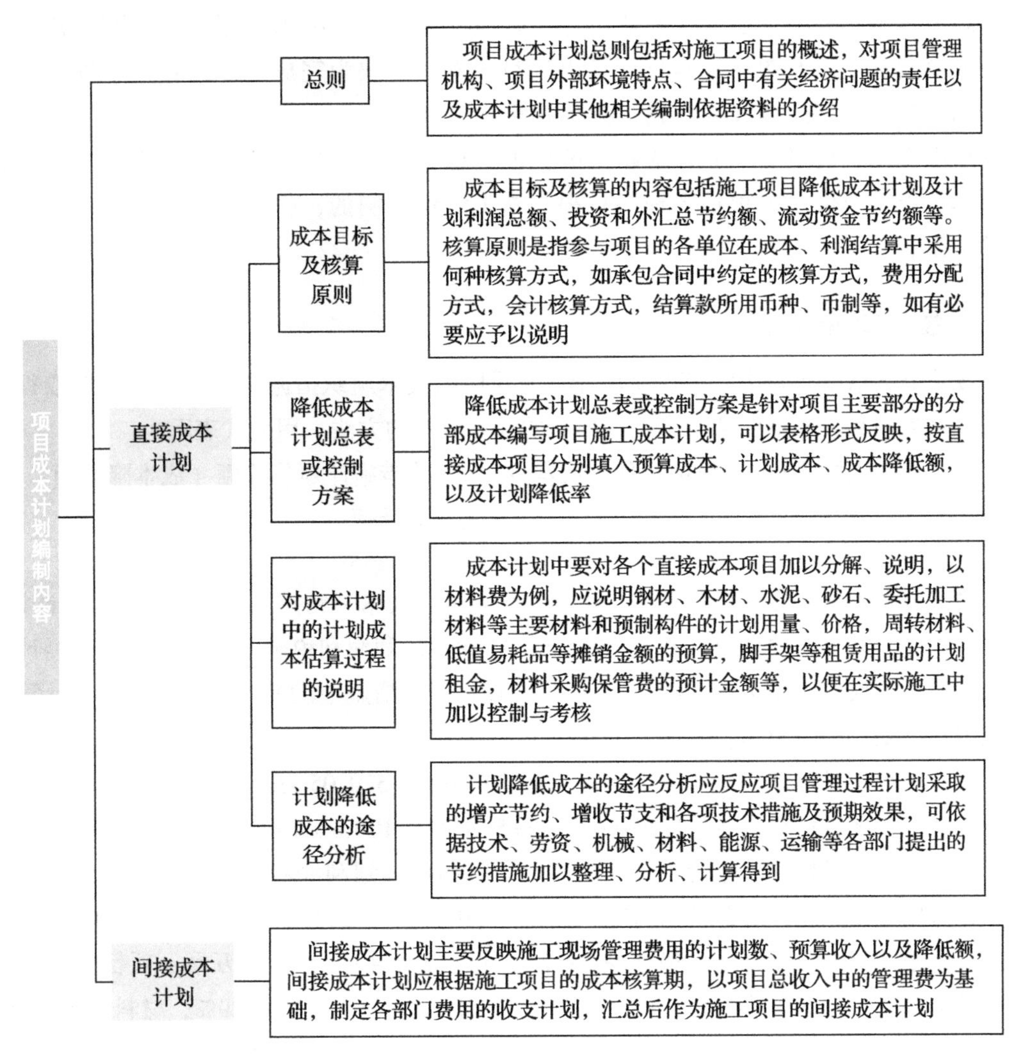

图 2-2　项目成本计划编制内容

2.1.4　项目成本计划编制方法

1. 施工预算法

施工预算法是指以施工图中的工程量套以施工工料消耗定额，计算工料消耗量，并进行工料汇总，然后统一以货币形式反映其施工生产耗费水平。

采用施工预算法编制成本计划，是以单位工程施工预算为依据，并考虑结合技术节约措施计划，以进一步降低施工生产耗费水平。

施工预算法计划成本=施工预算工料消耗费用-技术节约措施计划节约额

例 2-1　某工程项目按照施工预算的工程量，套用施工工料消耗定额计算消耗费用为 1280.98 万元，技术解决措施计划节约额为 45.64 万元，计算项目计划成本。

解： 工程项目计划成本=（1280.98-45.64）万元=1235.34 万元

施工图预算和施工预算的区别：施工图预算是以施工图为依据，按照预算定额和规定的取费标准以及图样工程量计算出项目成本，反映为完成施工项目建筑安装任务所需的直接成本和间接成本。它是招标投标中计算标底的依据和评标的尺度，是控制项目成本支出，衡量成本节约或超支的标准，也是施工项目考核经营成果的基础。施工预算是施工单位（各项目经理部）根据施工定额编制的，作为施工单位内部经济核算的依据。

2. 技术节约措施法

技术节约措施法是指以工程项目计划所采取的技术组织措施和节约措施所能取得的经济效果为项目成本降低额，求工程项目的计划成本的方法。用公式表示为：

工程项目计划成本=工程项目预算成本−技术节约措施计划节约额（成本降低额）

$$计划成本降低率=\frac{计划成本降低额}{工程项目预算成本}\times100\%$$

采用这种方法首先确定降低成本指标和降低成本技术节约措施，然后编制成本计划。

例 2-2　某工程项目造价 679.38 万元，扣除计划利润和税金及企业管理费，经计算该项目的预算成本为 557.08 万元，该项目的技术节约措施节约额为 37.03 万元，计算计划成本和计划成本降低率。

解： 工程项目计划成本=（557.08−37.03）万元=520.05 万元

工程项目计划成本降低率=(37.03÷557.08)×100%=6.65%

例 2-3　某工程项目造价为 2550.13 万元，扣除计划利润和税金及企业管理费，经计算，该项目预算成本总额为 2065.6 万元，其中人工费 204.6 万元，材料费 1613.2 万元，机械使用费 122.4 万元，措施费 31.2 万元，施工管理费 94.2 万元。项目部综合各部门做出该项目技术节约措施，各项成本降低指标分别为人工费 0.29%，材料费 1.93%，机械使用费 3.76%，措施费 1.6%，施工管理费 14.44%，计算节约额和计划成本，并编制项目成本计划表。

解： 计划成本、计划成本降低额、计划成本降低率见表 2-1。

表 2-1　计划成本、计划成本降低额、计划成本降低率

项　目	预算成本（万元）	计划成本（万元）	计划成本降低额（万元）	计划成本降低率（%）
1. 直接费用	1971.4	1934.6	36.8	1.87
人工费	204.6	204	0.6	0.29
材料费	1613.2	1582.1	31.1	1.93
机械使用费	122.4	117.8	4.6	3.76
措施费	31.2	30.7	0.5	1.60
2. 间接费用	94.2	80.6	13.6	14.44

（续）

项　目	预算成本（万元）	计划成本（万元）	计划成本降低额（万元）	计划成本降低率（%）
施工管理费	94. 2	80. 6	13. 6	14. 44
合　　计	2065. 6	2015. 2	50. 4	2. 44

工程项目计划成本=(2065. 6−50. 4）万元=2015. 2 万元

计划成本降低率=(50. 4÷2065. 6）×100%=2. 44%

3. 成本习性法

成本习性法是固定成本和变动成本在编制成本计划中的应用，主要按照成本习性，将成本分成固定成本和变动成本两类，以此计算计划成本。

工程项目计划成本=项目变动成本总额+项目固定成本总额

例 2-4　某工程项目经过分部分项预测，测得其变动成本总额为 1950. 71 万元，固定成本总额为 234. 11 万元，计算计划成本。

解：工程项目计划成本=(1950. 71+234. 11)万元=2184. 82 万元

4. 目标利润法

目标利润法是指根据项目的合同价格扣除目标利润后得到目标成本的方法。在采用正确的投标策略和方法以最理想的合同价中标后，项目经理部从标价中减去预期利润、税金、应上缴的管理费等，得到的余额即项目实施中所能支出的最大限额。

5. 按实计算法

按实计算法是工程项目经理部有关职能部门人员以该项目施工图预算的工料分析资料作为控制计划成本的依据，根据项目经理部执行施工定额的实际水平和要求，由各职能部门归口计算各项计划成本。

1）人工费的计划成本，由项目管理班子的劳资部门人员计算。

$$人工费=\sum（各类人员计划用工量×实际工资标准）$$

2）材料费的计划成本，由项目管理班子的材料部门人员计算。

$$材料费=\sum（各类材料的计划用量×实际材料单价）$$

3）施工机械使用费的计划成本，由项目管理班子的机械管理部门人员计算。

$$施工机械使用费=\sum（各类机械的计划台班量×实际台班单价）$$

4）措施费的计划成本，由项目管理班子的施工生产部门和材料部门人员共同计算。

5）间接费用的计划成本，由工程项目经理部的财务成本人员计算。

一般根据工程项目管理部内的计划职工平均人数，按历史成本的间接费用以及压缩费用的人均支出进行测算。

任务 2.2 工程项目成本控制

训练目标：

控制工程项目成本。

项目成本控制是指在施工过程中，对影响施工项目成本的各种因素加强管理，并采取各种有效措施，将施工中实际发生的各种消耗和支出严格控制在成本计划范围内，并及时反馈，严格审查各项费用是否符合标准，计算实际成本和计划成本之间的差异并进行分析，消除施工中的浪费现象，发现和总结先进经验。

2.2.1 项目成本控制依据

1. 项目承包合同文件

项目成本控制要以工程承包合同为依据，围绕降低工程成本目标，从预算收入和实际成本两方面，努力挖掘增收节支潜力，以求获得最大的经济效益。

2. 项目成本计划

项目成本计划是根据工程项目的具体情况制定的施工成本控制方案，既包括预定的具体成本控制目标，又包括实现控制目标的措施和规划，是项目成本控制的指导文件。

3. 进度报告

进度报告提供了每一个工程实际工程量、工程施工成本实际支付情况等重要信息。施工成本控制工作正是通过实际情况与施工成本计划相比较，找出二者之间的差别，分析偏差产生的原因，从而采取措施改进工作。

4. 工程变更与索赔资料

在项目实施过程中，由于各方面原因，工程变更是难免的。工程变更一般包括设计变更、进度计划变更、施工条件变更、技术规范与标准变更、施工次序变更、工程数量变更等。

2.2.2 项目成本控制步骤

在确定了项目施工成本计划后，必须定期地进行施工成本计划值与实际值的比较，当实际值偏离计划值时，分析产生偏差的原因，采取适当的纠偏措施，以确保施工成本控制目标的实现。其步骤如下：

1. 比较

按照某种确定的方式将施工成本计划值与实际值逐项进行比较以发现施工成本是否已超支。

2. 分析

在比较的基础上，对比较的结果进行分析，得出偏差的严重程度及偏差的原因，从而采取有针对性的措施，减少或避免相同原因的偏差再次发生或减少由此造成的损失。

3. 预测

根据项目实施情况估算整个项目完成时的施工成本，预测的目的在于为决策提供支持。

4. 纠偏

当施工项目的实际施工成本出现偏差，应当根据施工项目的具体情况、偏差分析和预测的结果，采取适当的措施，以期达到使施工成本偏差尽可能小的目的。纠偏是施工成本控制中最具实质性的一步，只有通过纠偏，才能最终达到有效控制施工成本的目的。

5. 检查

它是指对工程的进展进行跟踪和检查，及时了解工程进展状况以及纠偏措施的执行情况和效果，为今后的工作积累经验。

2.2.3 项目成本控制方法

1. 过程控制方法

通过确定成本目标并按计划成本进行施工资源配置，对施工现场发生的各种成本费用进行有效控制，其具体的控制方法如下：

（1）人工费的控制

人工费的控制实行“量价分离”的原则，将作业用工及零星用工按定额工日综合确定用工数量与单价，通过劳务合同进行控制。

（2）材料费的控制

材料费控制同样按照“量价分离”的原则，控制材料用量和材料价格。

材料价格控制方法如图 2-3 所示。

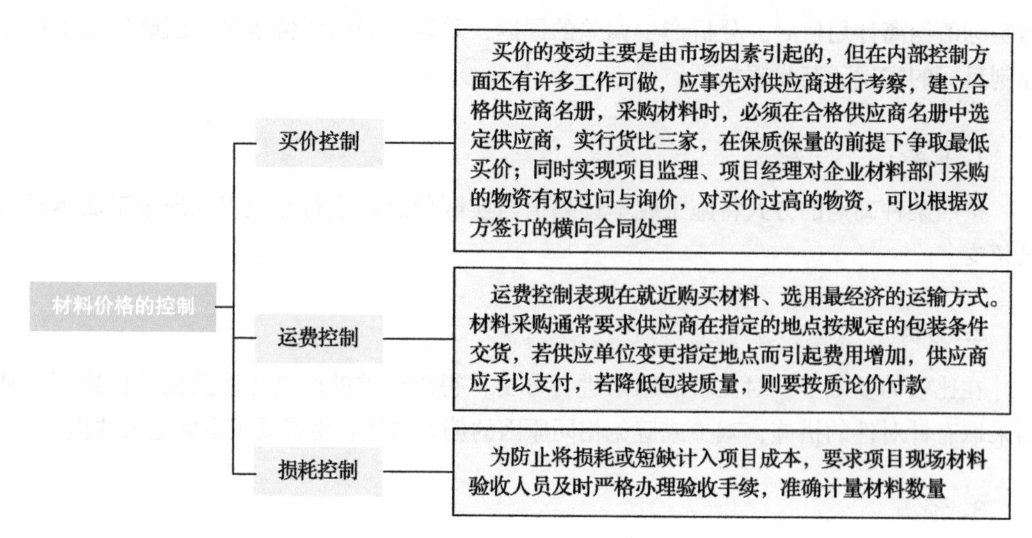

图 2-3　材料价格控制方法

（3）施工机械使用费的控制

施工机械使用费主要由台班数量和台班单价两方面决定，为了有效控制施工机械使用费支出，主要从以下几个方面进行控制：

1）合理安排施工生产，加强设备租赁计划管理，减少因安排不当引起的设备闲置。

2）做好机上人员与辅助生产人员的协调与配合，提高施工机械台班产量。

3）加强机械设备的调度工作，尽量避免窝工，提高现场设备利用率。

4）加强现场设备的维修保养，避免因使用不当造成机械设备的停置。

2. 材料用量控制

材料用量控制方法如图 2-4 所示。

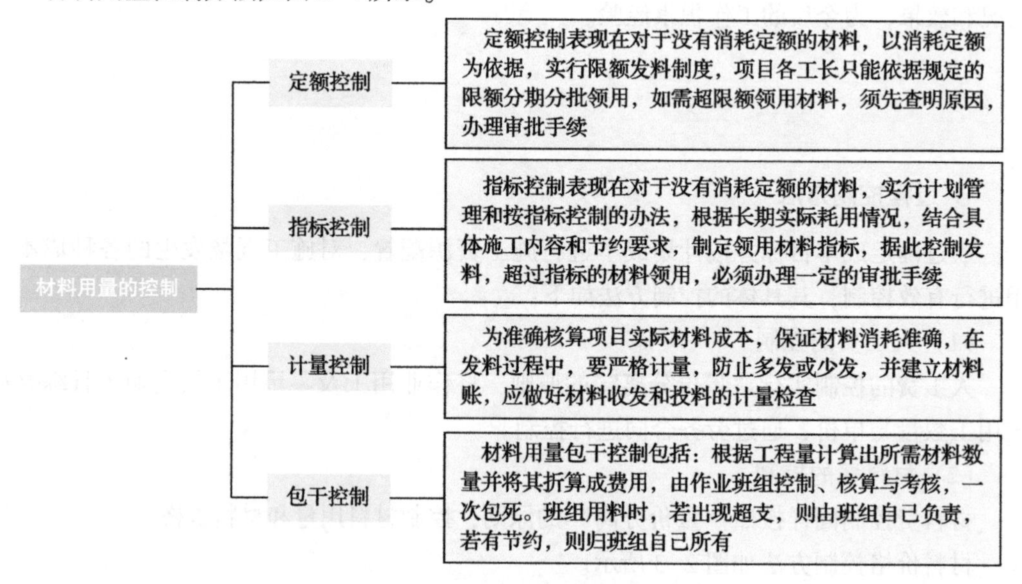

图 2-4　材料用量控制方法

3. 施工管理费的控制

现场管理费在项目成本中占有一定比例，项目在使用和开支时弹性较大，使控制与核算都较难把握。可采取的主要控制措施如下：

1）制定并严格执行项目经理部的施工管理费使用审批、报销程序。

2）编制项目经理部施工管理费总额预算，制定施工项目管理费开支标准和范围，落实各部门、岗位的控制责任。

3）按照现场施工管理费占总成本的一定比重确定现场施工管理费总额。

4. 临时设施费控制

1）现场生产及办公、生活临时设施和临时房屋的搭建数量、形式的确定，在满足施工基本需要的前提下，应尽可能做到简洁适用，充分利用已有和待拆除的房屋。

2）材料堆场、仓库类型、面积的确定，应在满足合理储备和施工需要的前提下，力求配置合理。

3）施工临时道路的修筑、材料工器具放置场地的硬化等，在满足施工需要的前提下，应尽可能数量最少，尽可能先做永久性道路路基，再修筑施工临时道路。

4）临时供水、供电管网的敷设长度及容量确定应尽可能合理。

5. 施工分包费用的控制

抓好建立稳定的分包商关系网络，做好分包询价、订立互利平等的分包合同、施工验收与分包结算等工作。

任务2.3 工程项目成本核算

训练目标：

核算工程项目成本。

施工项目成本核算是指按照规定开支范围对施工费用进行归集，计算出施工费用的实际发生额，并根据成本核算对象，采用适当的方法，计算出该施工项目的总成本和单位成本。

2.3.1 项目成本核算要求

1）项目经理部应根据财务制度和会计制度的有关规定，建立项目成本核算制，明确项目成本核算的原则、范围、程序、方法、内容、责任及要求，并设置核算台账，记录原始数据。

2）项目经理部应按照规定的时间间隔进行项目成本核算。

3）项目成本核算应坚持“三同步”的原则，即坚持施工形象进度同步、施工产值统计同步、实际成本归集同步的原则。

4）建立以单位工程为对象的项目生产成本核算体系，单位工程是施工企业的最终产品，可独立考核。

5）项目经理部应编制定期成本报告。

2.3.2 施工项目成本核算的范围

1. 直接成本的核算范围

施工过程中的直接成本包括构成工程实体的原材料、半成品、成品、设备，及人工费、施工机械使用费等。根据财务制度规定，直接成本的范围为在工程施工中所发生的各项直接支出，包括人工费、材料费、机械使用费以及其他直接费等。

1）人工费：人工费应当按照劳动管理人员提供的用工分析和受益对象进行账务处理，计入工程成本。

2）材料费：材料费应当按照当月项目材料消耗数量和实际价格，计入当期损耗，计入工程成本。周转材料应实行内部调配制，按照当月使用时间、数量、单价计算，计入工程成本。

3）机械使用费：按照当月使用机械台班数量和台班单价计算后计入工程成本。

2. 间接成本的核算范围

为工程施工而发生的各项施工间接费要分配计入施工项目成本。根据财务制度规定，企业（公司）行政管理部门为组织和管理生产经营活动而发生的管理费用和财务费用应当作为期间费用，直接计入当期损益。项目经理部为组织和管理施工生产经营活动而发生的管理费用（现场管理费）属于间接成本核算的范围。

2.3.3 项目成本核算方法

1. 表格核算法

表格核算法是指建立在内部各项成本核算的基础上，由各要素部门和核算单位定期采集信息，按有关规定填制一系列的表格，完成数据比较、考核和简单的核算，形成项目施工成本核算体系，作为支撑项目施工成本核算平台的方法。

表格核算法需要依靠众多部门和单位的支持，专业性要求不高。其优点是比较简洁明了，直观易懂，易于操作，适时性较好。缺点是覆盖范围较窄，核算债权债务等比较困难，且较难实现科学严密的审核制度，有可能造成数据失实，精度较差。由于表格核算法具有便于操作和表格格式自由等特点，可以根据企业管理方式和要求设置各种表格，因而对于项目内各岗位成本的责任核算来说比较实用。

2. 会计核算法

会计核算法是指建立在会计核算基础上，利用会计核算所独有的借贷记账法和收支全面核算的综合特点，按项目施工成本内容和收支范围，组织项目施工成本的核算。不仅核算项目施工的直接成本，而且还要核算项目在施工生产过程中出现的债权债务、项目为施工生产而自购的工具、器具摊销、向业主的报量和收款、分包完成和分包付款等。其优点是核算严密、逻辑性强、人为调节的可能因素较小、核算范围较大，但对核算人员的专业水平要求较高。

总的来说，用表格核算法进行项目施工各岗位成本的责任核算和控制，与用会计核算法进行项目成本核算，两者互补，相得益彰，确保项目施工成本核算工作的开展。

任务 2.4 工程项目成本分析

训练目标：

分析工程项目成本。

2.4.1 工程项目成本分析

根据统计核算、业务核算和会计核算提供的资料，对项目成本的形成过程和影响成本升降的因素进行分析，以寻求进一步降低成本的途径；另外，通过成本分析，可从账簿、报表反映的成本现象看清成本的实质，从而增强项目成本的透明度和可控性，为加强成本控制、实现项目成本目标创造条件。

2.4.2 工程项目成本分析原则

工程项目成本分析原则如图 2-5 所示。

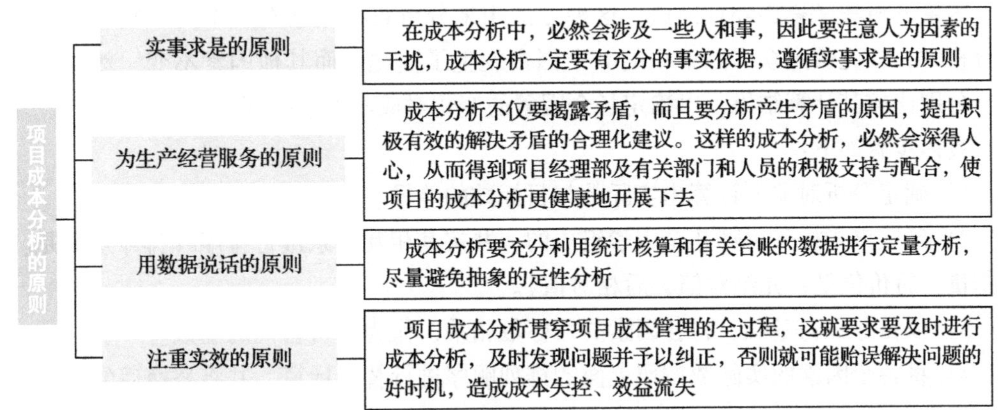

图 2-5 工程项目成本分析原则

2.4.3 项目成本分析方法

1. 比较法

比较法又称指数对比分析法，就是通过技术经济指标的对比，检查目标的完成情况，分析产生差异的原因，进而挖掘内部潜力的方法。这种方法具有通俗易懂、简单易行、便于掌握的特点，因而得到了广泛的应用。

对比分析法通常有下列形式：

1）将实际指标与目标指标对比。以此检查目标完成情况，分析影响目标完成的积极因素和消极因素，以便及时采取措施，保证成本目标的实现。

2）本期实际指标与上期实际指标对比。通过这种对比，可以看出各项技术经济指标的变动情况，反映项目管理水平的提高程度。

3）与本行业平均水平、先进水平对比。通过这种对比，可以反映本项目的技术管理和经济管理水平与行业的平均水平和先进水平的差距，进而采取措施赶超先进水平。在采取比较法时，可采取绝对数对比、增减差额对比或相对数对比等多种形式。

例 2-5　某项目本年节约“三材”的目标为 100000 元，实际节约 130000 元，上年实际节约 90000 元，本企业先进水平节约 135000 元。根据上述资料编制分析表，目标与实际额比对见表 2-2。

表 2-2　目标与实际额对比　　（单位：元）

指标	本年目标数	上年实际数	企业先进水平	本年实际数	差异数		
					与目标比	与上年比	与先进比
“三材”节约额	100000	90000	135000	130000	+30000	+40000	−5000

2. 因素分析法

因素分析法又称连环置换法，这种方法用来分析各种因素对成本的影响程度。在进行分析时，首先假定众多因素中的一个因素发生了变化，而其他因素不变，然后逐个替换，分别比较其计算结果，以确定各个因素的变化对成本的影响程度。

具体步骤如下：

1）确定分析对象，计算出实际数与目标数的差异。

2）确定该指标是由哪几个因素组成的，并按其相互关系进行排序（排序规则是：先实物量，后价值量；先绝对值，后相对值）。

3）以目标数为基础，将各因素的目标数相乘，作为分析替代的基数。

4）将各个因素的实际数按照上面的排列顺序进行替换计算，并将替换后的实际数保留下来。

5）将每次替换计算所得的结果与前一次的计算结果相比较，两者的差异即该因素对成本的影响程度。

6）各个因素的影响程度之和，应与分析对象的总差异相等。

必须指出，在应用这种方法时，各个因素的排列顺序应该固定不变，否则就会得出不同的计算结果，也会产生不同的结论。

例 2-6　商品混凝土目标成本为 748800 元，实际成本为 804636 元，比目标成本增加 55836 元，商品混凝土目标成本与实际成本对比见表 2-3。请分析各因素对成本的影响。

表 2-3　商品混凝土目标成本与实际成本对比

项　目	单　位	目　标	实　际	差　额
产　量	m^3	900	930	+30
单　价	元/m^3	800	840	+40
损耗率	%	4	3	-1
成　本	元	748800	804636	+55836

解：分析成本增加的原因：

1）分析对象是商品混凝土的成本，实际成本与目标成本的差额为 55836 元，该指标是由产量、单价、损耗率三个因素组成的。

2）以目标数 748800 元（$=900m^3\times800$ 元/$m^3\times1.04$）为分析替代的基础。

第一次替代产量因素，以 930m^3 替代 900m^3：

$$930m^3\times800\text{ 元}/m^3\times1.04=773760\text{ 元}$$

第二次替代单价因素，以 840 元/m^3 替代 800 元/m^3，并保留上次替代后的值

$$930m^3\times840\text{ 元}/m^3\times1.04=812448\text{ 元}$$

第三次替代损耗率因素，以 1.03 替代 1.04，并保留上两次替代后的值：

$$930m^3\times840\text{ 元}/m^3\times1.03=804636\text{ 元}$$

3）计算差额：

第一次替代与目标数的差额=（773760-748800）元=24960 元

第二次替代与第一次替代的差额=（812448-773760）元=38688 元

第三次替代与第二次替代的差额=（804636-812448）元=-7812 元

4）产量增加使成本增加了 24960 元，单价提高使成本增加了 38688 元，损耗率下降使成本减少了 7812 元。

5）各因素的影响程度之和=（24960+38688-7812）元=55836 元，与实际成本与目标成本的总差额相等。

为了使用方便，企业也可以通过运用因素分析表来求出各因素变动对实际成本的影响程度，其具体形式见表 2-4。

表 2-4　商品混凝土成本变动因素分析表

顺　序	连环替代计算	差异（元）	因素分析
目标数	900×800×1.04		
第一次替代	930×800×1.04	24960	由于产量增加 30m³，成本增加 24960 元
第二次替代	930×840×1.04	38688	由于单价提高 40 元，成本增加 38688 元
第三次替代	930×840×1.03	−7812	由于损耗率下降 1%，成本减少 7812 元
合计	24960+38688−7812=55836	55836	

3. 差额计算法

差额计算法是因素分析法的一种简化形式，它利用各个因素的目标与实际的差额来计算其对成本的影响程度。

例 2-7　某工程项目某月的实际成本降低额比目标数提高了 3.10 万元，根据表 2-5 中资料，应用差额计算法分析预算成本和成本降低率对成本降低额的影响程度。

表 2-5　降低成本目标与实际对比表

项　目	单　位	目　标	实　际	差　额
预算成本	万元	400	420	+20
成本降低率	%	5	5.5	+0.5
成本降低额	万元	20	23.1	+3.10

解：分析成本增加的原因。

（1）预算成本增加对成本降低额的影响程度

(420−400)万元×5%=1 万元

（2）成本降低率提高对成本降低额的影响程度

(5.5%−5%)×420 万元=2.10 万元

以上两项合计：(1.00+2.10)万元=3.10 万元

4. 比率法

比率法是指用两个以上指标的比例进行分析的方法。它的基本特点是：先把对比分析的数值变成相对数，再观察其相互之间的关系。

常用的比率法有以下几种：

（1）相关比率法

由于项目经济活动的各个方面是相互联系、相互依存、相互影响的，因而可以将两个性质不同而又相关的指标加以对比，求出比率，并以此来考核经营成果的好坏。例如，工资和产值是两个不同的概念，但它们的关系又是投入与产出的关系。在一般情况下，人们希望以最少的人工费支出完成最大的产值。因此，用产值工资率指标来考核人工费的支出水平，就很能说明问题。

（2）构成比率法

构成比率法又称比重分析法或结构对比分析法。通过构成比率，可以考察成本总量的构成情况及各成本项目占成本总量的比重，同时可看出量、本、利的比例关系（即预算成本、实际成本与降低成本的比例关系），从而为寻求降低成本的途径指明方向。成本构成比例分析见表2-6。

表2-6　成本构成比例分析

成本项目	预算成本		实际成本		降低成本	
	金额（万元）	比例（%）	金额（万元）	比例（%）	金额（万元）	降低率（%）
一、直接成本	1441.27	93.86	1313.08	94.11	128.19	8.89
1. 人工费	104.60	6.81	105.70	7.58	-1.10	-1.05
2. 材料费	1213.20	79.01	1079.63	77.38	133.57	11.01
3. 机械使用费	82.20	5.35	89.65	6.43	-7.45	-9.06
4. 措施费	41.27	2.69	38.10	2.73	3.17	7.68
二、间接成本	94.26	6.14	82.20	5.89	12.06	12.79
成本总量	1535.53	100.00	1395.28	100.00	140.25	9.13
量、本、利比例（%）	100.00		90.87		9.13	

（3）动态比率法

动态比率法就是将同类指标不同时期的数值进行对比，求出比率，用以分析该项指标的发展方向和发展速度。动态比率法的计算通常采用基期指数和环比指数两种方法。指标动态比较见表2-7。

表2-7　指标动态比较

指　标	第一季度	第二季度	第三季度	第四季度
降低成本（万元）	82.10	85.82	92.32	98.30
基期指数（%）（一季度=100）		104.53	112.45	119.73
环比指数（%）（上一季度=100）		104.53	107.57	106.48

任务2.5 工程项目成本考核

训练目标：

考核工程项目成本。

项目成本考核是指对项目成本目标（降低成本目标）完成情况和成本管理工作业绩两方面的考核。这两方面的考核都属于企业对项目经理部成本监督的范畴。应该说，成本降低水平与成本管理工作之间有着必然的联系，又受偶然因素的影响，但都是对项目成本评价的一个方面，都是企业对项目成本进行考核和奖罚的依据。进行项目的成本考核，要强调施工过程中的中间考核，这对具有一次性特点的施工项目来说尤其重要。

2.5.1 项目成本考核依据

项目成本考核依据如下：

1）工程施工承包合同。

2）项目管理目标责任书。

3）项目管理实施规划及施工组织设计文件。

4）项目成本计划。

5）项目成本核算资料与成本报告文件等。

2.5.2 项目成本考核原则

项目成本考核原则如下：

1）按照项目经理部人员分工，进行成本内容确定。

2）及时性原则。

3）简单易行、便于操作。

2.5.3 项目成本考核程序

项目成本考核程序如下：

1）组织主管领导或部门发出考评通知书，说明考评的范围、具体时间和要求。

2）项目经理部按要求做好相关范围成本管理情况的总结和数据资料的汇总，提出自评报告。

3）组织主管领导签发项目经理部的自评报告，交送相关职能部门和人员进行审阅评议。

4）及时进行项目审计，对项目整体的综合效益做出评估。

5）按规定时间召开组织考评会议，进行集体评价与审查，并形成考评结论。

2.5.4 项目成本考核内容

项目成本考核内容如图 2-6 所示。

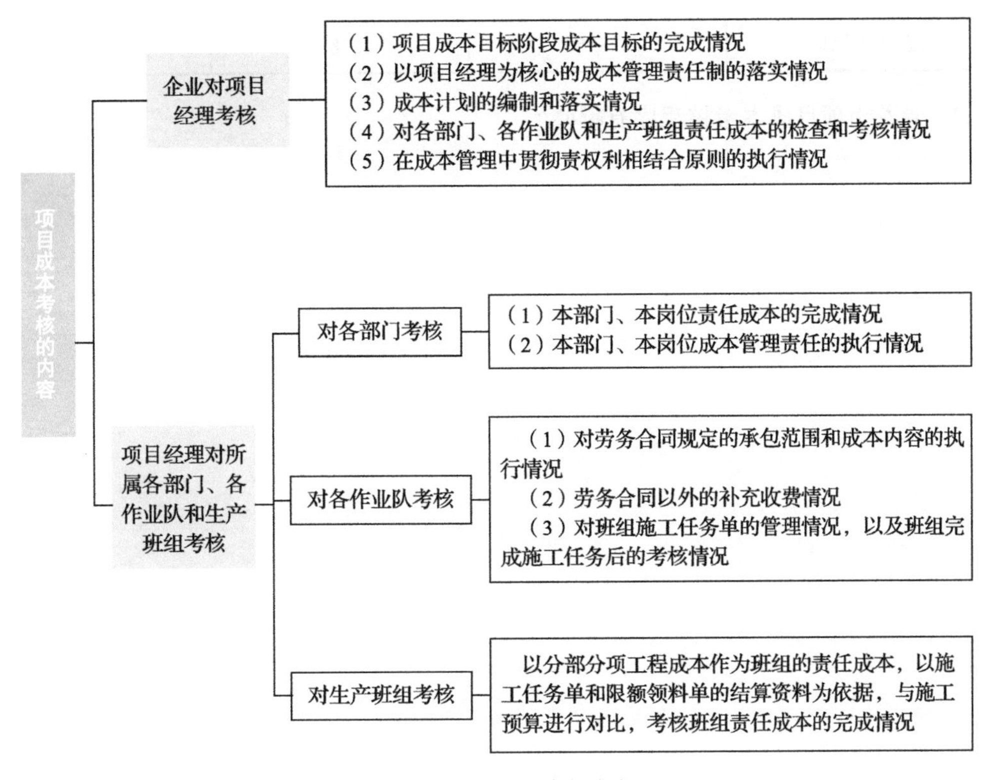

图 2-6 项目成本考核内容

小结

工程建设项目的施工成本是指在建设工程项目的施工过程中所发生的全部生产费用的总和。工程项目成本管理的内容包括成本计划、成本核算、成本分析、成本控制与成本考核。成本计划包括计划成本目标的确定及成本管理措施的确定。成本分析的方法包括比较法、因素分析法。成本控制对施工现场发生的各种成本费用进行有效控制。成本核算包括表格核算法与会计核算法。

实训题

1. 某工程浇筑一层结构商品混凝土，目标成本为 378560 元，实际成本为 407880 元，比目标成本增加 29320 元。根据表 2-8 的资料，用因素分析法分析其成本增加的原因。

表 2-8 商品混凝土目标成本与实际成本对比表

项 目	计 划	实 际	差 额
产量/m^3	520	550	+30
单价（元/m^3）	700	720	+20
损耗率（%）	4	3	−1
成本（元）	378560	407880	+29320

2. 请说明项目成本考核程序有哪些？

项目3 工程项目质量管理

能力目标:

通过本项目的学习，能够编制工程项目质量计划，控制工程项目质量，进行工程质量事故分析与处理，提出工程项目质量改进措施。

学习目标:

1. 能够为具体工程项目编制工程项目质量管理计划。
2. 掌握施工阶段质量控制的要点和质量控制的方法。
3. 掌握工程项目质量控制的数理统计分析方法。
4. 能够掌握建筑工程质量事故分析与处理的思路与方法。
5. 能够掌握建设工程质量验收的验收要点和验收方法，了解验收不合格的处理方法。
6. 能够为建设工程项目制定质量改进措施。

任务3.1 工程项目质量管理计划

训练目标:

编制工程项目质量管理计划。

工程项目质量管理是指围绕项目质量所进行的指挥、协调和控制等活动。质量管理就是为达到或实现产品质量、工程质量的所有管理活动的总称。质量管理是指导和控制与质量有关的活动，通常包括质量方针和质量目标的建立、质量策划、质量控制、质量保证和质量改进。

由于施工项目涉及面广，过程极其复杂，且具有一次性的特征，不同项目的规模、目标和要求、施工方案、施工条件都不尽相同。因此，施工项目的质量比一般工业的质量更难控制。

施工项目质量管理程序如图 3-1 所示。

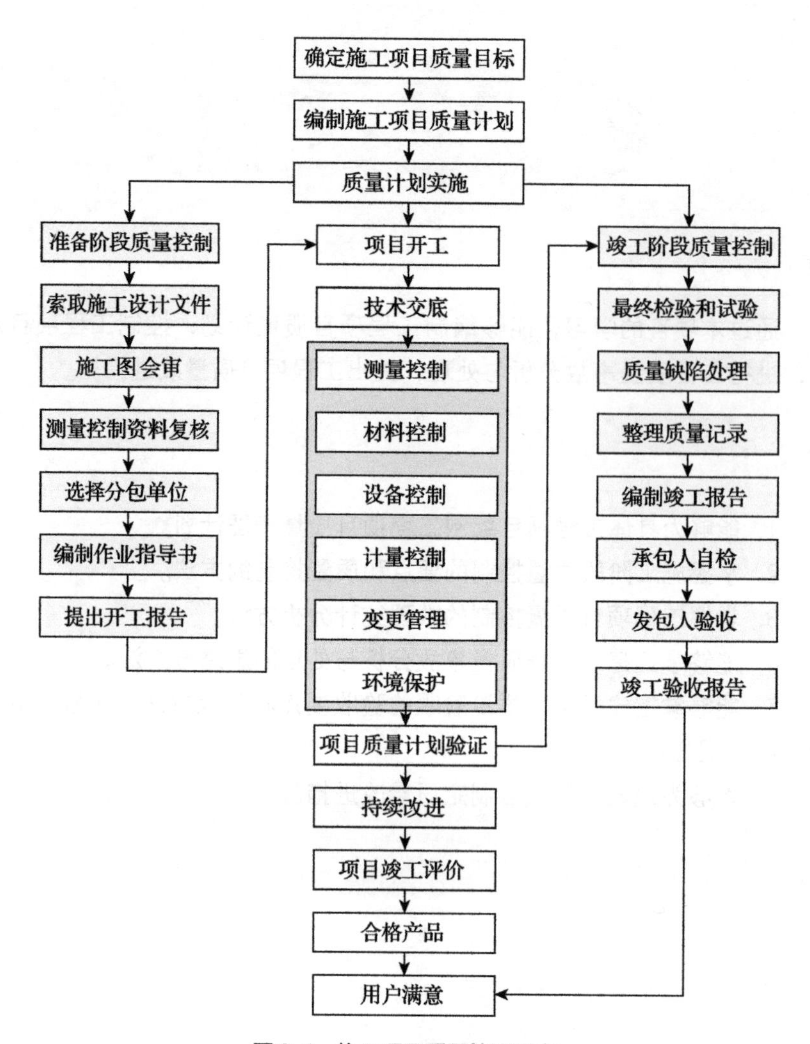

图 3-1　施工项目质量管理程序

质量计划是质量管理的前期活动，是对整个质量管理活动的策划和准备。质量计划是指制定质量目标并规定必要的运行过程和相关资源以实现质量目标。质量计划对质量管理活动的影响是非常关键的。

1. 工程项目质量计划编制依据

工程项目质量计划编制应依据下列资料：

1）施工合同规定的产品质量特性、产品应达到的各项指标及其验收标准。

2）施工项目管理规划。

3）施工项目实施应执行的法律、法规、技术标准、规范。

4）施工企业和项目经理部的质量管理体系文件及其要求。

2. 工程项目质量计划编制内容

工程项目质量计划编制内容包括以下几点：

1）工程项目质量计划一般是一系列文件而不是单独文件，对于不同的部分应交代清楚项目的情况。

2）质量目标：必须明确并应分解到各部门及项目的全体成员，以便于实施检查、考核。

3）组织机构（管理体系）：组织机构是指为实现质量目标而组成的管理机构。

4）质量控制及管理组织协调的系统描述：有关部门和人员应承担的任务、责任、权限和质量控制完成情况的奖罚情况。

5）必要的质量控制手段、施工过程、服务、检验和试验程序等。

6）确定关键工序和特殊过程及作业的指导书。

7）与施工阶段相适应的检验、试验、测量、验证要求。

8）更改和完善质量计划的程序。

任务3.2 工程项目质量控制

训练目标：

熟练运用质量控制方法控制工程项目质量。

3.2.1 工程项目质量控制内容

为了加强对建筑工程项目的质量管理，明确各施工阶段质量管理的核心工作内容，根据三阶段控制原理，把工程项目质量控制分为事前控制、事中控制和事后控制三个阶段。工程项目质量控制的阶段划分和主要内容见表3-1。

表3-1 工程项目质量控制的阶段划分和主要内容

阶 段	控制内容
施工准备 （事前控制）	（1）建立工程项目质量保证体系，落实人员，明确职责，分解目标，按照GB/T 19001标准的要求编制工程质量计划 （2）领取图样和技术资料，按GB/T 19001中文管理的要求，指定专人管理文件，并公布有效文件清单 （3）依据设计文件和设计技术交底对工程控制点进行复测。发现问题应与设计方协商处理，并形成记录 （4）项目技术负责人主持对施工图的审核，并形成图纸会审记录 （5）按质量计划中分包和物资采购的规定，对供方（分包商和供应商）进行选择和评价，并保存评价记录 （6）根据需要对工程的全体参与人员进行质量意识和能力培训，并保存培训记录

（续）

阶 段	控制内容
施工过程 （事中控制）	（1）分阶段、分层次在开工前进行技术交底，并保存交底记录 （2）材料的采购、验收、保管应符合质量控制的要求，做到在合格供应商名录中按计划招标采购，做好材料的数量、质量的验收，并进行分类标识、保管，保证进场材料符合国家或行业标准。重要材料要做好追溯记录 （3）按计划配备施工机械，保证施工机具的能力，使用和维护保养应满足质量控制的要求，对机械操作人员的资格进行确认 （4）计量器具的使用、保管、维修和周期检定应符合有关规定 （5）确认参与项目的所有人员的资格，包括管理人员和施工人员，特别是从事特种作业和特种设备操作的人员，应严格按规定经考核后持证上岗 （6）加强工程控制，按标准、规范、规程进行施工和检验，对发现的问题及时进行妥善处理。对关键工序（过程）和特殊工序（过程）必须进行有效控制 （7）工程变更和图样修改的审查、确认
竣工验收 （事后控制）	（1）工程完工后，应按规范的要求进行功能性试验或试车，确认满足使用要求，并保存最终试验和检验结果 （2）对施工中存在的质量缺陷，按不合格控制程序进行处理，确认所有不合格都已得到纠正 （3）收集整理施工过程中形成的所有资料、数据和文件，按要求编制竣工图 （4）对工程再一次进行自检，确认符合要求后申请建设单位组织验收，并做好移交的准备 （5）听取用户意见，实施回访保修

3.2.2 工程项目质量控制的数理统计分析方法

1. 排列图法（主次因素排列图法）

排列图法也叫主次因素分析图法。它是根据意大利经济学家帕累托提出的“关键的少数和次要的多数”的原理，由美国质量管理专家朱兰运用于质量管理而发明的一种质量管理图形。其作用是寻找主要质量问题或影响质量的主要原因，以便抓住提高质量的关键，取得好的效果。

（1）原理

按照出现各种质量问题的频数，按大小次序排列，寻找出造成质量问题的主要因素和次要因素，以便抓住关键，采取措施，加以解决。

排列图由两条纵坐标、一条横坐标、若干个矩形和一条折线组成。

横坐标表示影响质量的各种因素，按其影响程度的大小，由左至右依次排列；左边的纵坐标表示影响质量的因素出现的频数；右边的纵坐标表示累计频率，即表示各种影响因素的累计频率。每个直方形的高度表示该因素影响的大小，图中折线称为累计频率折线。

在排列图上，通常把折线的累计频率分为三级，与此相对应的因素分三类：

A 类因素对应于累计频率 0~80%，是影响产品质量的主要因素，是应解决的重点问题。

B 类因素对应于累计频率 80%~90%，为次要因素。

C 类因素对应于累计频率 90%~100%，属一般影响因素，一般不作为解决的重点。

运用排列图，便于找出主次矛盾，使错综复杂的问题一目了然，有利于采取对策，加以改善（图 3-2）。

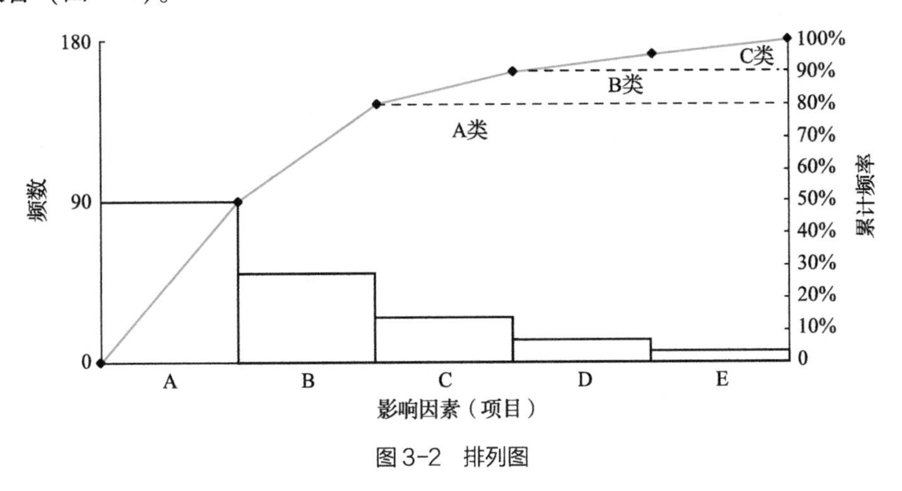

图 3-2 排列图

（2）绘制步骤

1）按照影响质量的因素进行分类。分类项目要具体而明确，一般依据产品品种、规格、不良品、缺陷内容或经济损失等情况而定。

2）统计计算各类影响质量因素的频数和累计频率。

3）画左右两条纵坐标，确定两条纵坐标的刻度和比例。

4）根据各类影响因素出现的频数大小，从左到右依次排列在横坐标上。各类影响因素的横向间隔距离要相同，并画出相应的矩形图。

5）将各类影响因素发生的频数和累计频率逐个标注在相应的坐标点上，并将各点连成一条折线。

6）在排列图的适当位置，注明统计数据的日期、地点、统计者等可供参考的事项。

（3）应用实例

例 3-1 某建筑工程对房间地坪质量不合格问题进行了调查，发现有 80 间房间起砂，不合格房间统计见表 3-2。请应用排列图法找出地坪起砂的主要原因。

表 3-2 不合格房间统计

地坪起砂的原因	不合格的房间数（间）
砂含量过大	16
砂粒径过细	45
后期养护不良	5
砂浆配合比不当	7
水泥强度等级太低	2

（续）

地坪起砂的原因	不合格的房间数（间）
砂浆终凝前压光不足	2
其他	3

1）整理数据。对表中所列数据进行整理，将不合格的房间数由大到小顺序排列，以全部不合格点数为总数，计算不合格房间的累计频数和累计频率，见表3-3。

表3-3　不合格房间的累计频数和累计频率统计

序号	地坪不合格的原因	频数	累计频数	累计频率（%）
1	砂粒径过细	45	45	56.2
2	砂含量过大	16	61	76.2
3	砂浆配合比不当	7	68	85
4	后期养护不良	5	73	91.3
5	水泥强度等级太低	2	75	93.8
6	砂浆终凝前压光不足	2	77	96.3
7	其他	3	80	100

2）画排列图。

A. 画横坐标。将横坐标按项目数等分，并按项目频数由大到小顺序从左到右排列，该例中横坐标分为7等分。

B. 画纵坐标。左侧的纵坐标表示项目不合格点数即频数，右侧纵坐标表示累计频率。要求总频数对应累计频率。

C. 画频数直方形。以频数为高画出各项目的直方形。

D. 画累计频率折线。从横坐标左端点开始，依次连接各项目直方形右边线及所对应的累计频率值的交点，得到的折线为累计频率折线（图3-3）。

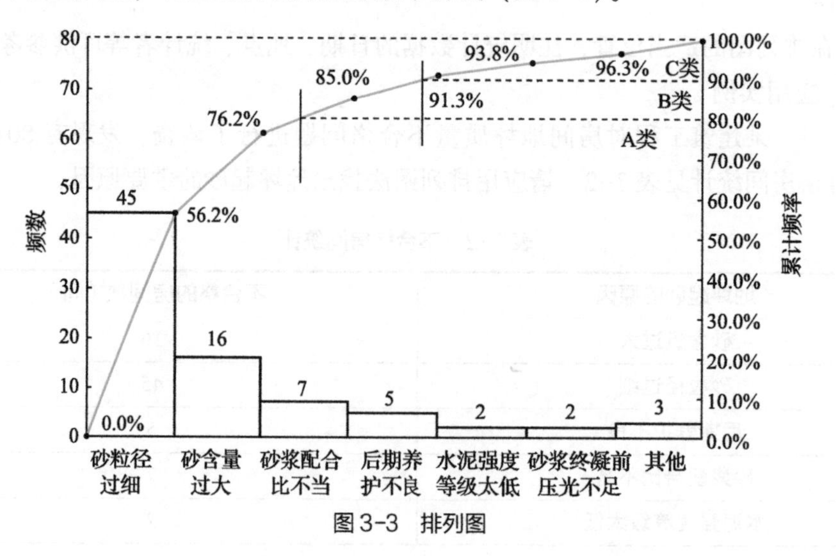

图3-3　排列图

3）排列图的观察与分析。利用 ABC 分类法，确定主次因素。

A 类：主要因素（砂粒径过细、砂含量过大）。

B 类：次要因素（砂浆配合比不当、后期养护不良）。

C 类：一般因素（水泥强度等级太低、砂浆终凝前压光不足及其他因素）。

综上分析，应重点解决 A 类质量问题。

2. 分层法（分类法）

分层法是指将调查收集的原始数据，根据不同的目的和要求，按某一性质进行分组、整理的分析方法。分层的结果是使数据各层间的差异突出地显示出来，层内的数据差异减少了。在此基础上再进行层间、层内的比较分析，可以更深入地发现和认识质量问题的原因。

1）按时间分：如按日班、夜班、日期、周、旬、月、季划分。

2）按人员分：如按新员工、老员工、男、女或不同年龄特征划分。

3）按使用仪器、工具分：如按不同的测量仪器、不同钻探工具等划分。

4）按操作方法分：如按不同的技术作业过程、不同的操作方法等划分。

5）按原材料分：按不同材料成分、不同进料时间等划分。

例 3-2　一个焊工班组有 A、B、C 三位工人实施焊接作业，共抽检 60 个焊接点，发现有 18 个点不合格，占 30%。采用分层法调查统计数据见表 3-4。

表 3-4　分层法调查统计数据

作业工人	抽检点数	不合格点数	个体不合格率	占不合格点总数百分比
A	20	2	10%	11%
B	20	4	20%	22%
C	20	12	60%	67%
合计	60	18	—	100%

通过分析可知，焊接点不合格的主要原因是作业工人 C 的焊接质量影响了总体水平。

3. 因果分析图法（鱼刺图法）

因果分析图法是利用因果分析图来系统整理分析某个质量问题（结果）与其产生原因之间关系的有效工具。因果分析图又叫特性要因图、鱼刺图、树枝图。这是一种逐步深入研究和讨论质量问题的图示方法。在工程实践中，任何一种质量问题的产生，往往是多种原因造成的。这些原因有大有小，把这些原因依照大小顺序分别用主干、大枝、中枝和小枝图形表示出来，可以一目了然地系统观察出产生质量问题的原因，解决工程质量上存在的问题，从而达到控制质量的目的。

1）决定特性。特性就是需要解决的质量问题，放在主干箭头的前面。

2）确定影响质量特性的大枝。影响工程质量的因素主要是人、机械、材料、方法、环境五方面。

3）进一步画出中、小枝，即找出中、小原因。

4）发扬技术民主，反复讨论，补充遗漏的因素。

5）针对影响质量的因素，有针对性地制订对策，并落实到解决问题的人和时间，通过对策计划表的形式列出，限期改正。

因果分析图的绘制步骤与图中箭头方向相反，表示从“结果”开始向原因逐层分解。因果分析图基本形式如图3-4所示。

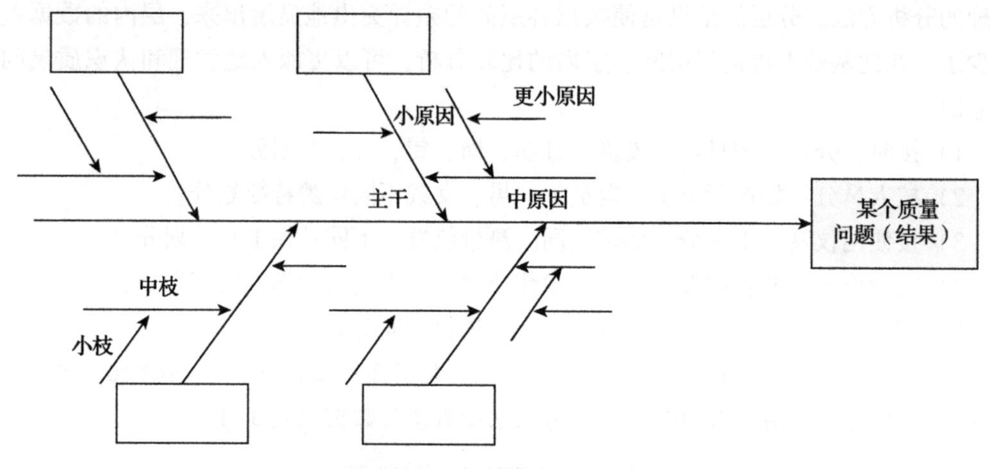

图3-4　因果分析图基本形式

1）明确质量问题和结果。该例分析的质量问题是“混凝土强度不足”，作图时首先由左至右画出一条水平主干线，箭头指向一个矩形框，框内注明研究的问题，即结果。

2）分析确定影响质量特性的大方面原因。一般来说，影响质量的因素有五大方面，即人、机械、材料、方法、环境。另外还可以按产品的生产过程进行分析。

3）将每种大原因进一步分解为中原因、小原因，直至分解的原因可以采取具体措施解决为止。

4）检查图中所列原因是否齐全，可以对初步分析结果广泛征求意见，并进行必要的补充及修改。

5）选择出影响大的关键因素，做出标记“△”，以便重点采取措施。

例3-3　绘制混凝土强度不足的因果分析图（图3-5）。

4. 直方图法（频数分布直方图法）

频数分布直方图法是指将收集到的质量数据进行分组整理，绘制成频数分布直方图，用以描述质量分布状态的一种分析方法，所以又称质量分布图法。

（1）频数分布直方图原理

1）频数是指在重复试验中随机事件重复出现的次数，或一批数据中某个数据（或某组数据）重复出现的次数。

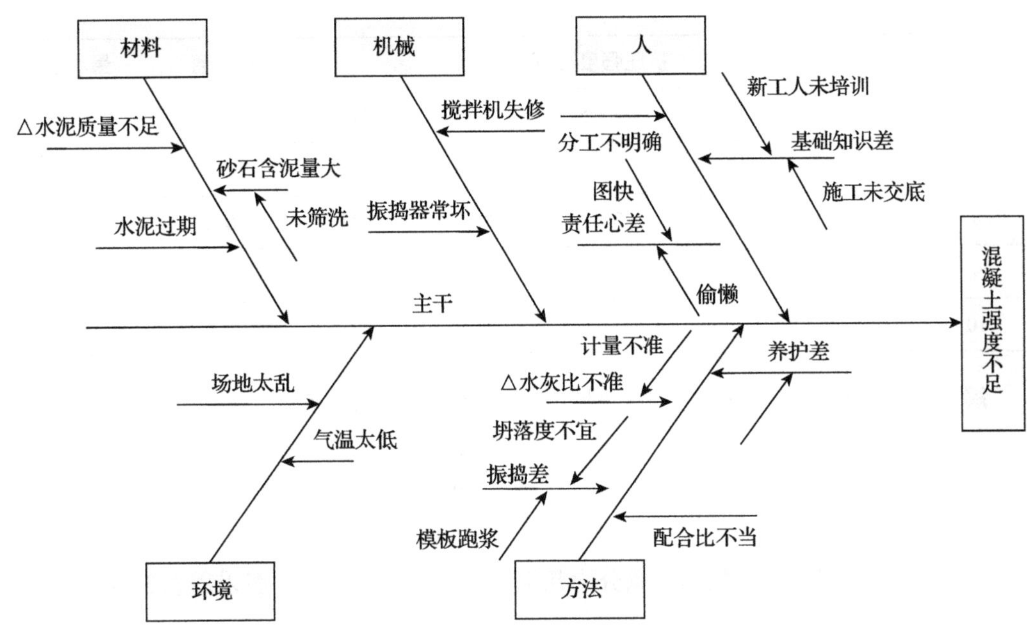

图 3-5　混凝土强度不足的因果分析图

2）产品在生产过程中，质量状况总是会有波动的。其波动的原因，一般有人的因素、材料的因素、工艺的因素、设备的因素和环境的因素。

为了解上述各种因素对产品质量的影响情况，在现场随机地实测一批产品的有关数据，将实测得来的这批数据进行分组整理，统计每组数据出现的频数。然后，在直角坐标系中的横坐标轴上自小至大标出各分组点，在纵坐标轴上标出对应的频数，画出其高度值为其频数值的一系列直方形，即频数分布直方图。

（2）直方图法的主要用途

1）整理统计数据，了解数据分布的集中或离散状况，从中掌握质量的波动情况。

2）观察分析生产过程质量是否处于正常、稳定和受控状态及质量水平是否保持在公差允许的范围内。

例 3-4　某建筑工地浇筑 C30 混凝土，为对其抗压强度进行质量分析，共收集了 50 份抗压强度试验报告单，数据整理结果见表 3-5。试用直方图法对其进行分析。

表 3-5　数据整理结果　（单位：MPa）

序号	抗压强度数据					最大值	最小值
1	39.8	37.7	33.8	31.5	36.1	39.8	31.5
2	37.2	38	33.1	39	36	39	33.1
3	35.8	35.2	31.8	37.1	34	37.1	31.8
4	39.9	34.3	33.2	40.4	41.2	41.2	33.2
5	39.2	35.4	34.4	38.1	40.3	40.3	34.4

（续）

序号	抗压强度数据					最大值	最小值
6	42.3	37.5	35.5	39.3	37.3	42.3	35.5
7	35.9	42.4	41.8	36.3	36.2	42.4	35.9
8	46.2	37.8	38.3	39.7	38	46.2	37.6
9	36.4	38.3	43.4	38.2	38	43.4	36.4
10	44.4	42	37.9	38.4	39.5	44.4	37.9

解：1）计算极差 R：极差 R 是数据中最大值和最小值之差。

$$x_{max}=46.2\text{MPa}$$

$$x_{min}=31.5\text{MPa}$$

$$R=x_{max}-x_{min}=(46.2-31.5)\text{MPa}=14.7\text{MPa}$$

2）对数据分组。一批数据究竟分为几组，并无一定规则，一般采用表3-6的经验数值来确定。

表3-6　数据分组参考表

数据个数 n	组数 k
50以内	5~6
50~100	6~10
100~250	7~12
250以上	10~20

3）计算组距 h。组距是组与组之间的差距。分组要恰当，如果分得太多，则画出的直方图呈"锯齿状"，从而看不出明显的规律；如分得太少，会掩盖组内数据变动的情况。组距可按下式计算：

$$h=\frac{R}{k}=\left(\frac{14.7}{8}\right)\text{MPa}=1.84\text{MPa}\approx 2\text{MPa}$$

4）计算组限 r_i。一般情况下，组限计算方法如下：

$$r_1=x_{min}-h/2$$

$$r_i=r_{i-1}+h$$

第一组上限：30.5MPa+h=（30.5+2）MPa=32.5MPa

第二组下限=第一组上限=32.5MPa

第二组上限32.5MPa+h=（32.5+2）MPa=34.5MPa

依此类推，最高组限为（44.5~46.5）MPa，分组结果覆盖了全部数据。

5）编制数据频数统计表。统计各组频数，频数总和应等于全部数据个数。本例频数统计结果见表3-7。

表 3-7　频数统计结果

组号	组限/MPa	频数统计	频数	组号	组限/MPa	频数统计	频数
1	30.5~32.5	丅	2	5	38.5~40.5	正止	9
2	32.5~34.5	正一	6	6	40.5~42.5	正	5
3	34.5~36.5	正正	10	7	42.5~44.5	丅	2
4	36.5~38.5	正正正	15	8	44.5~46.5	一	1
合　计							50

6）绘制频数分布直方图。在频数分布直方图中，横坐标表示质量特性值，本例中为混凝土强度，并标出各组的组限值。可画出以组距为底，以频数为高的 k 个直方形，便得到混凝土强度的频数分布直方图，如图 3-6 所示。

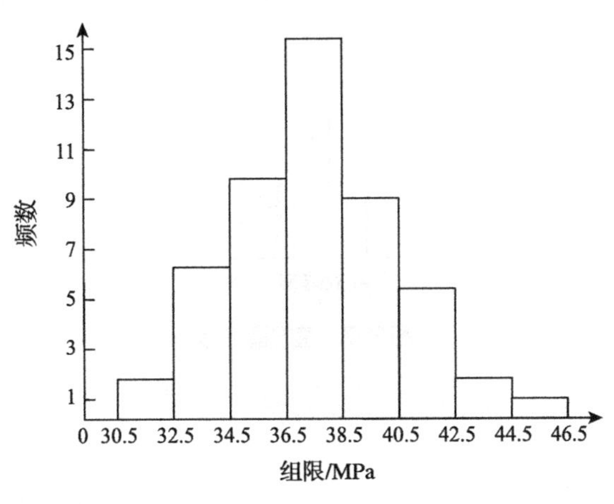

图 3-6　频数分布直方图

7）直方图的观察与分析。

①正常型直方图。作直方图后，首先要认真观察直方图的整体形状，看其是否属于正常型直方图。

图形观察分析是指将绘制好的直方图形状与正态分布图的形状进行比较分析，一看形状是否相似，二看分布区间的宽窄。直方图的分布形状及分布区间的宽窄是由质量特性统计数据的平均值和标准偏差所决定的。直方图形象直观地反映数据分布情况，通过对直方图的观察与分析可以看出生产是否稳定，以及质量的状况。

正常型直方图中间高、两侧低，左右接近对称，如图 3-7a 所示。正常型直方图反映生产过程质量处于正常、稳定状态。数理统计研究证明，当随机抽样方案合理且样本数量足够大，以及生产能力处于正常、稳定状态时，质量特性检测数据趋于正态分布。

②异常直方图形。异常直方图形呈偏态分布，出现异常型直方图时，表明生产过程或收集数据有问题。这就要求进一步分析判断，找出原因，从而采取措施加以纠正。

异常型直方图的图形分布有各种不同缺陷，归纳起来有以下 5 种类型：

A．折齿型直方图（图 3-7b）是由于分组组数不当或者组距确定不当出现的直方图。

B. 左缓坡型（图 3-7c）或右缓坡型直方图主要是操作中对上限（或下限）控制太严造成的。

C. 孤岛型（图 3-7d）直方图是原材料发生变化，或者临时由他人顶班作业造成的。

D. 双峰型（图 3-7e）直方图是由于用两种不同方法或两台设备或两组工人进行生产，把两方面数据混在一起整理产生的。

E. 绝壁型（图 3-7f）直方图是由于数据收集不正常，可能有意识地去掉下限以下的数据，或是在检测过程中存在某种人为因素所造成的。

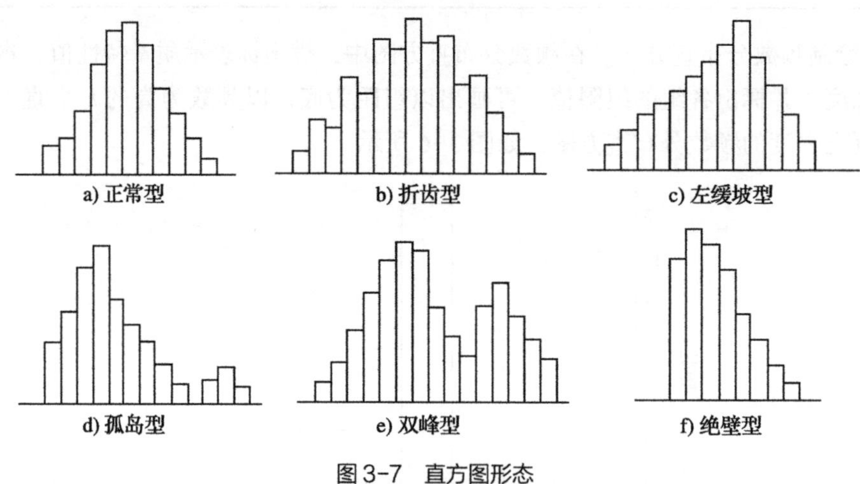

图 3-7　直方图形态

5. 控制图法（管理图法）

控制图是指用于分析和判断施工生产工序是否处于稳定状态所使用的一种带有控制界限的图形，如图 3-8 所示。

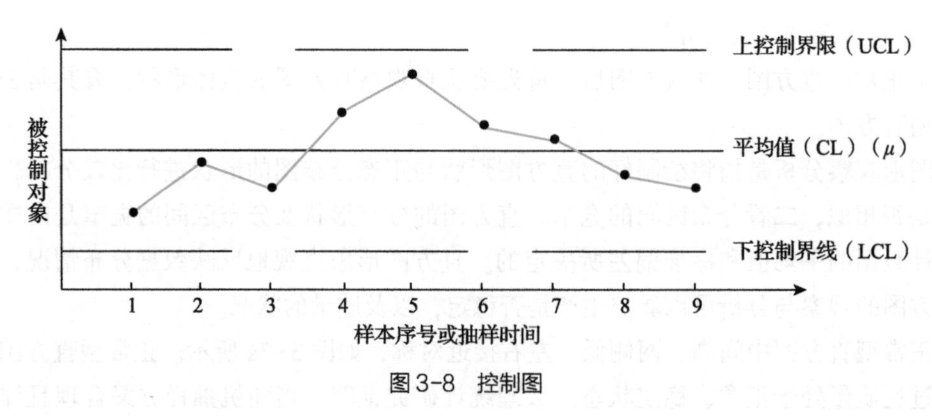

图 3-8　控制图

（1）控制图的基本形式

中心线标志着质量特性值分布的中心位置，上下控制界限标志着质量特性值的允许波动范围。

在生产过程中，通过抽样取得数据，把样本统计量描在图上，可分析判断生产过程状态。如果点随机散落在上、下控制界限内，则表明过程处于稳定状态，不会产生不合格品；如果点超出控制界限，或点排列有缺陷，则表明生产条件发生了异常变化，生产过程处于失控状态。

（2）观察与分析控制图

观察与分析控制图的目的是分析判断生产过程是否处于稳定状态。

生产过程基本处于稳定状态条件：一是点几乎全部落在控制界限之内；二是控制界限内的点排列没有缺陷（点的排列是随机的，而没有出现异常现象）。

异常现象是指：

1）链：点连续出现在中心线一侧的现象（图3-9a）。出现5点链，应注意生产过程发展状况；出现6点链，应开始调查原因；出现7点链，应判定工序异常，需采取处理措施。

2）多次同侧：点在中心线一侧多次出现的现象，或称偏离（图3-9b）。

3）趋势或倾向：点连续上升或连续下降的现象（图3-9c）。连续7点或7点以上上升或下降排列，就应判定生产过程有异常因素影响，要立即采取措施。

4）周期性变动：点的排列显示周期性变化的现象（图3-9d）。这样即使所有点都在控制界限内，也应认为生产过程异常。

5）点排列接近控制界限：点落在了 $\mu \pm 2\delta$（δ 为合理偏差）以外和 $\mu \pm 3\delta$ 以内（图3-9e）。如属下列情况的判定为异常：连续3点至少有2点接近控制界限；连续7点至少有3点接近控制界限；连续10点至少有4点接近控制界限。

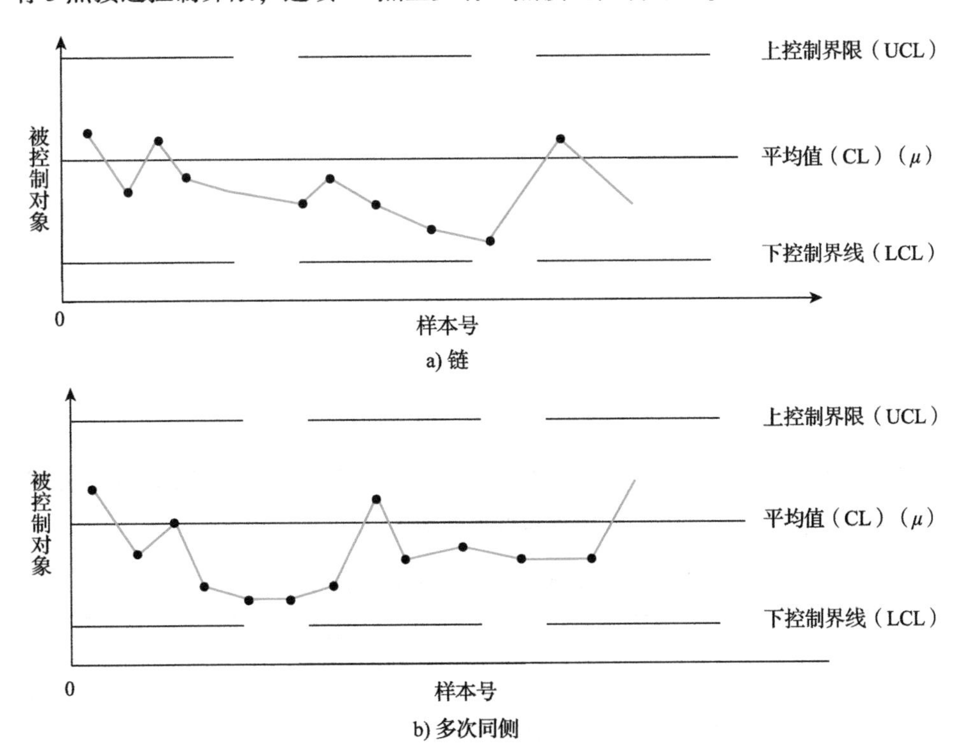

图3-9　异常控制图

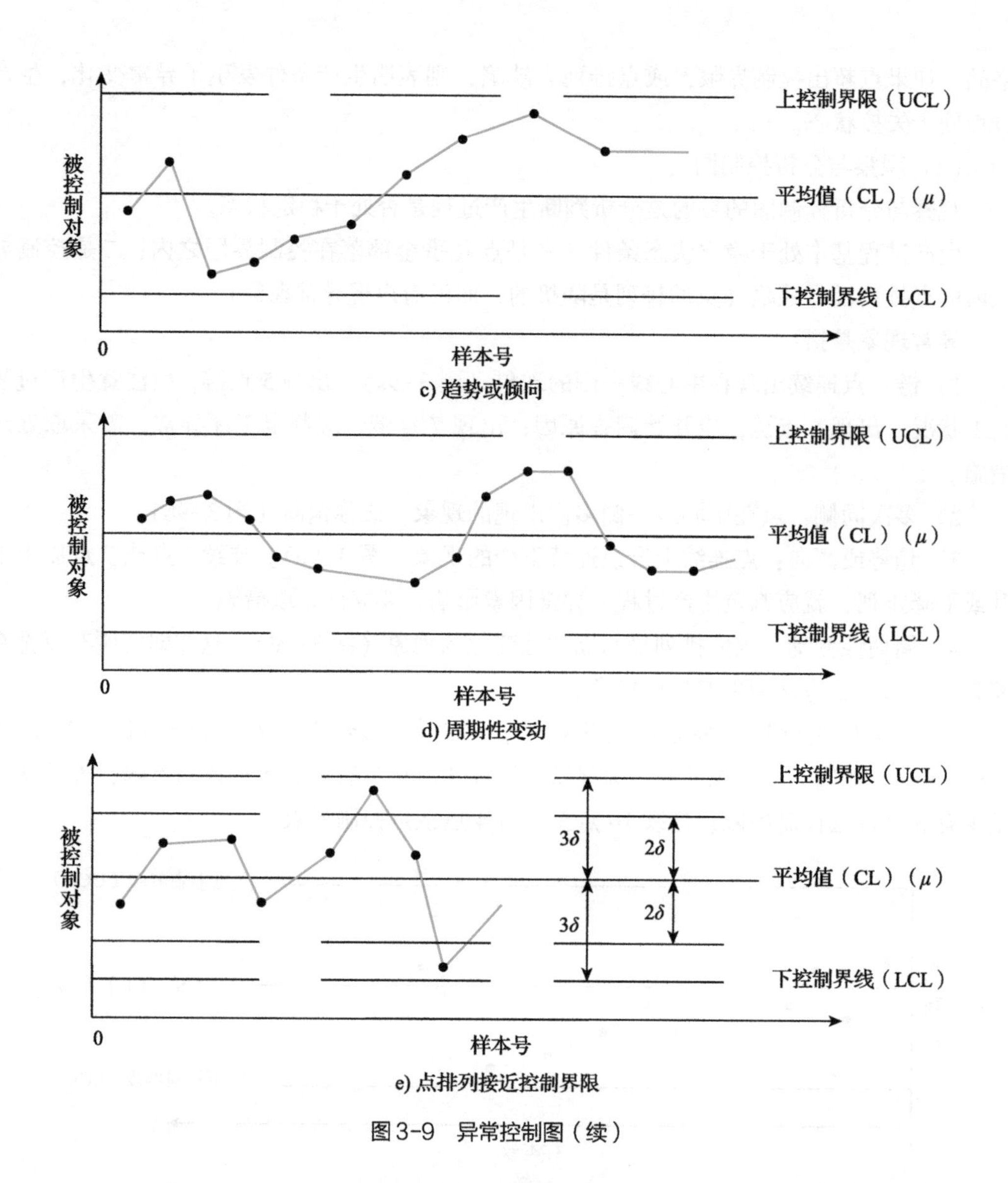

图3-9　异常控制图（续）

3.2.3　工程项目质量控制对策

按照ISO9000标准的要求，针对建筑工程项目，应该从表3-8所示的几个方面入手，作为实施质量控制的对策，以确保质量目标的实现。

表3-8　建筑工程项目质量控制对策表

序号	项目	内容及说明
1	以人的工作质量确保工程质量	（1）对工程质量的控制始终应“以人为本”，狠抓人的工作质量，避免人为失误 （2）充分调动人的积极性，发挥人的主导作用，增强人的质量观和责任感，创造优质工程

(续)

序号	项目	内容及说明
2	严格控制投入品的质量	对投入品的订货、采购、检查、验收、取样、试验均应进行全面控制
3	全面控制施工过程，重点控制工序质量	(1) 工程质量是在工序中所创造的，因此，要确保工程质量就必须重点控制工序质量 (2) 对每一道工序质量都必须进行严格检查，当上一道工序质量不符合要求时，决不允许进入下一道工序施工
4	严把分项工程质量检验评定关	(1) 分项工程质量等级是分部工程、单位工程质量等级评定的基础 (2) 在进行分项工程质量检验评定时，一定要坚持质量标准，严格检查，一切用数据说话，避免出现第一、第二判断错误
5	贯彻“预防为主”的方针	(1) 加强对影响质量因素的控制，对投入品质量的控制 (2) 从对质量的事后检查把关，转向对质量的事前控制、事中控制 (3) 从对产品质量的检查，转向对工作质量的检查、对工序质量的检查、对中间产品质量的检查
6	严防系统性因素的质量变异	(1) 系统性因素，如使用不合格的材料、违反操作规程、混凝土达不到设计强度等级、机械设备发生故障等，必然会造成不合格产品或工程质量事故 (2) 系统性因素的特点是易于识别，易于消除，是可以避免的 (3) 工程质量的控制，就是要把质量变异控制在偶然性因素引起的范围内，要严防或杜绝由系统性因素引起的质量变异，以免造成工程质量事故

任务3.3 工程质量事故分析与处理

训练目标：

分析工程质量事故原因，并提出处理意见。

建筑业是我国国民经济的支柱产业之一，随着我国经济的蓬勃发展，建筑业的发展日新月异，但在建筑业发展的同时带来了建筑事故频发的问题，建筑事故的发生不仅对建筑物的安全可靠性造成了不同程度的影响，也造成了不同程度的经济损失、人员伤亡。质量管理的事前、事中、事后控制，其中应以事前控制为主，通过事前质量控制措施将质量隐患消除在施工之前，避免损失的发生。但是，面对已经出现的质量事故，对事故的原因进行正确的分析并做出正确的处理，在实际工程中显得十分必要和重要。同时，掌握建筑工程质量事故处理的程序和方法，以及研究如何防范建筑工程质量事故意义重大。

3.3.1 建筑工程质量事故的概念和特点

1. 建筑工程质量事故的概念

建筑工程质量事故是指由于勘测、设计、施工、监理、试验检测等责任过失而使工程在时限内（道路工程为现场签认至工程项目通车后两年内；结构工程为施工过程中和设计使用年限内）遭受损毁或产生不可弥补的本质缺陷，使建筑物倒塌造成人身伤亡或财产损失，以及需要加固、补强、返工处理的事故。

在工程实践中，不少人把出现的各种质量缺陷都称为事故，这是不妥当的。因为有些缺陷不易避免且规范也允许。例如，普通混凝土结构的受拉区出现宽度不大的裂缝等，只要不影响建筑物正常使用，不违反建筑物功能要求，就不应算作质量事故。

但是应该注意，有些事故开始往往只表现为一般的质量缺陷，容易被忽视，随着建筑物的使用和时间的推移，缺陷逐步发展，待认识到问题的严重性时，则往往很难处理或无法补救，甚至最终导致建筑物倒塌。因此，除了不会有明显严重后果的质量缺陷外，对其他的质量问题均应认真分析，进行必要的处理，并得出明确的结论。

2. 建筑工程质量事故的特点

（1）复杂性

由于建筑工程本身具有的差异性，使得每一个建筑工程的结构形式存在差异性，每一建筑物的选址不同，所依附的气象、地质环境等各有差异。同时，建设产品具有生产周期长的特点，包括决策立项、勘察设计、招投标、实际施工、运维等阶段，建筑物在建造的过程中会受到多种质量影响因素的综合制约，例如建筑材料的质量是构成建筑物质量的重要因素，同时，勘察工作质量、设计工作质量、施工质量、监督管理工作质量都会影响建筑物的质量。例如，设计不良、施工不当、材料质量等都会引起墙体开裂、混凝土裂缝等问题的发生。再比如，混凝土裂缝主要分为三类：一是由外部荷载（包括施工和使用阶段的静荷载、动荷载）引起的裂缝；二是内部应力（包括温度变化、体积收缩、不均匀沉降、化学反应等）引起的裂缝；三是由于施工操作（如制作、脱模、养护、堆放、运输、吊装等）不当引起的裂缝。

因此，影响工程质量的因素繁多，造成工程质量事故的原因错综复杂，这也增加了进行质量事故分析时，判断其性质、原因及其发展，确定处理方案与措施等的复杂性及困难程度。

（2）严重性

建筑工程质量事故发生后，需要被迫停工，进行质量事故调查与分析，制定事故处理方案与措施。因此，质量事故会影响施工顺利进行，拖延工期、增加工程费用，也可能留下隐患，造成危险建筑的出现，影响使用功能或不能使用，甚至会引起建筑物的失稳、倒塌，给人民生命、财产造成巨大的损失。所以对于建筑工程质量问题绝不能掉以轻心，必须予以高度重视，务必及时进行分析，做出正确判断，采取相应的处理措施，确保公共安全。

（3）可变性

建筑工程的质量问题，会随时间、环境、施工条件等不断发展、变化，许多建筑工程的质量问题出现后，其质量状态并非稳定于发现的初始状态。有些在初始状态并不严重的质量问题，如不能及时处理和纠正，有可能发展成一般质量事故，一般质量事故有可能发展成为严重或重大质量事故。因此，在分析、处理工程质量问题时，为防止其进一步恶化而发生质量事故，应及时采取可靠的措施或加强观测和试验，注意质量问题的可变性，预测未来的发展趋势。

（4）多发性

建筑事故导致的每年新增死亡人数已经占全国各类事故每年新增总死亡人数的60%。根据住房和城乡建设部官方网站上公布的数据显示，2019年全国建筑事故共773起，死亡904人。建筑工程中的质量事故，由于人工、材料、机械、施工方法、施工环境等因素，在一些工程部位经常发生。可以将建筑施工过程中易出现的各类质量事故或缺陷划分成地基工程、砖石工程、钢筋混凝土工程、钢结构工程、建筑地面工程、门窗工程、装饰工程和防水工程八个方面。尽管建筑工程质量事故的波及面和经济损失不及自然灾害，但其造成的人员伤亡和经济损失给人们的社会生活造成了严重的影响。因此，总结经验、吸取教训，采取有效措施予以预防十分必要。

3.3.2 建筑工程质量事故的分类与等级划分

1. 建筑工程质量事故的分类

建筑工程项目的建设具有综合性、可变性、多发性等特点，这导致建筑工程质量事故更具复杂性。建筑工程质量事故的分类方法可有很多种，依据事故发生的阶段划分，可分为施工过程中发生的事故，使用过程中发生的事故，改建、扩建过程中发生的事故；依据事故发生的部位划分，可分为地基基础事故、主体结构事故、装修工程事故等；依据结构类型划分，可分为砌体结构事故、混凝土结构事故、钢结构事故、组合结构事故。

2. 建筑工程质量事故等级划分

按照《生产安全事故报告和调查处理条例》，根据生产安全事故造成的人员伤亡或者直接经济损失，我国目前对工程质量事故通常采用按其造成损失的严重程度进行分类，其基本分类如下：

（1）特别重大事故

造成30人以上死亡，或者100人以上重伤，或者1亿元以上直接经济损失的事故。

（2）重大事故

造成10人以上30人以下死亡，或者50人以上100人以下重伤，或者5000万元以上1亿元以下直接经济损失的事故。

（3）较大事故

造成3人以上10人以下死亡，或者10人以上50人以下重伤，或者1000万元以上5000万元以下直接经济损失的事故。

（4）一般事故

造成3人以下死亡，或者10人以下重伤，或者1000万元以下直接经济损失的事故。

3.3.3 建筑工程质量事故的原因分析

工程质量事故发生的原因多种多样，由于建筑质量事故的复杂性，引发事故的原因是多方面的，如技术原因引发事故、管理原因引发事故、施工环境原因引发事故等。明确建筑工程质量事故产生的主要原因，一方面有利于在事故发生后有清晰的思路迅速分析事故原因，尽快制定准确、可行的事故处理措施；另一方面有利于在制定质量计划时确定质量控制的要点，并在工程施工过程中对质量控制要点进行实时、重点监控，预防事故的发生。从已有的事故分析积累经验，建筑工程质量事故的原因可以归纳为以下几个方面：

1. 管理不善

管理涉及多方面内容，其可以划分为行政主管部门对建设项目的监管、建设单位的管理、施工单位的管理和工程现场管理。管理不善的内容包括“七无工程”，即无立项、无报建、无开工许可、无招投标、无资质、无监理、无验收；“三边工程”，即边勘察、边设计、边施工。例如，违反法规，无证或越级设计、施工，有法不依，违章不纠，招投标中竞争不公平；低价中标；非法分包、转包、挂靠；擅自修改设计；监督不力；申报手续不全，违背建设程序；无图施工；不竣工验收就交付使用；从业人员资质不够等。

2. 勘察失误或地基处理不当

勘察工作成果是建设工程进行设计的重要依据，勘察工作的质量对建筑工程的质量有至关重要的影响。勘察失误包括：盲目套用临区勘测资料；钻孔布置不足，地质勘察过程中钻孔间距太大，不能反映实际地质情况；有些隐患未能查明；勘察报告不准确、不详细，未能明确诸如孔洞、坚硬岩石、软弱土层等地层特征，致使地基基础设计时采用不正确的方案，造成地基不均匀沉降、结构失稳、上部结构开裂甚至倒塌等。

地基是承受建筑物全部荷载的土体或岩体。为了使建筑物安全、正常地被使用而不遭到破坏，要求地基应满足设计需要的容许承载力，建筑物的沉降值小于容许变形值及地基无滑动危险，这是对地基设计的基本要求。地基处理不当包括：饱和土用强夯法、打桩未达到持力层、深基坑支护不当、地基土受干扰又未能重新夯实等。常见的地基工程事故的原因有地基承载力或稳定性问题，沉降、水平位移及不均匀沉降问题和渗透等问题。地基处理不当是造成建筑物失稳甚至倒塌的主要原因之一。

3. 设计失误

设计人员可能出现一些人为设计失误，为工程质量埋下隐患。例如：计算简图与结构实际受力不符，结构方案不正确，荷载或内力分析计算有误，忽视构造要求；盲目套用图样，未做结构的抗倾覆、抗滑移验算，计算中漏算荷载，计算方案欠妥，未考虑施工过程会遇到的意外情况等。

4. 施工质量差

造成施工质量差的原因主要有：施工单位为节约成本，施工过程中有意偷工减料；施工技术人员不了解项目设计意图，不了解项目设计施工图，或擅自修改设计；施工中不遵守操作规范，达不到质量控制的要求；采用质量不合格的材料，未进行材料进场检验；技术工人未经培训，缺乏基本的施工技术知识，不具备上岗资质，盲目施工；不严格控制施工荷载，造成构件超载开裂；不控制砌体结构的自由高度（高厚比），造成砌体在施工过程中失稳破坏；模板与支架、脚手架设置不当发生破坏等。

5. 使用、改建不当

在使用过程中任意增大荷载，如把阳台当作库房，办公室变机械设备房，改建时随意改动结构，拆除承重构件，盲目开洞，任意加层等，造成严重的结构安全隐患。

3.3.4 建筑工程质量事故处理的一般程序

建筑工程在设计、施工和使用过程中，不可避免会出现各种各样的问题，而工程质量事故是其中最为严重又较为常见的问题，它不仅涉及建筑物的安全与正常使用，而且还关系到社会的稳定。近几年来，随着人民群众对工程质量愈发重视，有关建筑工程质量的投诉有增加的趋势。

建筑工程质量事故的原因有时较为复杂，其涉及的专业和部门较多，事故发生后要进行调查和处理，尤其是重大质量事故。事故的处理涉及多方面的因素，因此要理清各种因素之间的相互关系，秉承公正、公开和公平的原则进行。以地基失稳质量事故分析为例，事故处理流程如图 3-10 所示。

1. 基本情况调查

事故调查包括调查事故情况与性质，其涉及工程勘察、设计、施工各部门，并与使用条件和周边环境等各个方面有关，一般可分为初步调查、详细调查和补充调查。

（1）初步调查

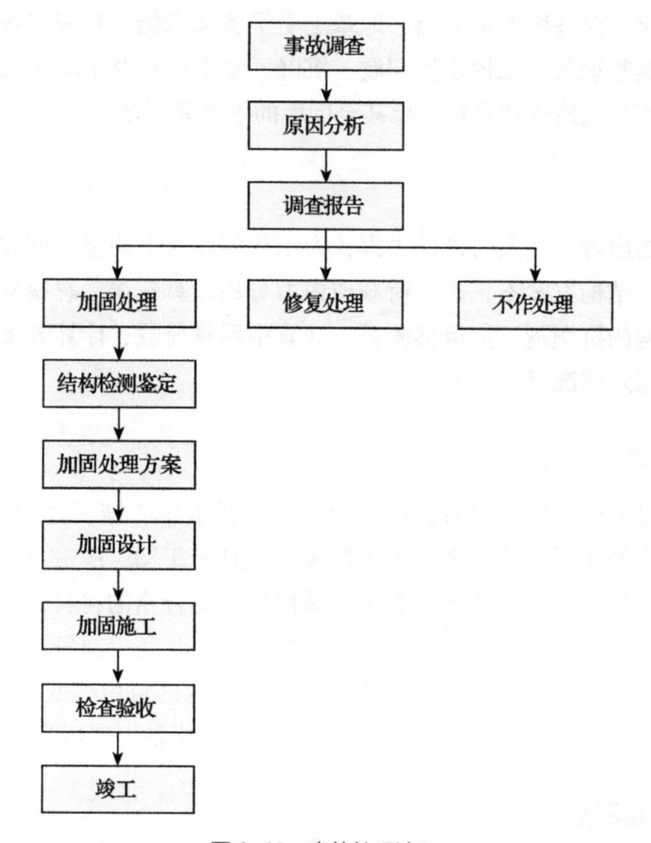

图 3-10　事故处理流程

初步分析事故发生的原因，确定调查和测试的项目。基本情况调查包括对建筑物的勘测、设计和施工资料的收集，对事故现场调查及对相关人员的访问。为了避免发生调查问题的遗漏，提高调查工作的效率，在调查前要列好调查计划和提纲，做好调查工作的前期准备。根据初步调查结果，判别事故的危害程度，确定是否需采取临时支护措施，以确保人民生命财产安全，并对事故处理提出初步处理意见。

（2）详细调查

详细调查是在初步调查的基础上，认为有必要时，进一步对设计文件进行计算复核与审查，对施工进行检测确定是否符合设计文件要求，以及对建筑物进行专项观测与测量。

（3）补充调查

补充调查是在已有调查资料还不能满足工程事故分析处理时，需增加的项目，一般需做某些结构试验与补充测试，如工程地质补充勘察，结构、材料的性能补充检测，载荷试验等。

2. 实际测试

在基本情况调查的基础上，进行深入调查和测试工作，甚至需要做模拟试验。包括以下几个方面的内容：

1）地基基础补充勘测：对不能确定的地层剖面和地基应进行补充勘测。例如，对桩基要进行检测，查看是否有断桩、孔洞等缺陷。

2）材料检测：建筑物中所用材料（如水泥、钢材、砌块、砂浆等）可以抽样复查；对混凝土的检验，可采用回弹法、声波法、取芯法等测定构件中的混凝土实际强度值；对钢筋的检验，可以取少量样品进行化学成分分析和强度检验。

3）建筑物表面缺陷观测：对结构表面的裂缝，测量其宽度、长度和深度，并绘制裂缝分布图。

4）结构内部缺陷检查：可以采用锤击法，或运用超生探伤仪、声波发射仪器等检查构件内部的孔洞、裂纹等缺陷。可用钢筋探测仪测定钢筋的位置、直径和数量。对于砌体结构，应检查砂浆饱满度、砌体搭接错缝情况等。

3. 复核分析

在基本情况调查及实际测试的基础上，选择有代表性的或初步判断有问题的构件进行复核计算，按照构件的实际强度、断面实际尺寸、结构实际所受荷载和外加作用等，根据工程实际情况选取合理的计算简图，按照相关规定和规范进行复核计算。

4. 专家会商

在调查、测试和分析的基础上，可以召开专家会议进行会商，对事故发生原因进行认真分析、讨论，然后得出结论。

5. 纂写调查报告

调查报告的内容一般应包括工程概况、事故情况、事故调查记录、现场检测报告、复核分析、事故原因推断、明确事故责任、对工程事故的处理建议、必要的附录等内容。

6. 原因分析

原因分析是指在完成事故调查的基础上，对事故的性质、类别、危害程度以及发生的原因进行分析，为事故处理提供必需的依据。在进行原因分析时，往往会存在原因的多样性和综合性，要正确区别分清同类事故的不同原因，通过详细的计算与分析、鉴别事故发生的主要原因。在综合原因分析中，除确定事故的主要原因外，应正确评估相关原因对工程质量事故的影响。

工程质量事故的常见原因有：违反程序，未经审批，无证设计、无证施工；地质勘察不符合要求，报告不详细、不准确；设计计算中结构方案不正确，计算错误，违反规范；工程施工工艺不当，组织不善，施工结构理论错误；建筑材料（包括施工用材料、构件、制品）不合格；改变使用功能，破坏受力构件，增加使用荷载；周边环境，如高温、氯等有害物体腐蚀；自然灾害，如地震、风害、水灾、火灾等。

7. 依据调查结果制定事故处理措施并实施

经相关部门签证同意，确认工程质量事故是否影响结构安全和正常使用，如果不影响，可对事故不做处理。例如，经设计计算复核，原有承载能力有一定余量可满足安全使用要求，混凝土强度虽未达到设计值，但相差不多，预估混凝土后期强度能满足安全使用要求等。

如果工程质量事故不影响结构安全，但影响正常使用或结构耐久性，则应进行修复处理，如构件表层的蜂窝麻面、非结构性裂缝、墙面渗漏等。修复处理应委托专业施工单位进行。

当工程质量事故影响结构安全时，必须进行结构加固补强。此时应委托有资质单位进行结构检测鉴定和加固方案设计，并由有专业资质的单位进行施工。建筑结构的加固设计与施工，宜进行施工图审查与施工过程的监督和监理，防止加固施工过程中再次出现质量事故。

任务3.4 工程项目质量改进

训练目标：

提出工程项目质量改进意见。

3.4.1 不合格控制规定

1）对影响建筑主体结构安全和使用功能的不合格工程，应邀请发包人代表或监理工程师、设计人，共同确定处理方案，报建设主管部门批准。

2）应按企业的不合格控制程序，控制不合格物资进入项目施工现场，严禁不合格工序未经处置而转入下道工序。

3）应进行不合格评审。

4）对验证中发现的不合格产品和过程，应按规定进行鉴别、标识、记录、评价、隔离和处置。

5）对返修或返工后的产品，应按规定重新进行检验和试验，并应保存记录。

6）进行让步接收时，项目经理部应向发包人提出书面让步申请，记录不合格程度和返修的情况，双方签字确认让步接收协议和接收标准。

7）不合格工程的处置应根据不合格的严重程度，按返工、返修、让步接收、降级使用、拒收或报废等情况进行处理。构成质量事故的不合格工程，应按国家法律、行政法规进行处置。

8）检验人员必须按规定保存不合格控制的记录。

3.4.2 项目质量改进的方法

1）在管理评审中评价改进效果，确定新的改进目标。

2）通过建立和实施质量目标，营造激励改进的氛围和环境。

3）确立质量目标以明确改进方向。

4）通过数据分析、内部审核，不断寻求改进的机会，并做出适当的改进活动安排。

5）通过纠正和预防措施及其他适用的措施实现改进。

小结

工程项目质量管理是围绕工程项目质量所进行的指挥、协调和控制等活动，它最终体现在项目的运行功能和效果上。建设工程项目质量管理是建设工程项目管理的重要任务之一，它贯穿于建设项目决策阶段和实施阶段。施工质量控制是建设工程项目全过程质量控制的关键阶段，包括工程质量管理计划编制、工程项目质量控制、工程质量事故分析与处理、工程项目质量改进。

实训题

1. 请根据给出的混凝土强度不足的因果分析图（图 3-11），分析导致混凝土强度不足的原因。

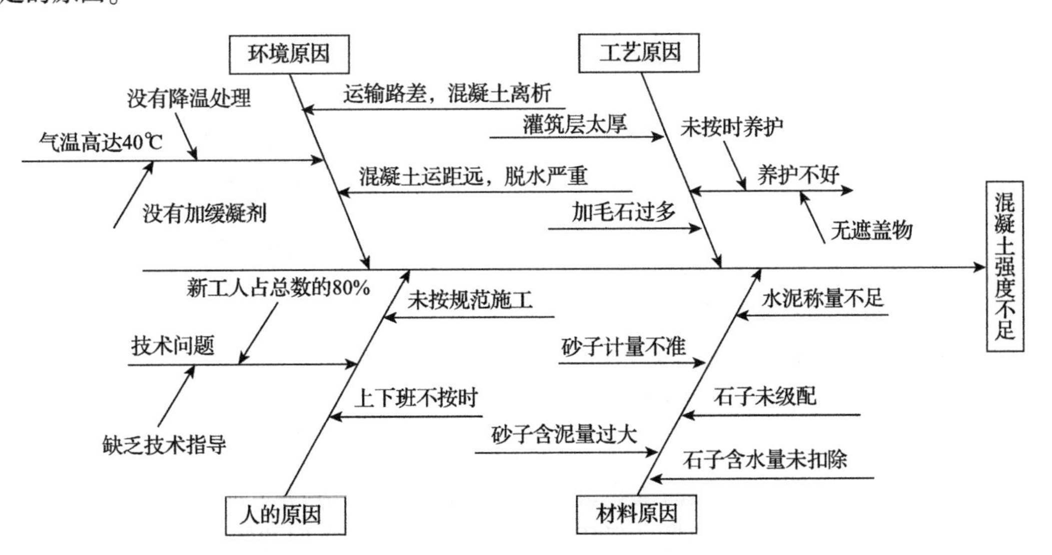

图 3-11 混凝土强度不足的因果分析图

2. 工程项目质量改进的方法有哪些？

项目4

工程项目安全管理

能力目标：

通过本项目的学习，具备编写或收集各项安全生产制度，进行建设工程项目安全事故的处理和对环境保护与环境卫生进行安全检查验收的能力。

学习目标：

1. 理解生产安全管理基本概念。
2. 掌握安全生产管理制度。
3. 掌握建设工程项目安全事故的处理和分类。
4. 掌握施工现场管理的主要内容。
5. 熟悉环境影响类型。

任务4.1 安全生产管理

微课：职业健康安全

训练目标：

1. 安全生产管理基本概念。
2. 安全生产管理体系原则。
3. 安全生产管理基本要求。
4. 了解安全生产基本常识。

安全管理是工程项目管理的重要组成部分，是安全科学的一个分支。安全管理就是针对人们生产过程的安全问题，运用有效的资源，发挥人们的智慧，通过人们的努力，进行有关决策、计划、组织和控制等活动，实现生产过程中人与机器设备、物料、环境的和谐，达到安全生产的目标。在我国通常把职业健康安全管理称为安全生产管理。

4.1.1 施工项目安全生产管理特点

1. 安全生产管理涉及面广、涉及单位多

由于建筑工程规模大，生产工艺复杂、工序多，在建造过程中流动作业多，高处作业多，遇到不确定因素多，所以安全管理工作涉及范围大，控制面广。不仅施工单位要对安全管理负责任，建设单位、勘察设计单位、监理单位也要为安全管理承担相应的责任与义务。

2. 安全生产管理动态性

1）建设工程项目的单件性使得每项工程所处的条件不同，所面临的危险因素和防范措施也会有所改变。例如，员工在转移至其他工地后，熟悉新的工作环境需要一定的时间，有些制度和安全技术措施会有所调整。

2）工程项目施工具有分散性。因为现场施工分散于施工现场的各个部位，尽管各种规章制度和安全技术交底措施会有所调整，但员工仍然要有熟悉的过程。

3）安全生产管理具有交叉性。建筑工程项目是开放系统，受自然环境和社会环境影响很大，安全生产管理需要将工程系统、环境系统及社会系统相结合。

4）安全生产管理具有严谨性。安全状态具有触发性，安全管理必须严谨，危险源一旦失控，就会造成损失和伤害。

4.1.2 安全生产管理体制

完善安全生产管理体制，建立健全安全管理制度、安全管理机构和安全生产责任体制是安全管理的主要内容，是实现安全生产目标管理的组织保证。

安全生产管理体制是“企业负责、行业管理、国家监察、群众监督、劳动者遵章守纪”，这样的安全生产管理体制符合社会主义市场经济条件下安全生产工作的要求。

1. 企业负责

企业负责原则明确了企业作为市场经济的主体必须承担的安全生产责任，即必须认真贯彻执行安全生产、劳动法保护方面的政策、法规及规章制度，要对本企业的安全生产工作负责。企业法定代表人是安全生产的第一责任者，要对本企业的安全生产全面负责。

2. 行业管理

各行业的管理部门（包括政府主管部门、受政府委托的管理机构及行业协会等）根据“管生产必须管安全”的原则，在各自的工作职责范围内，行使行业管理的职能，贯彻执行国家、行业及地方的安全生产方针政策、法律、法规、规范及规章，对行业安全

生产工作进行计划，组织和监督检查及考核等。

3. 国家监察

国家监察是指由国家安全生产监察机构实施安全生产监察。国家监察是一种执法监察，是以国家名义并运用国家权力对有关单位执行安全生产、劳动保护工作的情况，依法进行监察、纠正和惩戒。

4. 群众监督

《中华人民共和国劳动法》赋予劳动者监督权，在第五十六条中规定“劳动者对用人单位管理人员违章指挥、强令冒险作业，有权拒绝执行；对危害生命安全和身体健康的行为，有权提出批评、检举和控告”，这是劳动者的一种直接监督形式。

5. 劳动者遵章守纪

安全生产意识淡薄是一个普遍的问题，现在有大部分的安全生产事故是由于缺乏安全意识、违章指挥、违章操作、违反劳动法造成的。因此，劳动者的遵章守纪与安全生产有着直接的关系，遵章守纪是实现安全生产的前提和重要保证。劳动者应当在生产过程中自觉遵守安全生产规章制度和劳动纪律，严格执行安全技术操作规程，做到不违章操作并制止他人违章操作，从而实现所有人员的安全生产。

4.1.3 安全生产管理的方针

我国历来重视安全生产工作，《建筑法》规定：“建筑工程安全生产管理必须坚持安全第一、预防为主的方针”。认真落实这一方针，既是党和国家的要求，也是搞好安全生产，保障从业人员的生命安全，保障企业的生产经营顺利进行的根本要求。改善劳动条件，做好劳动保护和环境保护工作，做到安全生产和文明生产。《安全生产法》在总结我国安全生产管理实践经验的基础上，再次将“安全第一、预防为主”定为我国安全生产工作的基本方针。

“安全第一”是原则和目标。它把人身安全放在首位，安全为了生产，生产必须保证人身安全，充分体现了“以人为本”的理念。“安全第一”的方针，就是要求所有参与工程建设的人员，包括管理者和操作人员以及对工程建设活动进行监督管理的人员都必须树立安全意识的观念。

“预防为主”是实现安全第一的重要手段，在工程建设活动中，根据工程建设的环境特点，对不同的生产施工过程采取相应的管理措施，从而减少甚至消除事故隐患，尽量把事故在萌芽状态下消灭，这是安全生产管理中最重要的思想。

4.1.4 安全生产管理体系的原则

安全生产管理体系的原则如图 4-1 所示。

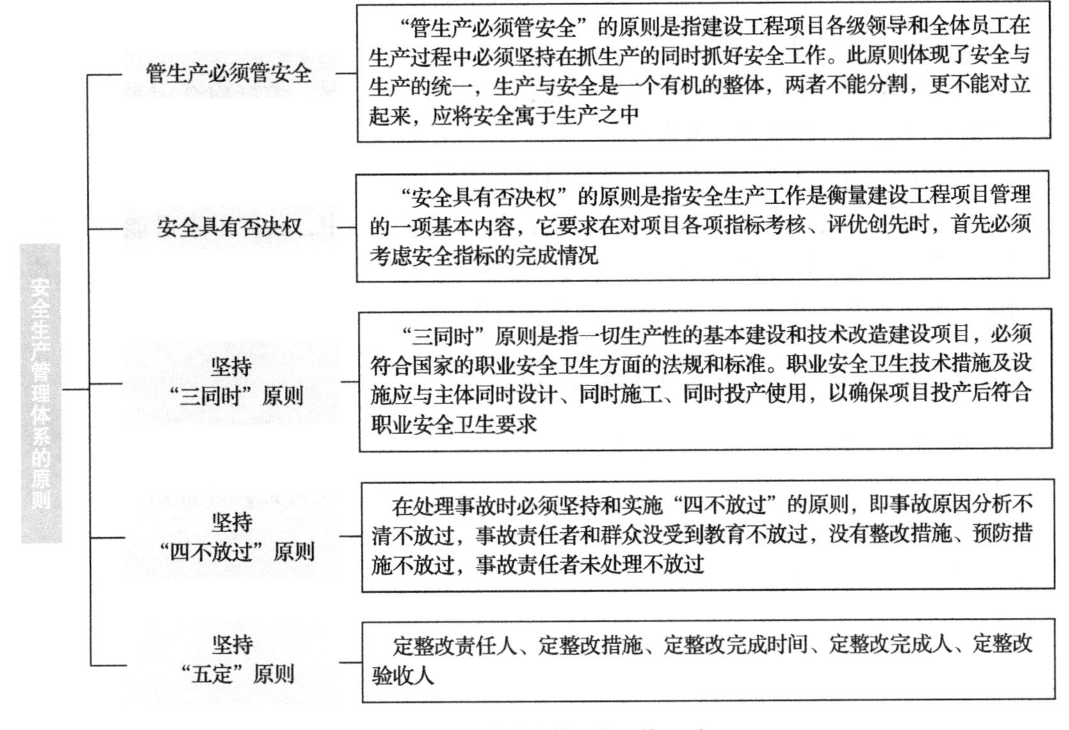

图 4-1 安全生产管理体系的原则

4.1.5 建设工程项目安全控制

建设工程项目安全控制就是对生产过程中涉及的计划、组织、监控、调节和改进等一系列致力于满足建筑工程项目安全生产所进行的管理活动。进行安全控制是为了安全生产，因此安全控制的方针也应符合安全生产的方针，即"安全第一、预防为主"。安全控制的目标是减少和消除生产过程中的事故，保证人员健康安全和财产免受损失。

1. 建设工程项目施工安全控制的基本程序

建设项目施工安全控制的基本程序如下：

(1) 确定项目的安全目标

按"目标管理"方法，在以项目经理为首的项目管理系统内对安全目标进行分解，从而确定每个岗位的安全目标，实现全员安全控制。

(2) 编制项目安全技术措施计划

项目安全技术措施计划是进行工程项目安全控制的指导性文件。对生产过程中的不安全因素，用技术手段加以消除和控制，这是落实"预防为主"方针的具体体现。

(3) 安全技术措施计划的落实和实施

安全技术措施计划的落实和实施包括建立健全安全生产责任制，设置安全生产设施，进行安全教育和培训，沟通和交流信息，通过安全控制使生产作业的安全状况处于受控状态。

（4）安全技术措施计划的验证

安全技术措施计划的验证包括安全检查，纠正不符合情况，做好检查记录工作，根据实际情况补充和修改安全技术措施。

（5）持续改进，直至完成建筑工程项目的所有工作

由于建设工程项目具有开放性的特点，在项目实施过程中，各种因素可能会不断发生变化，造成对安全风险评价的结果失真，使得安全技术措施与所发生的变化不适应，此时需要考虑是否对安全风险重新评价和是否有必要改进安全技术措施计划。

2. 建设工程项目施工安全控制的基本要求

1）取得安全行政主管部门颁发的《安全生产许可证》后才能施工。

2）总包单位及分包单位都持有《施工企业安全资格审查认可证》才能组织施工。

3）必须建立安全管理保障制度。

4）各类人员必须具备相应的安全生产资格方可上岗。

5）所有施工人员必须经过“三级”安全教育。

6）特殊工种作业人员必须持有《特种作业操作证》。

7）对查出的事故隐患做到“五定”（定整改责任、定整改措施、定整改完成时间、定整改完成人、定整改验收人）。

8）必须把好安全生产措施关、交底关、教育观、防护关、检查关、改进关。

任务4.2 安全生产管理制度

训练目标：

1. 各项安全生产管理制度。
2. 安全生产管理制度的核心。
3. 三级安全教育。

制度建设是做好一切工作特别是安全工作的基础，建立和不断完善安全管理制度体系，切实将各项安全管理制度落实到建筑生产当中是实现安全生产管理目标的重要手段。

4.2.1 安全生产许可证制度

1. 安全生产许可证的申请

建设项目施工企业从事施工活动前，应当依照规定向省级以上建设主管部门申请领

取安全生产许可证。中央管理的建筑施工企业（集团公司、总公司）应当向国务院建设主管部门申请领取安全生产许可证。

建筑施工企业申请安全生产许可证，应当对申请材料实质内容的真实性负责，不得隐瞒有关情况或者提供虚假材料。

2. 安全生产许可证的有效期

《安全生产许可证条例》第九条规定："安全生产许可证的有效期为 3 年。安全生产许可证有效期满需要延期的，企业应当于期满前 3 个月向原安全生产许可证颁发管理机关办理延期手续。企业在安全生产许可证有效期内，严格遵守有关安全生产的法律法规，未发生死亡事故的，安全生产许可证有效期届满时，经原安全生产许可证颁发管理机关同意，不再审查，安全生产许可证有效期延期 3 年。"

3. 安全生产许可证的变更与注销

施工企业变更名称、地址、法定代表人等，应当在变更后 10 日内，到原安全生产许可证颁发管理机关办理安全生产许可证变更手续。

施工企业破产、倒闭、撤销的应当将安全生产许可证交回原安全生产许可证颁发管理机关予以注销。

施工企业遗失安全生产许可证，应当立即向原安全生产许可证颁发管理机关报告，并在公众媒体上声明作废后，方可申请补办。

4. 安全生产许可证的管理

根据《安全生产许可证条例》和《建筑施工企业安全生产许可证管理规定》，建筑施工企业应当遵守如下强制性规定。

1）未取得安全生产许可证的，不得从事建筑施工活动。建设主管部门在审核发放施工许可证时，应当对已经确定的建筑施工企业是否有安全生产许可证进行审查，对没有取得安全生产许可证的，不得颁发施工许可证。

2）企业不得转让、冒用安全生产许可证或者使用伪造的安全生产许可证。

3）企业取得安全生产许可证后，不得降低安全生产条件，并应当加强日常安全生产管理，接受安全生产许可证颁发管理机构的监督检查。

4.2.2 安全生产责任制

1. 安全生产责任制的基本要求

安全生产责任制是基本的安全管理制度，是所有安全生产管理制度的核心。安全生产责任制是根据"管生产必须管安全""安全工作，人人有责"的原则，对企业或项目的所有工作人员和部门制定的相应的安全生产责任。搞好安全生产工作的关键在于落实安全生产责任制。企业实行安全生产责任制必须做到在计划、布置、检查、总结、评比生产时，同时计划、布置、检查、总结、评比安全工作。要贯彻执行好安全生产责任制就必须要提高各级管理人员对安全生产的认识，使其了解安全生产的重要性和必要性；要制定和落实与安全管理目标对应的安全责任制考核办法，使人的工作行为和结果与经济效益挂钩；同时，要搞好安全检查工作，因为只有搞好安全检查工作，才能监督各级人员和部门落实安全生产责任制，搞好本职工作，这是落实考核办法，做到群防群治的依据和基础。

2. 有关人员的安全职责

(1) 项目经理的职责

项目经理是项目安全生产的第一责任者，负责整个项目的安全生产工作，对所管辖工程项目的安全生产负直接领导责任。

项目经理的职责包括以下几点：

1）对合同工程项目施工过程中的安全生产负全面领导责任。

2）在项目施工生产全过程中，认真贯彻落实安全生产方针政策、法律法规和各项规章制度，结合项目工程特点及施工全过程的情况，制定所负责项目工程的各项安全生产管理办法，或有针对性地提出安全管理要求，并监督其实施。严格履行安全考核指标和安全生产奖惩办法。

3）在组织项目工程业务承包、聘用业务人员时，必须本着加强安全工作的原则，根据工程特点确定安全工作的管理制度、配备人员，并明确各业务承包人的安全责任和考核指标，支持、指导安全管理人员的工作。

4）健全和完善用工管理手续，录用外包队必须及时向有关部门申报；严格用工制度与管理，适时组织上岗安全教育，要对外包队人员的健康与安全负责，加强劳动保护工作。

5）认真落实施工组织设计中的安全技术措施及安全技术管理的各项措施，严格执行安全技术审批制度，组织并监督项目工程施工中的安全技术交底制度和设备、设施验收制度的实施。

6）领导、组织施工现场定期的安全生产检查，发现施工生产中不安全问题，组织采取措施，及时解决。对上级提出的安全生产与管理方面的问题，要定时、定人、定措施予以解决。

7）发生事故时，要及时上报，保护好现场，做好抢救工作，积极配合事故的调查，认真落实纠正与防范措施，吸取事故教训。

(2) 项目技术负责人的职责

项目技术负责人对项目工程生产经营中的安全生产负技术责任。

项目技术负责人的职责包括以下几点：

1）贯彻、落实安全生产方针、政策，严格执行安全技术规程、规范、标准，结合项目工程特点，主持项目工程的安全技术交底。

2）参加或组织编制施工组织设计；编制、审查施工方案时，要制定、审查安全技术措施，保证其可行性与针对性，并随时检查、监督、落实。

3）主持制定专项施工方案、技术措施计划和季节性施工方案的同时，制定相应的安全技术措施并监督执行，及时解决执行中出现的问题。

4）及时组织项目工程应用新材料、新技术、新工艺人员的安全技术培训，认真执行安全技术措施与安全操作规程，预防施工中因化学物品引起的火灾、中毒或其新工艺实施中可能造成的事故。

5）主持安全防护设施和设备的检查验收，发现设备、设施的不正常情况应及时采取措施，严格控制不符合标准要求的防护设备、设施投入使用。

6）参加安全生产检查，对施工中存在的不安全因素，从技术方面提出整改意见和办法，及时予以消除。

7）参加、配合工伤及重大未遂事故的调查，从技术上分析事故的原因，提出防范措施。

（3）施工员的职责

1）严格执行各项安全生产规章制度，对所管辖单位工程的安全生产负直接领导责任。

2）认真落实施工组织设计中的安全技术措施，针对生产任务特点，向作业班组进行详细的书面安全技术交底，并履行签认手续，对规程、措施、交底要求执行情况随时检查，随时纠正违章作业。

3）随时检查作业范围内的各项防护设施、设备的安全状况，随时消除不安全因素，不违章指挥。

4）配合项目安全员定期和不定期地组织班组学习安全操作规程，开展安全生产活动，督促、检查工人正确使用个人防护用品。

5）对分管工程项目应用的新材料、新工艺、新技术严格执行申报和审批制度，发现问题及时停止使用，并报有关部门或领导。

6）发生工伤事故、未遂事故要立即上报，并保护好现场；参与工伤及其他事故的调查处理。

（4）安全员的职责

1）认真贯彻执行劳动保护、安全生产的方针、政策、法律、法规、规范、标准，做好安全生产的宣传教育和管理工作，推广先进经验。对本项目的安全生产负检查、监督的责任。

2）深入施工现场，负责施工现场生产巡视督察，并做好记录；指导下级安全技术人员工作，掌握安全生产情况，调查研究生产中的不安全问题，提出改进意见和措施，并对执行情况进行监督检查。

3）协助项目经理组织安全生产活动和安全检查。

4）参加审查施工组织设计和安全技术措施计划，并对执行情况进行监督检查。

5）制止违章指挥、违章作业，发现现场存在安全隐患时，应及时向企业安全生产管理机构和工程项目经理报告；遇有险情时，有权暂停生产，并报告领导处理。

6）进行工伤事故统计分析和报告，参加工伤事故调查、处理。

7）负责本项目部的安全生产、文明施工、劳务手续的办理及治安保卫的管理工作。

（5）班组长的职责

1）认真执行安全生产规章制度及安全操作规程，合理安排班组人员工作，对本班组人员在生产中的安全和健康负责。

2）经常组织班组人员学习安全生产操作规程，监督班组人员正确使用个人劳保用品，不断提高自保能力。

3）认真落实安全技术交底，做好班前教育工作，不违章指挥、冒险蛮干。

4）随时检查班组作业现场安全生产状况，发现问题及时解决并上报有关领导。

5）认真做好新工人的岗位教育。

6）发生工伤及未遂事故时，要保护好现场，并立即上报有关领导。

4.2.3 安全教育管理制度

微课：
安全制度教育

安全教育和培训要体现全面、全员、全过程的原则。施工现场所有人员均应接受安全培训与教育，确保他们先接受安全教育并懂得相应的安全知识后再上岗。企业主要责任人、项目负责人和专职安全生产管理人员必须接受建设行政主管部门或其他有关部门安全生产考核，考试合格并取得安全生产合格证书后方可担任相应职务。安全教育要做到经常性，要根据工程项目、工程进展和环境的不同，对所有人员尤其是施工现场的一线管理人员和工人实行动态教育，做到经常化和制度化。

1. 管理人员的安全教育

1）企业领导的安全教育。对企业法定代表人安全教育的主要内容包括：国家有关安全生产的方针、政策、法律、法规及有关规章制度；安全生产管理职责、企业安全生产管理知识及安全文化；有关事故案例及事故应急处理措施等。

2）项目经理、技术负责人和技术干部的安全教育。项目经理、技术负责人和技术干部的安全教育的主要内容包括：安全生产方针、政策、法律、法规；项目经理部安全生产责任；典型事故案例剖析；本系统安全及其相应的安全技术知识。

3）行政管理干部的安全教育。行政管理干部的安全教育的主要内容包括：安全生产方针、政策、法律、法规；基本的安全技术知识；本职的安全生产责任。

4）企业安全管理人员的安全教育。企业安全管理人员的安全教育内容应包括：国家有关安全生产的方针、政策、法律、法规和安全生产标准；企业安全生产管理、安全技术、职业病知识、安全文件；员工伤亡事故和职业病统计报告，以及调查处理程序；有关事故案例及事故应急处理措施。

5）班组长和安全员的安全教育。班组长和安全员的安全教育内容包括：安全生产法律、法规、安全技术及技能、职业病和安全文化知识；本企业、本班组和工作岗位的危险因素，以及安全注意事项；本岗位安全生产职责；典型事故案例；事故抢救与应急处理措施。

2. 特种作业人员的安全教育

对操作者本人，尤其对其他人或周围设施的安全有重大危害因素的作业，称为特种作业。最直接从事特种作业的人员称为特种作业人员。

根据《特种作业人员安全技术培训考核管理规定》，特种作业的种类有：电工作业、焊接与热切割作业、高处作业、制冷与空调作业、煤矿安全作业、金属非金属矿山安全作业、石油天然气安全作业、冶金（有色）生产安全作业、危险化学品安全作业、烟花爆竹安全作业、工地升降货梯升降作业、应急管理部认定的其他作业。

特种作业人员应具备的条件是：①年满 18 周岁，且不超过国家法定退休年龄；②经社区或者县级以上医疗机构体检健康合格，并无妨碍从事相应特种作业的器质性心脏病、癫痫病、美尼尔氏症、眩晕症、癔病、震颤麻痹症、精神病、痴呆症以及其他疾病和生理缺陷；③具有初中及以上文化程度；④具备必要的安全技术知识与技能；⑤相应特种作业规定的其他条件；⑥危险化学品特种作业人员除符合①②④⑤项规定的条件外，还应当具备高中或者相当于高中及以上文化程度。

1）特种作业人员上岗作业前，必须进行专门的安全技术和操作技能的培训教育，这种培训教育要实行理论教学与操作技术训练相结合的原则，重点放在提高其安全操作技术和预防事故的实际能力上。

2）培训后，经考核合格方可取得操作证，并准许独立作业。

3）取得操作证的特种作业人员，必须定期进行复审。复审期限除机动车辆驾驶按国家有关规定执行外，其他特种作业人员两年进行一次。凡未经复审者不得继续独立作业。

3. 三级教育

新工人应进行三级安全教育，即公司新招收的合同制工人及实习和代培人员，分别由公司进行一级安全教育（公司教育），由项目经理部进行二级安全教育（项目经理部教育），由现场施工员及班组长进行三级安全教育（班组教育），并要有安全教育的内容、时间及考核结果记录。

（1）公司教育

公司级的安全培训教育时间不得少于 15 学时，主要内容如下：

1）国家和地方有关安全生产、劳动保护的方针、政策、法律、法规、规章、规范、标准。

2）企业及其上级部门（主管局、集团、总公司、办事处等）印发的安全管理规章制度。

3）安全生产与劳动保护工作的目的、意义等。

（2）项目经理部教育

项目安全培训教育时间不得少于 15 学时，主要内容如下：

1）建设工程施工生产的特点，施工现场的一般安全管理规定和要求。

2）施工现场的主要事故类别，常见多发性事故的特点、规律及预防措施，事故教训等。

3）本工程项目施工的基本情况（工程类型、施工阶段、作业特点等），施工中应当注意的安全事项。

（3）班组教育

班组教育又称岗位教育，其教育时间不得少于20学时，主要内容如下：

1）工种作业的安全技术操作要求。

2）本班组施工生产概况，包括工作性质、职责、范围等。

3）本人及本班组在施工过程中所使用及所遇到的各种生产设备、设施、电气设备、机械、工具的性能、作用、操作要求及安全防护要求。

4）个人使用和保管的各类劳动防护用品的正确穿戴与使用方法，劳防用品的基本原理与主要功能。

5）发生伤亡事故或其他事故（如火灾、爆炸、设备及管理事故等）时，应采取的措施（救助抢险、保护现场、报告事故等）。

4.2.4 安全检查制度

安全检查制度是清除隐患、防止事故、改善劳动条件的重要手段，是企业安全生产管理工作的一项重要内容。通过安全检查可以发现企业及生产过程中的危险因素，以便有计划地采取措施，保证安全生产。

1. 安全检查的分类

安全检查分为日常性检查、季节性检查、专业性检查、节假日前后的检查和不定期检查。

日常性检查是指项目每周或每旬由主要负责人带队组织的定期的安全大检查，和施工班组每天上班前由班组长和安全值日人员组织的班前安全检查。

季节性检查是指季节更换前由安全生产管理人员和安全专职人员、安全值日人员等组织的季节劳动保护安全检查。例如，春季风大，要着重防火、防爆；夏季高温，多雷电、风雨，要着重防暑、降温、防汛、防雷击、防触电；冬季防冻裂等。

专业性检查是指由安全管理小组成员、安全专（兼）职人员和安全值日人员进行日常的安全检查。对特种设备、塔式起重机等起重设备、脚手架、电气设备、吊篮、现浇混凝土模板及支撑等设施设备、易燃易爆场所等进行安全验收、检查。

安全检查不仅是安全生产职能部门必须履行的职责，也是监督、指导和消除事故隐患、杜绝生产安全事故的有效方法和措施。

2. 安全检查的主要内容

1）查思想，主要检查企业领导和职工对安全生产工作的认识。

2）查管理，主要检查建设工程项目的安全生产管理是否有效，主要包括安全生产各项制度是否落实，安全教育、安全标示、安全记录等是否到位。

3）查隐患，主要检查施工作业现场是否符合安全文明生产的要求。

4）查整改，主要检查对过去提出问题的整改情况。

5）查事故处理，主要检查安全事故的处理是否达到查明事故原因，对责任者进行处理，明确和落实整改措施等方面的要求，以及安全事故是否得到合理处理。

4.2.5 安全技术交底制度

安全技术交底制度是安全制度的重要组成部分。为贯彻落实国家安全生产方针、政策、规程规范、行业标准及企业各种规章制度，应及时对安全生产、工人职业健康进行有效预控，提高施工管理与操作人员的安全生产管理与操作技能，努力创造安全生产环境，根据《中华人民共和国安全生产法》《建设工程安全生产管理条例》《建筑施工安全检查标准》等有关规定，在进行工程技术交底的同时要进行安全技术交底。《建筑施工安全检查标准》（JGJ 59—2011）对安全技术交底提出了如下要求：

1）安全技术交底要有书面安全技术交底。

2）安全技术交底要针对性强和全面交底。

4.2.6 安全事故报告制度

《建设工程安全生产管理制度》规定：施工单位发生生产安全事故，应当按照国家有关伤亡事故报告和调查处理的规定，及时、如实地向负责安全生产监督管理的部门、建设行政主管部门或者其他有关部门报告；特种设备发生事故的，还应当同时向特种设备安全监督管理部门报告。接到报告的部门应当按照国家有关规定，如实上报。另外，《安全生产法》《建筑法》《生产安全事故报告和调查处理条例》等对生产安全事故报告也做了相应规定。

依据《生产安全事故报告和调查处理条例》的规定，生产安全事故报告制度如下：

1）事故发生后，事故现场有关人员应当立即向本单位负责人报告；单位负责人接到报告后，应当于1h内向事故发生地县级以上人民政府安全生产监督管理部门和负有安全生产监督管理职责的有关部门报告。情况紧急时，事故现场有关人员可以直接向事故发生地县级以上人民政府安全生产监督管理部门和负有安全生产监督管理职责的有关部门报告。

2）安全生产监督管理部门和负有安全生产监督管理职责的有关部门接到事故报告后，应当依照下列规定上报事故情况，并通知公安机关、劳动保障行政部门、工会和人民检察院：①特别重大事故、重大事故逐级上报至国务院安全生产监督管理部门和负有安全生产监督管理职责的有关部门；②较大事故逐级上报至省、自治区、直辖市人民政府安全生产监督管理部门和负有安全生产监督管理职责的有关部门；③一般事故上报至设区的市级人民政府安全生产监督管理部门和负有安全生产监督管理职责的有关部门。

安全生产监督管理部门和负有安全生产监督管理职责的有关部门依照前款规定上报事故情况，应当同时报告本级人民政府。国务院安全生产监督管理部门和负有安全生产监督管理职责的有关部门以及省级人民政府接到发生特别重大事故、重大事故的报告后，应当立即报告国务院。必要时，安全生产监督管理部门和负有安全生产监督管理职责的有关部门可以越级上报事故情况。

3）安全生产监督管理部门和负有安全生产监督管理职责的有关部门逐级上报事故情况，每级上报的时间不得超过 2h。

4）报告事故应当包括下列内容：①事故发生单位概况；②事故发生的时间、地点以及事故现场情况；③事故的简要经过；④事故已经造成或者可能造成的伤亡人数（包括下落不明的人数）和初步估计的直接经济损失；⑤已经采取的措施；⑥其他应当报告的情况。

5）事故报告后出现新情况的，应当及时补报。自事故发生之日起 30 日内，事故造成的伤亡人数发生变化的，应当及时补报。道路交通事故、火灾事故自发生之日起 7 日内，事故造成的伤亡人数发生变化的，应当及时补报。

6）事故发生单位负责人接到事故报告后，应当立即启动事故相应应急预案，或者采取有效措施，组织抢救，防止事故扩大，减少人员伤亡和财产损失。

7）事故发生地有关地方人民政府、安全生产监督管理部门和负有安全生产监督管理职责的有关部门接到事故报告后，其负责人应当立即赶赴事故现场，组织事故救援。

8）事故发生后，有关单位和人员应当妥善保护事故现场以及相关证据，任何单位和个人不得破坏事故现场、毁灭相关证据。因抢救人员、防止事故扩大以及疏通交通等原因，需要移动事故现场物件的，应当做出标志，绘制现场简图并做出书面记录，妥善保存现场重要痕迹、物证。

9）事故发生地公安机关根据事故的情况，对涉嫌犯罪的，应当依法立案侦查，采取强制措施和侦查措施。犯罪嫌疑人逃匿的，公安机关应当迅速追捕归案。

10）安全生产监督管理部门和负有安全生产监督管理职责的有关部门应当建立值班制度，并向社会公布值班电话，受理事故报告和举报。

任务 4.3 安全事故分类与处理

训练目标：

微课：建设工程项目安全事故分类

1. 安全事故分类。
2. 安全事故处理程序。
3. 安全事故“四不放过”原则。

建设行业是一个高危险作业的行业，伤亡事故频繁发生，建设项目企业安全管理不到位，市场仍未规范是目前生产安全事故频发的根本原因。

事故是指在人们进行有目的的活动过程中，发生了违背人们意愿的不幸事件，使其有目的的行动暂时或永久地停止。事故可能造成人员伤亡、疾病、伤害、损坏、财产损失或其他损失，事故通常包含如下含义。

1）事故是意外的，它出乎人们的意料，是不希望看到的事情。

2）事件是引发事故或可能引起事故的情况，主要是指活动、过程本身的情况，其结果尚不确定，若造成不良结果则形成事故，若侥幸未造成事故也应引起注意。

3）事故涵盖的范围是：死亡、疾病、工伤事故；设备、设施破坏事故；环境污染或生态破坏事故。

4.3.1 建设工程项目安全事故分类

1. 按照事故发生的原因分类

按照我国《企业职工伤亡事故分类》（GB 6441—1986）的规定，职业伤害事故分为20类，其中与建筑业有关的有以下12类。

1）物体打击：落物、滚石、锤击、碎裂、崩块、砸伤等造成的人身伤害，不包括因爆炸而引起的物体打击。

2）车辆伤害：车辆挤、压、撞和车辆倾覆等造成的人身伤害。

3）机械伤害：机械设备或工具绞、碾、碰、割、戳等造成的人身伤害，不包括车辆、起重设备引起的伤害。

4）起重伤害：从事各种起重作业时发生的机械伤害事故，不包括上下驾驶室时发生的坠落伤害，起重设备引起的触电及检修时制动失灵造成的伤害。

5）触电：由于电流经过人体导致的生理伤害，包括雷击伤害。

6）灼烫：包括火焰引起的烧伤、高温物体引起的烫伤、强酸或强碱引起的灼伤、放射线引起的皮肤损伤，不包括电烧伤及火灾事故引起的烧伤。

7）火灾：在火灾时造成的人体烧伤、窒息、中毒等。

8）高处坠落：由于危险势能差引起的伤害，包括从架子、屋架上坠落以及平地坠入坑内等。

9）坍塌：建筑物、堆置物倒塌以及土石塌方等引起的事故伤害。

10）火药爆炸：在火药的生产、运输、储藏过程中发生的爆炸事故。

11）中毒和窒息：包括煤气、油气、沥青、一氧化碳中毒等。

12）其他伤害：包括扭伤、跌伤、冻伤、野兽咬伤等。

以上12类职业伤害事故中，在建设工程领域中最常见的是高处坠落、物体打击、机械伤害、触电、坍塌、中毒、火灾7类。

2. 按事故后果严重程度分类

按事故后果严重程度分类，事故分为以下 5 类。

1）轻伤事故，是指造成职工肢体或某些器官功能性或器质性轻度损伤，能引起劳动能力轻度或暂时丧失的伤害的事故，可造成每个受伤人员休息 1 个工作日以上，105 个工作日以下。

2）重伤事故，一般是指受伤人员肢体残缺或视觉、听觉等器官受到严重损伤，能引起人体长期存在功能障碍或劳动能力有重大损失的伤害，或者造成每个受伤人员损失 105 工作日以上的失能伤害的事故。

3）死亡事故，是指一次事故中死亡职工 1~2 人的事故。

4）重大伤亡事故，是指一次事故中死亡 3 人以上（含 3 人）的事故。

5）特大伤亡事故，是指一次死亡 10 人以上（含 10 人）的事故。

3. 按事故造成的人员伤亡或者直接经济损失分类

依据 2007 年 6 月 1 日起实施的《生产安全事故报告和调查处理条例》（国务院令第 493 号）规定，按生产安全事故造成的人员伤亡或者直接经济损失，事故分为以下四种：

1）特别重大事故，是指造成 30 人以上死亡，或者 100 人以上重伤（包括急性工业中毒，下同），或者 1 亿元以上直接经济损失的事故。

2）重大事故，是指造成 10 人以上 30 人以下死亡，或者 50 人以上 100 人以下重伤，或者 5000 万元以上 1 亿元以下直接经济损失的事故。

3）较大事故，是指造成 3 人以上 10 人以下死亡，或者 10 人以上 50 人以下重伤，或者 1000 万元以上 5000 万元以下直接经济损失的事故。

4）一般事故，是指造成 3 人以下死亡，或者 10 人以下重伤，或者 1000 万元以下直接经济损失的事故。

本等级划分所称的“以上”包括本数，所称的“以下”不包括本数。

4.3.2 建设工程生产安全事故的处理

1. 建设工程生产安全事故处理原则

生产安全事故的处理应当坚持“四不放过”的原则，即事故原因分析不清不放过，员工和事故责任者受不到教育不放过，事故隐患不整改不放过，事故责任人不受到处理不放过。

按照《生产安全事故报告和调查处理条例》的规定，安全事故的处理应符合以下规定：

微课：项目安全事故处理

1）重大事故、较大事故、一般事故，负责事故调查的人民政府应当自收到事故调查报告之日起 15 日内做出批复；特别重大事故，30 日内做出批复，特殊情况下，批复时间可以适当延长，但延长的时间最长不超过 30 日。

2）有关机关应当按照人民政府的批复，依照法律、行政法规规定的权限和程序，对事故发生单位和有关人员进行行政处罚，对负有事故责任的国家工作人员进行处分。

3）事故发生单位应当按照负责事故调查的人民政府的批复，对本单位负有事故责任的人员进行处理。负有事故责任的人员涉嫌犯罪的，依法追究刑事责任。

4）事故发生单位应当认真吸取事故教训，落实防范和整改措施，防止事故再次发生。防范和整改措施的落实情况应当接受工会和职工的监督。

5）安全生产监督管理部门和负有安全生产监督管理职责的有关部门应当对事故发生单位落实防范和整改措施的情况进行监督检查。

6）事故处理的情况由负责事故调查的人民政府或者其授权的有关部门、机构向社会公布，依法应当保密的除外。

一旦事故发生，应通过应急预案的实施，尽可能地防止事态的扩大和减少事故的损失。通过事故处理程序，查明原因，制定相应的纠正和预防措施，避免类似事故再次发生。

2. 建设工程生产安全事故处理程序

（1）迅速抢救伤员并保护事故处理现场

事故发生后，现场人员不要惊慌失措，听指挥，有组织地抢救伤员和排除险情，制止事故蔓延扩大。在抢救伤员的同时，为了事故调查分析的需要，应该保护好现场。尽可能保持事故结束时的状态，采取一切可能的措施防止人为或自然因素的破坏，并要向建设行政主管部门报告。

（2）成立调查组

事故调查组的组成应当遵循精简、效能的原则。根据事故的具体情况，事故调查组应当由有关人民政府、安全生产监督管理部门、负有安全生产监督管理职责的有关部门、监察机关、公安机关以及工会等派人组成，并应当邀请人民检察院派人参加，还可以聘请有关专家参与调查。具体要求如下：

1）事故调查组成员应当具有事故调查所需要的知识和专长，并与所调查的事故没有直接利害关系。

2）事故调查组组长由负责事故调查的人民政府指定。事故调查组组长主持事故调查组的工作。

3）事故调查组应当履行的职责：查明事故发生的经过、原因、人员伤亡情况及直接经济损失；认定事故的性质和事故责任；提出对事故责任者的处理建议；总结事故教训，提出防范和整改措施；提交事故调查报告。

4）事故调查组有权向有关单位和个人了解与事故有关的情况，并要求其提供相关文件资料，有关单位和个人不得拒绝。

5）事故发生单位的负责人和有关人员在事故调查期间不得擅离职守，并应当随时接受事故调查组的询问，如实提供有关情况。

6）在事故调查中发现涉嫌犯罪的，事故调查组应当及时将有关材料或者其复印件移交司法机关处理。

7）在事故调查时需要进行技术鉴定的，事故调查组应当委托具有国家规定资质的单位进行技术鉴定。必要时，事故调查组可以直接组织专家进行技术鉴定。技术鉴定所需时间不计入事故调查期限。

8）事故调查组成员在事故调查工作中应当诚信公正、恪尽职守，遵守事故调查组的纪律，保守事故调查的秘密。未经事故调查组组长允许，事故调查组成员不得擅自发布有关事故的信息。

（3）现场勘查

事故发生后，调查组迅速到现场进行勘查。对事故的现场勘查要及时、全面、准确、客观。现场勘查人员通过做出笔录、现场拍照、绘制事故图等方式对事故现场进行调查。

1）做出笔录。具体工作任务包括以下几点：

① 发生事故的时间、地点、气候环境等。

② 现场勘查人员姓名、单位、职务等。

③ 现场勘查起止时间、勘查过程和勘查方法等。

④ 设备、设施损坏或异常情况及其在事故前后的位置。

⑤ 能量逸散所造成的破坏情况、状态、范围、程度等。

⑥ 事故发生前的劳动组织、现场人员的位置和行动等。

2）现场拍照。具体工作任务包括以下几点：

① 方位拍摄，要求能够准确反映事故现场人和物在周围环境中的位置。

② 全面拍摄，要求能够全面反映事故现场各部分之间的联系。

③ 中心拍摄，要求能够具体反映事故现场中心的情况。

④ 细部拍摄，要求能够详细揭示引起事故直接原因的痕迹、致害物等。

3）绘制事故图。根据事故的规模和类别，以及勘查工作的资料，绘制出下列示意图：

① 建筑物平面图、立面图和剖面图。

② 事故发生前后人员和物体位置及疏散（活动）图。

③ 破坏物的立体图或展开图。

④ 涉及范围图。

⑤ 设备或器具构造图等。

（4）分析事故原因，明确责任者

通过事故的调查，分析事故原因，总结教训，制定预防措施，避免类似事故重复发生；确定事故性质，明确事故的责任人，为依法处理提供证据。

1）查明事故经过，弄清造成事故的各种因素，包括人、物、生产管理和技术管理方面的问题，经过认真、客观、全面、细致、准确地分析，确定事故的性质和责任。

2）事故分析步骤，首先整理和仔细阅读调查材料，对受伤部位、受伤性质、起因物、致害物、伤害方法、不安全状态和不安全行为七项内容进行分析，确定直接原因、间接原因和事故责任者。

3）分析事故原因时，应根据调查所确认的事实，从直接原因入手，逐步深入到间接原因。通过对直接原因和间接原因的分析，确定事故中的直接责任者和领导责任者，再根据其在事故发生过程中的作用，确定主要责任者。

安全事故通常按性质不同分为责任事故、非责任事故和破坏事故。责任事故是指因有关人员的过失造成的事故；非责任事故是指由于自然界的因素而造成的不可抗拒的事故，或由于未知领域的技术问题而造成的事故；破坏事故则是为达到一定目的而蓄意制造的事故，此类事故应由公安机关和企业保卫部门认真追查破案，依法处理。

对责任事故，应根据事故调查所确认的事实，通过对事故原因的分析来确定事故的直接责任人、领导责任人和管理责任人。直接责任人是指其行为与事故的发生有直接因果关系的责任人；领导责任人是指对事故发生负有领导责任的责任人；管理责任人是指对事故发生仅有管理责任的责任人。领导责任人和管理责任人中，对事故发生起主要作用的，就是主要责任人。

（5）写出事故调查报告

事故调查组应当自事故发生之日起60日内提交事故调查报告；特殊情况下，经负责事故调查的人民政府批准，提交事故调查报告的期限可以适当延长，但延长的期限最长不超过60日。

事故调查报告应当包括下列内容：

1）事故发生单位概况。

2）事故发生经过和事故救援情况。

3）事故造成的人员伤亡和直接经济损失。

4）事故发生的原因和事故性质。

5）事故责任的认定以及对事故责任者的处理建议。

6）事故防范和整改措施。

事故调查报告应当附具有关证据材料。事故调查组成员应当在事故调查报告上签名。事故调查报告报送负责事故调查的人民政府后，事故调查工作即告结束，事故调查的有关资料应当归档保存。

事故报告应当及时、准确、完整，任何单位和个人对事故不得迟报、漏报、谎报或者瞒报。

（6）事故审理和结案

1）事故调查处理结论应该经有关机关审批后方可结案。伤亡事故处理工作应当在90天内结案，特殊情况不得超过180天。

2）事故案件的审批权限同企业的隶属关系及人事管理权限一致。

3）对事故责任者的处理应当根据其情节轻重和经济损失大小来判断。

4）事故调查处理的文件、图样、照片及记录资料应该妥善保存。

（7）员工伤亡登记记录

1）员工伤亡、死亡事故调查报告书，现场勘查收集的资料。
2）技术鉴定和试验资料。
3）物证及人证调查资料。
4）事故调查组人员名单及职务信息。
5）受处理人员的检查材料。
6）有关部门对事故的结案批复等。

任务4.4 施工项目现场管理

训练目标：

1. 现场管理的含义。
2. 环境管理的特点。
3. 施工现场环境影响类型。
4. 环境影响因素控制措施。

施工项目的现场管理是项目管理的一个重要部分，施工项目现场是用于进行该项目的施工活动且经有关部门批准占用的场地。良好的现场管理使场容美观整洁，道路畅通，材料放置有序，施工有条不紊。施工项目现场管理就是对施工现场中的质量、安全、消防、用电、卫生等各个方面进行管理，使其均能得到有效的保障，创造良好的施工环境和施工秩序，并且使得与项目有关的相关方都能满意。相反，低劣的现场管理会影响施工进度、成本和质量，并且是产生事故的隐患。

施工项目场地可用于生产、生活或二者兼有，当项目工程施工结束后，这些场地将不再使用。施工现场包括红线以内或红线以外的用地，但不包括施工单位的自有场地或生产基地。施工项目现场管理是对施工项目现场内的活动及空间所进行的管理。施工项目部负责人应负责施工现场文明施工的总体规划和部署，各个分包单位在各自的划分区内按施工项目部的要求进行现场管理且接受项目部的管理监督。

4.4.1 施工现场的不安全因素

1. 管理上的不安全因素

管理上的不安全因素，通常也称为管理上的缺陷，它是事故潜在的不安全因素，包括教育上的缺陷，技术上的缺陷，管理工作上的缺陷，社会、历史上的原因造成的缺陷，生理上的缺陷，心理上的缺陷。

2. 人的不安全因素

人的不安全因素是指影响安全的人的因素，即能够使系统发生故障或发生性能不良事件的个人的不安全因素和违背设计和安全要求的错误行为。人的不安全因素如图 4-2 所示。

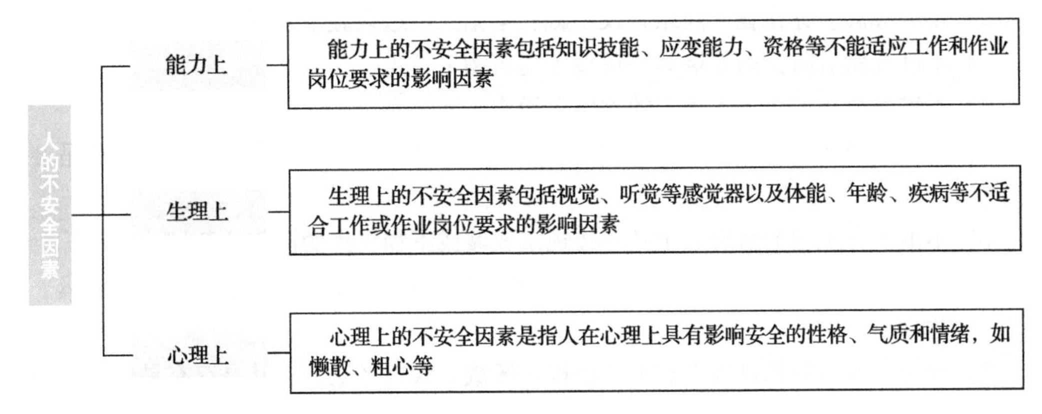

图 4-2　人的不安全因素

3. 物的不安全状态因素

物的不安全状态因素如图 4-3 所示。

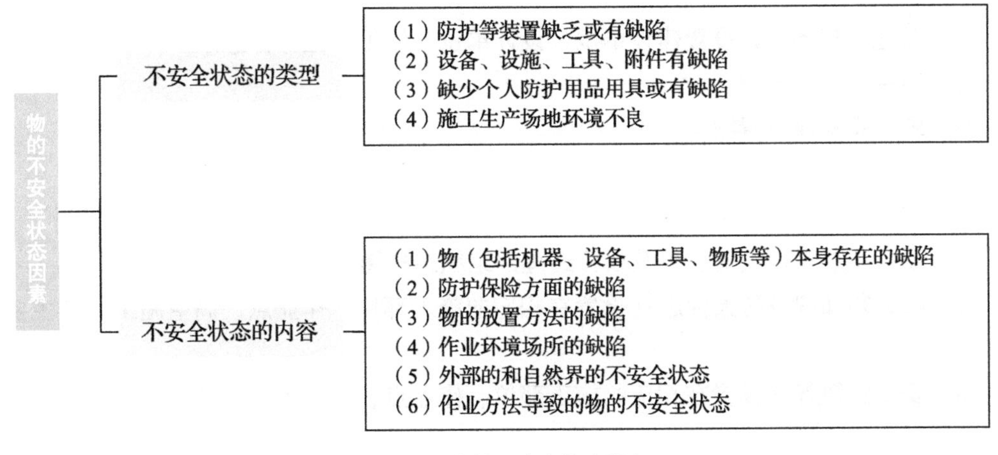

图 4-3　物的不安全状态因素

4.4.2　施工现场管理要求

1. 施工现场“五要”

1）施工现场要围挡。

2）现场围挡要美化。

3）安全防护要齐全。

4）排水系统要有序。

5）图牌标识要规范。

2. 施工现场“十不准”

1）不准从正在起吊或吊运中的物件下通过。

2）不准赤脚、穿拖鞋、高跟鞋及不戴安全帽人员进入施工现场。

3）不准在没有防护的外墙和外壁板等建筑物上行走。

4）不准站在小推车等不稳定的物体上操作。

5）不得攀登起重臂、绳索、脚手架、井字架、龙门架和随同运料的吊盘及吊装物上下。

6）不准土方工程的凿岩取土及不按规定放坡或不加支撑的深基坑开挖施工。

7）不准在操作现场（包括在车间、工场）玩耍吵闹和从高空抛掷材料、工具、砖石及一切物资。

8）未经允许不准私自进入非本单位作业区域或管理区域，尤其是存有易燃易爆物品的场所。

9）不准在无照明设施、无足够采光条件的区域、场所内行走、逗留和作业。

10）不准无关人员进入施工现场。

3. 施工现场标志齐全

1）在施工现场入口设置建设单位、设计单位、施工单位等标志。

2）项目工程概况牌。

3）施工总平面布置图。

4）安全无重大事故统计牌。

5）安全生产、文明施工牌。

6）项目主要管理人员名单及项目经理部组织结构图。

7）防火须知牌及防火标志（设置在相应的施工部位、作业点、高空施工区及主要通道口）。

8）安全纪律牌（设置在相应的施工部位、作业点、高空施工区及主要通道口）。

4. 现场布置要合理

1）施工现场必须采用封闭围挡，施工现场要积极推行硬地坪施工，作业区、生活区主干道地面必须用一定厚度的混凝土硬化，遵守有关部门的法规、政策，接受其监督和管理，尽力避免和降低施工作业对环境的污染和对社会生活正常秩序的干扰。

2）施工总平面图设计应遵循施工现场管理标准，合理可行，施工现场道路平坦、整洁，充分利用施工场地和空间，降低各工序、作业活动的相互干扰，现场堆放的大宗材料、成品、半成品和机具设备符合安全防火、环保要求，保证高效、有序、顺利、文明施工。

3）施工现场实行封闭式管理，严格执行外来人员进场登记制度。沿工地四周连续设置围挡，在市区内其高度应不低于1.8m，围护材料要符合市容要求；在建工程应采用密闭式安全网封闭。

4）严格按照已批准的施工总平面图布置施工项目的主要机械设备、脚手架、模具，施工临时道路及进出口水、气、电管线等位置，材料制品仓库、土方及建筑垃圾、变配电间、消防设施、警卫室、现场办公室、生产生活临时设施、加工场地、周转使用场地等要井然有序。

5）施工现场器具除应按照施工平面图指定位置就位布置，施工设施、大模板要集中堆放，大模板成对放稳，角度正确。钢模板及零配件、脚手扣件分类分规格集中存放。竹木杂料应分类堆放，规则成方，不散不乱。

6）大型机械和设施位置应布局合理，力争一步到位；需按施工内容和阶段调整现场布置时，应选择调整耗费较小、影响面小或已经完成作业活动的设施；大宗材料应根据使用时间有计划地分批进场，尽量靠近使用地点，减少二次搬运，避免浪费。

7）施工现场防止泥浆、污水、废水外流以及堵塞排水管沟和河道，实行二级沉淀、三级排放。

8）施工过程应合理有序，尽量避免前后反复，影响施工。对平面和高度也要进行合理分块、分区，尽量避免各分包或各工种交叉作业、相互干扰，维持正常的施工秩序。

9）施工现场地面应经常洒水，对粉尘源进行覆盖或采取其他有效措施防止尘土飞扬。

10）施工现场场地平整，且有良好的排水系统，保持排水通畅。

5. 现场生活设施

1）施工现场作业区与生活、办公区必须明显划分，因场地狭窄不能划分的，要有可靠的隔离防护栏等保护措施。

2）施工现场设置各类必要的职工生活设施，并符合卫生、通风、照明等要求。

3）明确划分施工区域、办公区、生活区域。生活区内宿舍、食堂、厕所、浴室齐全，符合卫生标准；各区都有专人负责。创造整齐、清洁的工作和生活环境。

4）宿舍、办公区域的防火等级应该符合规范要求。

5）宿舍应设置可以开启的窗户，床铺不得超过2层，通道宽度不应小于0.9m。

6）要确保宿舍的主体结构安全，宿舍周围的环境应保持整洁、安全。

7）宿舍内人员平均面积不应小于$2.5m^2$，且不得超过16人。

8）食堂应有良好的通风和清洁措施，保持卫生整洁，炊事员持健康证上岗。

6. 现场防火

1）制定现场防火安全措施和消防管理制度，建立消防领导小组，落实消防责任制和责任人，在施工区和生活区配备足够数量的灭火器材，做到布局合理。要害部位应配备不少于4具的灭火器，要有明显的防火标志，指定专人经常检查、维护、保养、定期更新，保证灭火器材灵敏、有效。

2）施工单位在编制施工组织设计时，必须包含防火安全措施的内容，所采用的施工工艺、技术和材料必须符合防火安全要求，库房应采用非燃材料支搭。易燃易爆物品必须有严格的防火措施，应专库储存，分类单独存放，保持通风，配备灭火器材。不准在工程内、库房内调配油漆、稀料。

3）现场要有明显的防火宣传标志，必须设置临时消防车道，保持消防车道畅通无阻。

4）施工材料的存放、使用应符合防火要求，易燃易爆物品应专库储存，并有严格的防火措施。

5）施工现场用电，应严格执行施工现场电气安全管理规定，加强电源管理，防止发生电气火灾。施工现场存放易燃、可燃材料的库房、木工加工场所、油漆配料房及防水作业场所不得使用明露高热强光源灯具。

6）电焊工、气焊工从事电气设备安装和电、气焊切割作业，要有操作证和用火证。用火前，要清除易燃物和可燃物，采取隔离等措施，配备看火人员和灭火器具，作业后必须确认无火源隐患后方可离去。用火证当日有效，用火地点变换，要重新办理用火证手续。

7）施工现场和生活区，未经保卫部门批准不得使用电热器具。严禁工程中明火保温施工及宿舍内明火取暖。

8）生活区的用电要符合防火规定。用火要经保卫部门审批，食堂使用的燃料必须符合使用规定，用火点和燃料不能在同一房间内，使用时要有专人管理，停火时要将总开关关闭，经常检查有无泄漏。

7. 现场环境保护

1）施工现场泥浆、污水未经处理不得直接排入城市排水设施和河流、湖泊、池塘。

2）除有符合规定的装置外，不得在施工现场熔化沥青或焚烧油毡、油漆，也不得焚烧其他可产生有毒有害烟尘和恶臭气味的废弃物，禁止将有毒有害废弃物做土方回填。

3）建筑垃圾、渣土应在指定地点堆放，及时运到指定地点清理。

4）高空施工的垃圾和废弃物应采用密闭式措施清理运输，装载建筑材料、垃圾、渣土等散碎物料的车辆应有严密的遮挡措施，防止飞扬、撒漏或流溢，进出施工现场的车辆应经常冲洗，保持清洁。

5）在居民和单位密集区域进行爆破、打桩等施工作业前，项目经理部除按规定报告申请批准外，还应将作业计划、影响范围、程度及有关措施等情况，向有关的居民和单位通报说明，取得协作和配合，对施工机械的噪声与振动扰民，应有相应的措施予以控制。

6）施工时发现文物、古迹、爆炸物、电缆等，应当停止施工，保护好现场，及时向有关部门报告，按照有关规定处理后方可继续施工。

7）施工中需停水、停电、封路而影响环境时，必须经有关部门批准，事先告示，并设有标志。

8）温暖季节宜对施工现场进行绿化布置。

8. 卫生急救等方面的要求

1）现场应准备必要的医疗保健设施，落实卫生责任制及各项卫生管理制度。

2）食堂必须有卫生许可证，炊事人员必须持健康证上岗。

3）炊事人员上岗应穿戴洁净的工作服、工作帽和口罩，并应保持个人卫生。不得穿工作服出食堂，非炊事人员不得随意进入制作间。

4）施工现场应加强食品、原料的进货管理，食堂严禁出售变质食品。

5）现场涉及的保密事项应通知有关人员执行。

6）施工现场作业人员发生法定传染病、食物中毒或急性职业中毒时，必须在2h内向施工现场所在建设行政主管部门和有关部门报告，并应积极配合调查处理。

7）施工现场应按照规定设置医务室或配备符合要求的急救箱，医务人员对现场卫生起到监督作用，定期检查食堂饮食等卫生情况。

8）培训急救人员，掌握急救知识，进行现场急救演练。

小结

本项目首先介绍安全生产管理的相关概念、原则、体系等，然后对安全生产许可证制度、安全生产责任制、安全教育管理制度、安全检查制度、安全技术交底制度、安全事故报告制度进行介绍，其中安全生产责任制度是最基本的安全管理制度，是所有安全生产管理制度的核心。另外，本项目介绍了安全事故分类和处理程序，以及施工现场文明施工的相关知识。

实训题

建筑公司承揽了某住宅小区的部分项目的施工任务。2020年5月12日，施工人员进行基础回填作业时，由于回填的土方集中，致使该工程南侧的保护墙受侧压力的作用，呈一字形倒塌（倒塌段长35m、高2.3m、厚0.24m），将在保护墙前负责治理工作的2名工人砸伤致死。经事故调查，在基础回填作业中，施工人员未认真执行施工方案，砌筑的墙体未达到一定强度就进行回填作业。在技术方面，未针对实际制定对墙体砌筑宽度较小的部位进行稳固的技术措施，造成墙体自稳性较差。在施工中，现场管理人员对这一现象又未能及时发现，监督检查不力。

问题：1）简要分析造成这起事故的原因。

2）伤亡事故处理的程序是什么？

模块二

智慧建造技术

项目5

智慧建造体系

能力目标：

通过学习，理解智慧建造的概念及主要特征，掌握智慧建造的内涵，熟悉智慧建造4个典型的应用场景。

学习目标：

1. 熟悉智慧建造的概念及主要特征。
2. 熟悉智慧建造的典型应用。
3. 熟悉智慧组织的作用。
4. 熟悉智慧设计的主要内容。
5. 熟悉智慧建造的主要领域。
6. 熟悉智慧施工的应用。

任务5.1 智慧建造概述

训练目标：

通过学习，理解智慧建造的概念及主要特征，掌握智慧建造的内涵。了解智慧建造包含的智慧组织、智慧设计、智慧制造和智慧施工4个典型的应用场景，识别智慧建造的必要性和重要性。理解不断学习新技术、新系统，抓住应用新技术的机会、持续改进和集成已有系统的重要意义。

5.1.1 智慧建造的内涵

1. 智慧建造的产生

建造业是最古老的产业之一，建造方式的发展经历了三个阶段（图5-1）。传统建造方式技术方法和管理理念过于传统，忽视对资源环境的保护，浪费人力、物力，在施工及管理上存在很大缺陷；智能建造方式基于互联网信息化工作平台的管控，按照数字化设计的要求，在既定时空范围内，通过功能互补的机器人完成各种工艺操作；智慧建造方式是智能建造发展的更高级阶段，在智能建造的基础上，赋予机器人随机应变、逻辑思考、处理施工现场各类问题的能力。

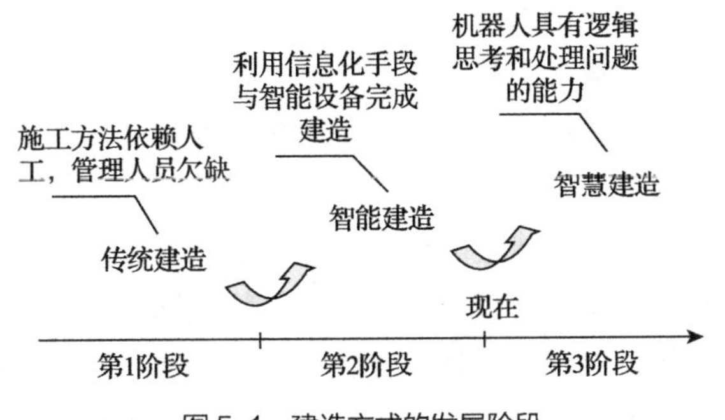

图 5-1　建造方式的发展阶段

随着社会进步和科技发展，建筑物逐渐呈现大型化、功能复杂化、造型和建筑技术多样化的特点，超高层和超大跨度建筑成为代表建筑科学技术发展水平的重要标志之一，而传统的建造方式和管理模式已不能满足复杂结构的要求。

推动新兴信息技术与建筑业融合，实行建筑工程智慧化管理是国家政策提出的明确要求。2015 年《关于推进建筑信息模型应用的指导意见》指出，到 2020 年末，建筑行业甲级勘察、设计单位以及特级、一级房屋建筑工程施工企业应掌握并实现 BIM 与企业管理系统和其他信息技术的一体化集成应用。2016 年《2016—2020 年建筑业信息化发展纲要》旨在推动信息技术与建筑业发展深度融合，着力增强 BIM、大数据、智能化、移动互联网、云计算、物联网等信息技术集成应用能力，建筑业数字化、网络化、智能化取得突破性进展。

2. 智慧建造的含义

智慧建造作为一个新兴概念最初由学者杨宝明提出，其含义是保证整个建造过程高效利用各项资源，实现低碳节能与利用先进的信息技术手段，使整个建造过程智慧化。智慧建造有两层含义：一是产业的和谐发展，与大自然和谐的可持续发展。我国建筑业规模约占全球规模的 50%，建筑用钢材、水泥约占全世界规模的 50%，是资源能耗、能源消耗和污染环境最大的行业。因此，实行精细化管理，减少消耗和排放时不我待。同时，让行业武装先进的数字神经系统，无论是行业还是企业，项目管理都应在先进的信息化技术系统支撑之下，实现经营环境公平透明，企业项目管理高效精细。二是实践的发展使信息化管理技术在项目中得以应用。目前，在我国发达地区工程建设中，许多项目采用了信息化管理技术，其中比较突出的即采用视频系统、门禁系统为主的监控管理，被称为施工现场的“智能眼”。采用信息技术可实现管理能级的提高和管理效率的提升。

3. 智慧建造的概念

智慧建造近几年才在我国被提出，且学者们对智慧建造的内涵有不同理解。本书采用学者刘占省对智慧建造的概念表述：智慧建造是结合全生命周期和精益建造理念，利用先进的信息技术和建造技术，对建造全过程进行技术和管理创新，实现建设过程数字化、自动化向集成化、智慧化的变革，进而实现优质、高效、低碳、安全的工程建造模式和管理模式。智慧建造的概念不是一成不变的，随着人工智能、VR、5G、区块链等新兴信息技术的涌现并应用至工程实践，将产生更多智慧创新应用成果，不断丰富智慧建造的内涵。

智慧建造是智慧城市、智能建筑的延伸，即智慧、智能延伸到工程项目的建造过程中，就产生了智慧建造的概念。智慧建造以BIM、物联网、移动互联网、云计算、大数据等关键技术手段为支撑，以深化设计与优化、工厂化加工、精密测控自动化安装、动态监测、信息化管理，实现建造过程的高度信息化、协作化与管理精细化。通过建立和应用智慧化系统，建造过程中充分利用智能及相关技术，提高建造过程智能化水平，减少对人的依赖，实现安全建造，并实现性价比更好、质量更优的建筑。智慧建造意味着建造将带来少人（体现工程建设行业和制造业的不同，由于工程建设行业的复杂性，很难做到无人建造）、经济、安全及优质的建造过程。

智慧建造是一种新兴的工程建造模式，是建立在高度的信息化、工业化和社会化基础上的一种信息融合、全面物联、协同运作、激励创新的工程建造模式。智慧建造的概念有广义和狭义两种类型。

(1) 广义智慧建造

广义智慧建造是指在建筑产生的全过程，包括工程立项策划、设计、施工阶段，通过运用以BIM为代表的信息化技术开展的工程建设活动。其内涵主要包括以下几点：

1）智慧建造的目标是实现工程建造的自动化、智慧化、信息化和工业化，进一步推动社会经济可持续发展和生态文明建设。

2）智慧建造的本质是以人为本，通过技术的应用逐步将人从繁重的体力劳动和脑力劳动中解放出来。

3）智慧建造的实现要依托科学技术的进步以及系统化的管理。

4）智慧建造的前提条件是保证工程项目建设的质量与安全。

5）智慧建造需要多方共同努力，协同推进，包括建设方、设计方、施工方、使用方以及政府等。

6）智慧建造包含立项、设计和施工三个阶段，但不是这三个阶段孤立或简单叠加式地存在，而是相辅相成、有机融合的，是信息不断传递、不断交互的过程。

(2) 狭义智慧建造

狭义智慧建造是指在设计和施工全过程中，立足于工程建设项目主体，运用信息技术实现工程建造的信息化和智慧化。狭义的智慧建造着眼点在于工程项目的建造阶段，通过BIM、物联网等新兴信息技术的支撑，实现工程深化设计及优化、工厂化加工、精密测控、智能化安装、动态监测、信息化管理六阶段（图5-2）。

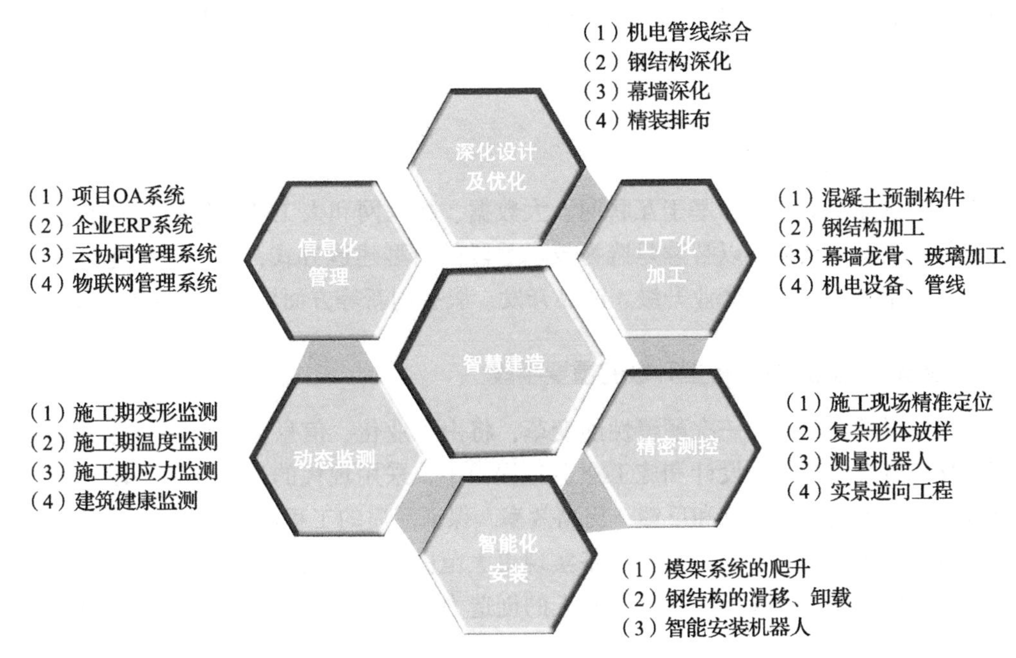

图5-2　智慧建造的六阶段

1）工程设计及优化可以实现 BIM 建模、碰撞检测、施工方案模拟、性能分析等。

2）工厂化加工可以实现混凝土预制构件、钢结构、幕墙龙骨及玻璃、机电管线等工厂化加工。

3）精密测控可以实现施工现场精准定位、复杂形体放样、实景逆向工程等。

4）智能化安装可以实现模架系统的爬升、钢结构的滑移及卸载等。

5）动态监测可以实现施工期的变形监测、温度监测、应力监测、运维期健康监测等。

6）信息化管理包括企业资源计划（Enterprise Resource Planning，ERP）系统、协同设计系统、施工项目管理系统、运维管理系统等。

5.1.2　智慧建造的主要特征

智慧建造以信息技术及相关技术的综合应用为前提，其中涉及感知，包括物联网、定位等技术；涉及传输，包括互联网、云计算等技术；涉及交互，包括移动终端、触摸终端等技术；涉及记忆，包括 BIM 、GIS 等技术；涉及分析，包括大数据、人工智能等技术；此外还包括三维激光扫描、3D 打印、机器人等技术。通过应用这些技术，智能化系统将具有灵敏感知、高速传输、精准识别、快速分析、优化决策、自动控制、替代作业等特征。

智慧建造有程度之分，如智慧建造 1.0、智慧建造 2.0、智慧建造 3.0、智慧建造 4.0。高度智慧建造代表在智慧建造的深度、广度和集成度上达到相当高的水平，整个建造过程的智能化达到很高的程度。另外，建造过程中使用的智能化系统分为两类：管理系统，如ERP系统、项目综合管理系统等；技术系统，如BIM平台软件、BIM工具软件等。

5.1.3 智慧建造的价值

对于我国建筑业来说，基于互联网、大数据、物联网和人工智能等数字化和信息技术，以科技创新为支撑、以智慧建造为技术手段的新型建造方式，正在推动建筑业转型升级、提质增效，它将在产业升级、产品开发、服务创新等方面释放出巨大的能量。

1. 智慧建造是建筑业转型升级的重要手段

工程建设领域迎来又一次颠覆性的变革，将由工业化、信息化融合发展为更高形态的智慧化。智慧建造是在设计和施工建造过程当中，采用现代的先进技术手段，通过人机交互感知进行决策、执行和反馈，提高效率、保证品质的工程活动。从本质特征来看，智慧建造是通过运用先进的技术和装备实现更大范围、更深层次对人的替代，并从体力替代逐步发展到脑力增强，进一步提升人的创造力和科学决策能力，实现更高的效率和更优的品质。

智慧建造覆盖了建筑基础设施等土木工程的各个领域，既作用于施工，也作用于规划、设计、运维等各个环节；不仅使建造模式变革，还将改变企业运营乃至行业的管理。智慧建造是工程建造全过程和各环节的数字化、网络化和智能化的新型建造方式。对于建筑业而言，智慧建造有助于行业提升品质、缩短工期、节约资源、控制成本，是建筑业供给侧结构性改革的重要内容，也是建筑业转型升级的重要手段，是落实绿色发展、创新发展的重要举措。

智慧建造的发展大致可以分为三个阶段，即感知阶段、替代阶段和智慧阶段。感知阶段就是借助信息技术，扩大人的视野，拓展人的感知能力，以及增强人的部分技能，比如目前正在推行的智慧工地建设，大体上处于这样一个阶段；替代阶段是借助工业化和信息技术替代人类完成低效率、低品质和高风险的工作；智慧阶段则是借助于信息技术，以类似人的思考能力替代人类大部分生产和管理活动，由一个具有强大自我学习、自我净化能力的建造大脑来指挥和管理智能机械设备完成建造过程，人则向监管建造大脑的角色来实现转变。

2. 智慧建造是做强、做优中国建造的关键抓手

建筑业是国民经济的支柱产业，工程建造能力是国家实力的重要标志。当前，世界各国都在抢占科学技术高地，获取智慧经济时代的机遇。推进智慧建造，将树立并巩固我国建造业在全球的优势地位，并在更大的范围、更深的程度牵引带动我国经济社会的整体发展，是国家发展的重要驱动力之一。

3. 智慧建造是增强国家竞争力、实力的有效途径

建筑业上下游链条长，辐射范围广，大量的制造产品以建筑基础设施为终端。推进

智慧建造将为建设数字中国、智慧社会提供更为广阔的实践场景，并带动智慧家居、物业等众多领域发展。特别是在当前外部形势下，中国建造走出去更具有便利和优势，通过智慧建造做强中国建造的品牌，有利于服务国家“一带一路”的倡议，带动关联产业走向国际市场。

4. 智慧建造是推动智慧城市建设的重要支撑

建筑和基础设施是城市构成的基本物质单元，通过智慧建造，创造智慧建筑、智慧的基础设施，能够实现建筑设施的互联、互通，感知智能和智慧城市的运营，为智慧城市的构建提供支点、纽带和空间，最终使人们的生产活动和社会生活互联、互通，高效便捷。

5. 智慧建造是实现建筑业产业可持续发展的必由之路

当前，我国经济已转向高质量发展的阶段，传统的建造方式面临资源、环境、人力等多方因素的制约，难以满足新时代发展的要求。智慧建造采用现代的技术手段，能够显著提高建造和运营过程中的资源利用率，减少对生态环境的影响，实现节能环保、提高效率、提升品质，以及保障安全，是建筑行业可持续发展的必然选择。

从人工制造转变到智慧建造，是复杂、漫长而又艰巨的科技攻关过程，更是实践要求极严格的工程求证探索过程。面对建筑用工成本增加、建设难度攀升、市场需求多样化的现状，建筑业的“云端”转型升级势在必行、刻不容缓。智慧建造是现代化、科学化、智能化在建筑工程上的应用，其基于建筑设计、项目施工、后期运营、多项服务等多个环节与技术开发、嵌入使用等方面的深度探索，需要多专业、多学科、多工种的共同努力与配合才能最终实现高质量的发展。这不仅是一项规模宏大、任务非常艰巨的系统工程，更是一项具有长远效益的工程。

5.1.4 智慧建造的发展趋势

1. 智慧建造的现状

当前，智慧建造已然引起我国工程建设行业的高度重视。部分项目推动 BIM 应用和智慧工地建设，探索应用机器人、3D 打印等先进技术，推动建筑工业化与智慧建造结合，初步展现打通全生命周期和全产业链的可行性。主要成果体现在以下三个方面：

1）智慧设计。通过应用 BIM、虚拟现实、云计算等技术，已可基本消除“错、漏、碰、缺”等设计问题，降低了设计方案的模拟分析和优化计算成本，提高了设计成果可视化水平，设计效率和品质显著提升。

2）智慧工地。通过应用 BIM、物联网、移动互联网、云计算、大数据等信息技术打造智慧工地，已能较好地支持项目目标管理和资源管理，迈出了从数字工地到智慧工地的第一步，推进了工业化建造，提升了项目协同管理水平，并与行业监管互联。

3）智慧管理。在构建企业决策分析系统、安全与风险管理系统等企业基础平台方面进行了探索，使企业智慧管理水平得到提升。在工程实践中，智慧建造相关技术已在众多大型建筑和基础设施项目中得到较好应用，充分展现了新理念、新技术蕴含的巨大潜力。

智慧建造在我国得到了快速发展，取得了较好的成效，但在集成创新和应用深度等方面还有很大的提升空间。建筑业改革发展在不断创新，但核心业务没有变，那就是项目。围绕项目开展生产经营、技术研发和管理活动是建筑业的业态特点，工地现场是项目成功交付的重要地点，也是建筑业信息化落地的“最后一公里”。

2. 跨界融合促进智慧建造发展

当前，各项技术的融合将日益消除物理世界、数字世界和生物世界之间的界限。可以预料，这将彻底改变人类的生活、工作和社交的方式。我们尚不清楚这将如何具体展开，但无论从其规模、影响范围还是复杂性来看，这都将和人类以往的任何建造方式截然不同。

各种移动设备拥有前所未有的处理和储存能力，能够轻易获取相关知识，并将数十亿人联系起来，从而释放出无穷的潜力，而人工智能、机器人、物联网、无人驾驶汽车、3D 打印、纳米科技、生物科技、材料科学、能源储存和量子计算等科技领域的最新突破更创造了无限的可能性。这些变革将产生极其广泛而深远的影响，彻底改变整个生产、管理和治理体系。

3. 走向高度智慧建造

（1）高度智慧建造含义

高度智慧建造是智慧建造的高级阶段，其中“高度”代表智能化系统的深度、集成度及应用广度具有较高水平，且强调高度智慧建造以经济上可行为前提。智能化系统的深度意味着在系统开发中，应用智能技术及相关技术的深入程度。

智能化系统的集成度反映各类系统实现集成的比例大小。系统集成方式可分为 2 种，即基于应用的集成和基于数据的集成。其中，前者对应多个应用软件的一体化，如把一个客户关系管理系统集成到企业信息化管理系统中，而后者对应通过中性数据文件，在多个应用软件间进行数据共享，如通过 IFC 格式的数据文件在多个应用软件间共享建筑信息模型数据。集成度不论集成方式，只关注实现集成的软件数占总数的比例。智能化系统应用广度对应智能化系统在企业中应用的范围大小，可用主营业务的覆盖程度、在所有项目中的普及程度、在项目各阶段的普及程度及在项目各参与方间的普及程度等参数表示。

（2）企业走向高度智慧建造的要点

企业走向高度智慧建造的要点有：不断学习，重视新技术系统的研究、开发，抓住应用新技术的机会，持续改进和集成已有系统（分别对应深度、广度和集成度）。

1）不断学习。新技术、新系统层出不穷，应敢于并善于学习。

2）重视新技术系统的研究、开发。建筑企业应主动开发新技术、新系统，形成企业核心竞争力，确立企业在行业中的领导地位。建筑企业应努力成为高科技企业。

3）抓住应用新技术的机会。由于重点、大型复杂工程能更好地检验新技术，且宣传效果好，建筑企业即使需要付出代价，也应开展新技术的应用，做新技术应用的尝试者，还应有意识地扩大应用范围，如将新技术应用到更多的项目中。

4）持续改进和集成已有系统。已有智能化系统是财富，但需随新的系统平台的出现而持续改进。持续改进的系统一定会胜过从零出发新开发的同类系统，因为其中已积累流程、分析处理算法等经验。另外，应重视已有系统的集成，实现系统的一体化或数据共享，铲除信息孤岛。在此过程中，需企业标准及行业标准的支持。建筑企业应开创相关标准，实现提高智能化系统集成度的目的。

任务5.2 智慧建造的典型应用

训练目标：

熟悉智慧建造的典型应用场景，掌握智慧建造组织的内涵。

智慧建造的典型应用场景可分为：智慧组织、智慧设计、智慧制造和智慧施工四个方面。

5.2.1 智慧组织

1. 智慧组织的目标

针对建筑企业，包括设计企业和施工企业，智慧组织意味着实现以下主要目标：企业能把握正确的发展方向、实现资源优化配置、使风险得到有效管控，如利用大数据确定企业的发展方向、智能化企业资源优化配置、智能化企业风险预警。例如，某公司利用大数据确定企业的发展方向，在应用ERP系统的过程中，该公司积累大量项目数据并进行分析，表面上小项目利润率高，实际上因转场频繁且费用高，所以其实际收益并不能与大项目相比。因此，该公司决定把业务重点放在承接大项目上。

2. 智慧组织建设

（1）创新管理推动智慧建造

在智慧建造蓬勃发展的今天，要通过加强组织指导，预测发展趋势，保障正确方向，创造内生动力，使智慧建造释放出更强、更持久的活力。创新管理学认为，企业需要创造一种创新组织，构建创新管理机制，在企业管理层的协调下，有效组织技术、产品和服务的创新。创新管理是施工企业提升科技成果和效益的必然选择，要把智慧建造作为创新管理的重要方向，把握发展趋势，引领施工技术与其他新技术联系起来。当前，高质量发展是我国经济发展的新要求，人工智能、大数据、云计算、物联网、互联网等信息技术不断为实体产业赋能。为了适应大趋势、大环境的要求，工程建设行业的智慧建造应运而生，带来了建筑业的革命性变革，是创新管理的主攻方向。

（2）智慧建造赋能精细管理

这种精细主要体现在通过智能手段快速、高效地将设计成果标定在施工现场，进行精准放样；体现在对工程建设全方位、全过程、不间断地动态管理和精确指导；体现在通过对各种数据的检测分析而实施科学的量化管理；体现在直通每一个作业点、作业面的末端管理等，做到横向到边、纵向到底，用数据说话。过去靠人力、传统手段做不到、做不好的问题，都可以通过智能手段得到有效解决。当前，智慧工地建设已经得到了企业的共识：要用创新管理的理念、手段和方法推进相关技术的发展，充分运用智能手段，把人员实名制、工程质量、施工作业、材料设备等管好、用好。

（3）智慧建造提升经济效益

科技的进步必然带来效益的大幅提升。智慧建造进行了大量的信息集成，使企业在资源使用上优中选优，特别是BIM技术的采用，不仅能进行造型、体量和空间分析，还可以同时进行能耗和建造成本分析，使工程预算更加精准科学，从源头上把住了效益关口；智慧建造将工程设计与施工管理一体筹划，综合利用数理逻辑、运筹学等手段，实现了工程作业的科学组织、无缝连接，从而避免了时间和资源的浪费，提高施工效率；智慧建造打通了工程建设行业的产业链，将建造与制造、建造与建材、建造与设备连为一体，各种可供利用的技术和资源直达施工工地，使仓储、采购、配送的成本大幅下降，实现了整体效益的延伸和拓展。

（4）智慧建造需要智慧平台

要构建和加快以大数据、云计算、物联网、互联网以及智能设备等信息技术为基础的平台建设，以适应数据采集、传输、分析、存储的要求。在世界各国及国内各行业加快5G布局的情况下，施工行业也要着眼未来，超前谋划，加快发展。要坚持建、管、用一体筹划，紧密结合企业实际，开发用好各项功能，推动施工企业的升级改造和科技运用平台建设。

（5）智慧建造要求标准建设

企业的信息化程度越高，智慧建造运用越广泛，对行业标准建设的要求就越高。创新管理学认为，在各方朝同一方向的行进中，必须协调和平衡不同的事物和利益，其中就包括统一标准。如果在智慧建造上“各吹各的号、各唱各的调”，就难以实现信息的互联互通。对国家明确规定的标准要认真执行；对没有明确标准的，协会在集纳各方智慧的基础上加快统一和规范，关联协会和企业都要有所作为。

（6）智慧建造需要人才建设

科技创新需要科技人才和强大的科研实力，需要专家与工程技术人员、机械师等研发人员的合作，以及不同研究项目的沟通交流等，智慧建造的开发、运用和实践，都必须人才先行。建设单位必须围绕新政策、新标准、新技术、新技能加强人才培训。制订人才建设的长远规划，为人才的培养搭建平台、创造条件；建立激励机制，鼓励人才多实践、多创新、多创优，为智慧建造的发展贡献智慧和力量。

5.2.2 智慧设计

1. 智慧设计的含义

智慧设计通过应用BIM、虚拟现实、云计算等技术，已基本可以消除“错、漏、碰、缺”等设计问题，降低了设计方案的模拟分析和优化计算的成本，提高了设计成果的可视化水平，显著提升了设计效率和品质。

工程设计是各种信息的集成和运用，智慧建造通过对各种环境、建筑、施工、材料信息的筛选、分析和比较，在工程设计中可以做到取长补短、择优去劣，使设计更加科学合理，占有更多的竞争优势；特别是BIM技术的运用，能够形象直观地展示工程模型和进行模拟试验，让工程设计由抽象变为实体，由静态变为动态，从而有效避免问题设计、缺陷设计；智慧设计不仅考虑工程的使用功能，而且通过大数据等信息技术的应用，把环境保护、地理文化等一并考虑，使其相互匹配；同时，让工程设计与施工组织实现无缝对接，从而拓展设计效能，提升设计的价值。

2. 智慧设计的目标

针对设计阶段，智慧设计意味着实现以下主要目标：实现创新设计、优化设计和高效设计。如基于BIM的可视化设计、基于BIM的全生命周期性能化设计、进行正向BIM设计，自动生成图样。以基于BIM的可视化设计为例，传统设计单位常用平面图和立面图表达设计方案，或附加1~2张效果图，以便与建设单位进行讨论，征询建设单位的意见。由于建设单位识图能力有限，若遇上复杂设计，往往不能理解或花费很大力气才能确定设计方案，因此无法或较难提出意见。在施工过程中，当建设单位发现建（构）筑物不符合预期设计时，会提出设计变更要求。若设计单位采用BIM技术进行方案设计，并将设计方案直观展示给建设单位，就能避免该问题。

3. 智慧设计的发展

BIM技术应用于设计阶段可以集成各种参数化信息，实现深化设计，极大提高设计质量。如设计图的产出，便于将来现场施工的信息查询、智慧建造应用和设计交底；可视化仿真模拟，可用于进行需求分析、碰撞检测及冲突分析、人员疏散模拟等，以优化性能和减少未来的工程变更；利用BIM能源分析软件可进行能源分析；通过BIM输出的工程量清单等材料可进行成本估算等。总体来说，BIM在设计阶段主要作用为实现数据信息的模型化集成展示。

智慧设计的发展需要新型的设计组织方式、流程和管理模式，构建智慧设计的基础平台和基础系统，开发基于BIM的协同设计平台。

5.2.3 智慧建造

1. 建筑业的未来

智慧建造作为一种新兴的工程建设方式，是一种建立在高度信息化、数字化、工业化上的互联、协同、智能、高效、可持续的建造模式。通过智慧建造系统的构建和设计，将高新技术“云物大智移”及BIM等核心信息技术集成植入其建造的全过程，提升数据、资源的收集处理再利用能力和信息化服务水平，实现智慧化的改造和升级，从而实现建造的跨越式提高和发展，建筑业的未来是智慧建造的未来。

2. 智慧建造的目标

针对建造阶段，目前主要体现在钢结构建筑、装配式混凝土建筑等工程建造中。智慧制造意味着实现优化制造、高质量制造和高效制造。如基于“互联网+”的构件生产优化管理、数字图像技术的钢筋骨架质量管理、自动化和机器人技术应用。以基于“互联网+”的构件生产优化管理为例，软件安装在服务器上，预制构件厂的管理人员和工人通过互联网使用该系统提供相应功能，为工人在工作站的计算机上显示分派任务及查询信息功能，为调度员提供输入订单信息并进行优化和调整排程功能，为质量管理人员提供显示检查表格、录入数据并提交数据功能，为车间主任、库管员、配送人员等分别提供所需功能。该系统的特征是综合利用智能技术及相关技术，包括BIM、移动终端、物联网、智能化等技术，支持预制构件工厂规模化、自动化、柔性生产及优化管理，特别是支持作业计划的优化制定、优化调整及物料优化、重新调配规划的生成等，在支持优化管理方面，可保证作业计划的制定和调整考虑多目标的优化，其效果不依赖用户经验。

3. 智慧建造的主要类型

(1) 施工机械智慧化

以塔式起重机为例，通过集成信息和物联技术，可以实现作业机械智慧化使用。例如，目前在工业自动化领域里开发和应用的工业焊接机器人技术，已经开发了建筑钢结构焊接机器人，实现了复杂钢结构工程的自动化焊接作业，既保证了质量，也保证了安全，是高新技术应用在建造中的成功范例。同时，焊接机器人技术可以在建筑工程更广泛的领域得到应用，如PHC管桩焊接作业等，以实现焊接作业的自动化和更高的可靠性。

(2) 施工设施智慧化

以整体模架系统为例，它通过集成液压技术、机械技术和电子技术，实现了支模自动化作业，如现在开发和应用的液压爬升模板体系和整体顶升钢平台体系，在同步控制和带模板提升方面都基本实现了自动化和信息化，在劳动生产效率大大提升的同时，安全性和可靠性也得到了充分的保证。

（3）建造与虚拟建造同步智慧化的协同

虚拟建造正成为目前最大的研究热点，即 BIM 技术的应用。BIM 技术将数据建模分析和虚拟现实有机地结合在一起，并与实际建造对象进行对照和分析，实现建造过程的实体和模型的智慧化协同，以大幅度减小前期失误，提升建造的效率。

运用 BIM 进行施工模拟可排除可能出现的质量安全问题，如通过三维激光扫描收集测量物体的点云形成的构筑物模型与设计阶段的建筑信息模型做对比，结合 GIS 技术检查每个点的坐标偏差值，并在建筑信息模型上做相应调整，达到局部及重要区域精准施工。将 BIM 与成本、进度等要素进行集成，形成建筑 5D 模型，可在施工过程中动态监控造价及实际进度。在竣工交付阶段，基于 BIM 的可视化施工文档、图样、清单等资料的集成可为后面运维阶段的管理提供数据参考。如今 BIM 技术逐渐呈现出与物联网、智能设备等技术集成应用的趋势，将带来更为精细化的施工现场管理。

（4）智慧监管

智慧监管即建造过程中的智慧监管体系及其技术。主要包括如下几个方面：

1）施工安全的智慧监管。以动火隐患控制为例，通过采用 GPS 定位、标签技术、RFID 技术的动火智慧监管，可以实现建造过程中的零火警目标。

2）施工质量的智慧监管。以钢筋工程为例，通过高清视频技术，可以远距离完成钢筋施工质量的监管，实现监管的智慧化。

3）劳动力的智慧监管。劳动力是建造的关键要素，实现对劳动力的智慧化管理，是管理模式的巨大进步。通过将劳动力数据进行信息化的采集和归纳分析，可以实现有效的劳动力管理。

4）智慧管理。智慧管理即建造过程中商务、合约等的办公自动化的技术。如 ERP 等技术已经得到了广泛的应用，但仍旧存在较大的发展空间。

5）智慧检测和监测。智慧检测和监测是指建筑的建造过程的检测和使用过程的监测都可以采用更加先进的传感器技术、无线传输技术、数据采集和处理技术进行智慧化升级。

（5）智慧建造技术

智慧建造的核心是云计算、物联网、大数据、智能化技术、移动通信，通常称作“云物大智移”，还有一个关键技术——BIM 技术。

行业使用的主流设计软件有 Revit、Bentley、Catia 等，这些核心建模软件不仅信息携带与储存能力非常强，并且可以进行二次开发，将设计的图样、模型等转换成数字化加工所使用的生产单，进而传输到工厂实现自动化生产。BIM 技术的应用在周期上可以分为三个阶段：设计、建造与运维，将信息技术视为一个载体，建立相对完整的数据流和数据库，全面整合项目，用“管理”提升项目建造效率。通过运用 BIM 技术，相同的建造“语言”的智能模拟配合，使得各个专业方便交流，同专业内不同构件进行高精度的配合，并且针对问题适时进行修正，不断完善设计方案与施工方案，互相配合保证项目高质量完成。另外，“BIM+”技术（如 BIM+3D 打印、BIM+无人机、BIM+智能监测、BIM+VR 等）为建筑施工建造提供了有力的支持。

5.2.4 智慧施工

1. 智慧施工的目标

针对施工阶段，智慧施工意味着实现高质量施工、安全施工及高效施工。如基于BIM虚拟施工、基于BIM和室内定位技术的质量管理、基于“互联网+”的工地管理。

以基于BIM的建筑工程施工质量管理为例，目前施工质量管理存在的问题包括：有关方需在现场手工填写纸质表格，然后由办公室汇总、转录至计算机中输出，再由相关方在表格中签认，工作效率低。因检查条目繁多、管理人员专业水准参差不齐，易引起验收工作遗漏和疏忽，且易弄虚作假，造成施工质量失控。虽然目前BIM技术已在施工质量管理中应用，但一般都由管理人员在现场先进行检查，发现问题后，在移动终端上利用相应的系统，打开建筑信息模型，找到对应部位后，检查附件信息，提醒相关方进行整改。整改后，相关方录入回应信息。该方法相比传统方法更直观，但不支持解决上述问题。为此，依据标准和规范在建筑信息模型中生成验收计划，结合移动终端、定位等技术，支持在计算机上提前生成，现场采用移动终端查看检查点、录入检查数据，自动生成检查资料。其中，定位功能的作用是打开建筑信息模型时，能迅速找到实际检查部位在建筑信息模型中的对应位置，并将检查数据录入系统中，同时上传至服务器中。

施工工地是智慧建造的重点应用对象，信息化手段、装配式技术是实现智慧工地的核心技术，数字化技术系统是实现智慧建造的关键所在。

1）建立建筑业大数据应用框架，汇集从施工一线到整个建筑行业的市场、企业、项目、从业人员的完整信息数据，可用于建筑全生命周期的管控、分析和决策。建筑业应充分利用大数据价值，在行业政策制定、态势分析，市场行情动态把握，企业科学决策、投资分析及风险控制等方面均有参考意义。

2）云计算技术能够改造、提升企业信息化平台及软硬件资源，降低建筑行业、企业信息化办公及管理成本。云计算不仅在规划设计阶段能够让设计人员通过模型共享，实现高效协同，也可以在施工现场管理中使现场作业人员通过移动设备实时获取更新信息，已是建筑业信息化不可缺少的支撑技术。

3）物联网技术与建设项目管理信息系统的集成应用可有效进行施工现场监管，利用生物识别系统、现场监控系统、无线射频RFID、传感设备等对现场人、机、料进行实时跟踪，可实现对质量、安全等目标的有效控制。因此，结合建筑业发展需求，加强低成本、低功耗、智能化传感器及配套软件系统的研发，开展示范应用对于建筑业智能化施工有着重大意义。

4）智能化技术包括的硬件有：无人机、智能穿戴设备、智能机器人、手持智能终端设备、智能监测设备等，软件系统包括自控技术、通信网络技术、图像识别技术、传感技术及数据处理技术等。将智能化技术应用于设计及施工过程，可便于工程交底、降低安全风险、提升施工质量，实现精益建造。

2. 智慧工地系统

智慧工地是基于“互联网+建筑大数据”的模式，运用云计算、大数据和物联网等技术，整合相关核心资源，全方位、立体化、实时监管，并对项目进行管理的系统。

智慧工地是智慧建造的重要组成部分，即基于互联网的施工信息化管理，综合应用多种数字化技术，以实现施工过程可视化集成监管。通过基于物联网的自动识别、监控摄像、传感、GPS 定位及 3D 激光扫描等技术进行施工现场智能化管控，动态监控现场作业人员的工作状态、大型高危机械的安全施工情况及周边环境的噪声、扬尘情况，实时进行物料跟踪及现场验收管理。将从工地一线获取的数据通过内网或者外网进行传输，经过分析处理之后可视化地展现在监管平台上，实现了项目信息的高度协同，以达到“人、机、料、法、环”的优化管理，从而提高质量、安全、成本、进度等目标的控制水平，减少浪费。同时，大量来自于施工现场的数据通过充分的收集整理和再利用，可帮助企业有效规避风险，科学辅助决策，也可指导后续项目的估算。

小结

本项目介绍了智慧建造的概念，对智慧建造的价值、主要特征及发展趋势展开了分析，最后介绍了智慧建造 4 个典型应用场景。

讨论与思考

1. 什么是智慧建造？
2. 智慧建造主要特征是什么？
3. 智慧建造的典型应用场景有哪些？
4. 什么是智慧组织？
5. 智慧设计的主要内容是什么？

项目6 智慧建造应用技术

能力目标：

通过本项目的学习，能够理解智慧建造内涵，熟悉云计算、物联网、大数据、人工智能、移动互联网、BIM及三维激光扫描等技术在智慧建造中的应用，识别信息化与建造技术的深度融合，理解物联网技术形成的感知网络，了解基于大数据的项目管理和决策，熟悉工程建设项目数字化、信息化、工业化、绿色化集成，理解建造全过程的智慧管理，熟悉建筑产业管理模式的改变。

学习目标：

1. 熟悉云计算在智慧建造中的应用。
2. 熟悉物联网在智慧建造中的应用。
3. 熟悉大数据在智慧建造中的应用。
4. 熟悉人工智能在智慧建造中的应用。
5. 熟悉移动互联网在智慧建造中的应用。
6. 掌握 BIM 在智慧建造中的应用。
7. 熟悉无线射频技术、图形图像、定位技术、三维激光扫描等在智慧建造中的应用。

任务6.1 云计算在智慧建造中的应用

训练目标：

1. 熟悉云计算的服务层次。
2. 熟悉云计算的关键技术。
3. 了解云计算的应用。

6.1.1 云计算概述

1. 云计算的概念

美国国家标准与技术研究院将云计算（Cloud Computing）定义为提供可用的、便捷的、按需的、可配置的计算资源共享池（资源包括网络、服务器、存储、应用软件、服务）的网络访问服务，这些资源能够被快速提供，而只需投入很少的管理工作，或与服务供应商进行很少的交互。

2. 云计算的特征

根据美国国家标准和技术研究院的定义，云计算服务应该具备以下几条特征：随需应变服务、随时随地用任何网络访问、多人共享计算资源池、快速重新部署、可以被监控测量的服务。云计算使计算分布在大量的分布式计算机上，而非本地计算机或远程服务器中，云计算获得了超强的计算能力。

云计算是分布式处理（Distributed Computing）、并行处理（Parallel Computing）和网格计算（Grid Computing ）的发展，是这些计算机科学概念的商业应用。

6.1.2 云计算的服务层次

云计算包括以下几个层次的服务：基础设施级服务（Infrastructure-as-a-Service，IaaS），平台级服务（Platform-as-a-Service，PaaS）和软件级服务（Software-as-a-Service，SaaS）。

1）基础设施级服务。IaaS 是指把数据中心、基础设施等硬件资源通过 Web 分配给用户的商业模式。

2）平台级服务。PaaS 是指将软件研发的平台作为一种服务。PaaS 服务使得软件开发人员可以在不购买服务器等设备环境的情况下开发新的应用程序。

3）软件级服务。它是一种通过 Internet 提供软件的商业模式，用户无须购买软件，而是向提供商租用基于 Web 的软件，来管理企业经营活动。SaaS 模式大大降低了软件，尤其是大型软件的使用成本，并且由于软件是托管在服务商的服务器上，减少了客户的管理维护成本，可靠性也更高。

6.1.3 云计算的关键技术

云计算包括以下几项关键技术：

1）虚拟化技术。它是指计算元件在虚拟的基础上而不是在真实的基础上运行，它可以扩大硬件的容量，简化软件的重新配置过程，减少软件虚拟机相关开销和支持更广泛的操作系统。在云计算实现中，计算系统虚拟化是一切建立在“云”上的服务与应用的基础。虚拟化技术主要应用在 CPU、操作系统、服务器等多个方面，是提高云服务效率的最佳解决方案。

2）分布式海量数据存储。云计算系统由大量服务器组成，同时为大量用户服务，因此云计算系统采用分布式存储的方式存储数据，用冗余存储的方式（集群计算、数据冗余和分布式存储）保证数据的可靠性。云计算系统中广泛使用的数据存储系统是Google的GFS和Hadoop团队开发的GFS的开源实现HDFS。

3）海量数据管理技术。云计算需要对分布的海量数据进行处理、分析，因此数据管理技术必须能够高效地管理大量的数据。云计算系统中的数据管理技术主要包括Google的BigTable数据管理技术和Hadoop团队开发的开源数据管理模块HBase。

4）分布式的编程模式。云计算采用了一种思想简洁的分布式并行编程模型Map-Reduce。Map-Reduce是一种编程模型和任务调度模型，在该模式下，用户只需要自行编写Map函数和Reduce函数即可进行并行计算。其中，Map函数中定义各节点上的分块数据的处理方法，而Reduce函数中定义中间结果的保存方法以及最终结果的归纳方法。

5）云计算平台管理技术。云计算资源规模庞大，服务器数量众多，并分布在不同的地点，同时运行着数百种应用。云计算系统的平台管理技术能够使大量的服务器协同工作，方便进行业务部署和开通，快速发现和恢复系统故障，通过自动化、智能化的手段实现大规模系统的可靠运营。

6.1.4 云计算的应用

1. 云计算的应用方面

云计算已经被成熟地运用在以下方面：

1）云教育。在云技术平台上开发和应用的教育，被称为“云教育”。

2）云物联。随着其深入发展和流量的增加，物联网对数据储存和计算量的要求迅速增加。因此，利用虚拟云计算技术将为物联网提供足够的计算能力。

3）云社交。云社交是指对分享的资源进行测试、分类和整合，并向有需求的用户提供相应的服务。

4）云安全。云安全是云计算在互联网安全领域的应用，通过分布在各领域的客户端对互联网中有存在异常的情况进行监测，获取最新病毒程序信息，将信息发送至服务端进行处理。

5）云存储。云存储是互联网中大量的存储设备通过应用软件共同作用和协同，进而提供的数据访问服务。

6）云政务。由于云计算具有集约、共享、高效的特点，将云计算应用于政府部门中，可为政府部门降低成本、提高效率做出贡献。

2. 云计算在建筑业中的应用

《2016—2020年建筑业信息化发展纲要》指出，建筑行业要开展云计算等信息技术在施工过程中的集成应用研究，挖掘云计算技术在工程建设管理及设施运行监控等方面的应用潜力。目前，云计算与BIM技术结合，逐步在施工过程的造价管理、环境评估、资源动态管理、现场监控等领域应用。在施工现场智慧化的发展过程中，云计算作为基础应用技术，是不可或缺的技术之一。物联网、移动互联网等技术进行大数据的收集和传输，需要进行信息的协同、数据的处理和资源的共享，在对数据进行处理的过程中，需要大量的计算能力。云计算技术具有的强大的计算能力和计算资源共享，将帮助提供智慧工地所需的计算处理能力。

任务6.2 物联网在智慧建造中的应用

训练目标：

1. 熟悉物联网技术的主要功能。
2. 了解传感器技术的特点。
3. 熟悉传感器网络的原理。
4. 识别施工现场中传感器的应用。

6.2.1 传感器技术

《传感器通用术语》（GB/T 7665—2005）将传感器定义为能够感受规定的被测量并按一定规律转换成可用输出信号的器件或装置的总称。传感器技术作为信息获取的重要手段，与通信技术和计算机技术共同构成信息技术的三大支柱。传感器已被应用于诸如工业生产、宇宙开发、海洋探测、环境保护、资源调查、医学诊断、生物工程甚至文物保护等极其广泛的领域。

传感器的特点包括：微型化、数字化、智能化、多功能化、系统化、网络化，它是实现自动检测和自动控制的首要环节。

6.2.2 传感器的构成

传感器的构成示意图如图6-1所示。

1）电源。电源为传感器提供能源。

2）感知部件。不同类型传感器的感知部件感知不同类型的外界信息，通常据其基本感知功能可分为热敏元件、光敏元件、气敏元件、力敏元件、磁敏元件、湿敏元件、声敏元件、放射线敏感元件、色敏元件和味敏元件十大类，并将其转换为数字信号。

3）处理器和储存器，负责协调各部件的工作，对获取的信息进行必要的处理和保存。

4）通信部件，负责传感器之间或与观察者的通信。

5）软件，为传感器提供如操作系统、数据库系统等软件支持。

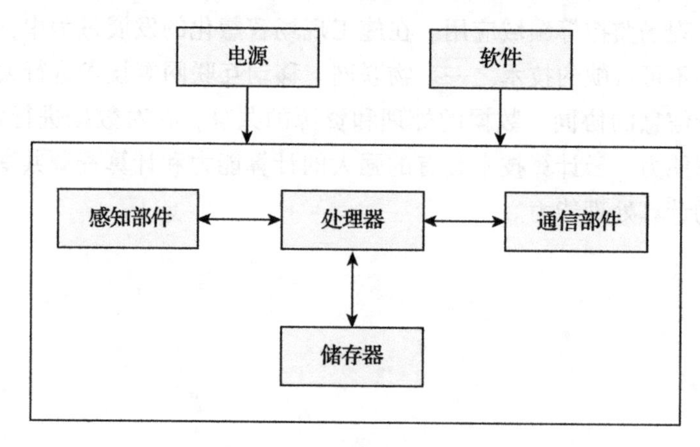

图6-1　传感器的构成示意图

6.2.3　传感器网络

传感器网络是由大量部署在作业区域内、具有无线通信与计算能力的微小传感器节点通过自组织方式构成的能根据环境自主完成指定任务的分布式智能化网络系统。传感器网络将协调各个传感器，将覆盖区域内感知的信息进行综合处理，并发布给观察者。观察者是传感器网络的用户，是感知信息的接受者和应用者，如施工决策者。感知对象是观察者感兴趣的监测目标，也是传感器网络的感知对象，如施工现场机械、施工物料、劳动人员等。在传感器网络中，节点通过各种方式大量部署在被感知对象内部或者附近。这些节点通过自组织方式构成无线网络，以协作的方式感知、采集和处理网络覆盖区域中特定的信息，可以实现对任意地点信息在任意时间的采集、处理和分析。传感器网络综合了传感器技术、嵌入式计算技术、现代网络及无线通信技术、分布式信息处理技术等，能够通过各类集成化的微型传感器协作，实时监测、感知和采集各种环境或监测对象的信息，通过嵌入式系统对信息进行处理，并通过随机自组织无线通信网络以多跳中继方式将所感知信息传送到用户终端。

6.2.4　传感器技术的发展历程

传感器技术历经了多年的发展，其发展大体可分三代：

1）第一代传感器是结构型传感器，它利用结构参量变化来感受和转化信号。

2）第二代传感器是 20 世纪 70 年代发展起来的固体型传感器，这种传感器由半导体、电介质、磁性材料等固体元件构成，是利用材料某些特性制成的。例如，利用热电效应、霍尔效应、光敏效应，分别制成热电偶传感器、霍尔传感器、光敏传感器。

3）第三代传感器是近年来发展起来的智能型传感器，这类传感器结合了微型计算机技术与检测技术，使传感器具有一定的智能。

6.2.5 施工现场的传感器应用

《2016—2020年建筑业信息化发展纲要》明确将物联网技术（Internet of Things）作为提高建筑业信息化的核心技术。物联网典型体系架构分为3层，自下而上分别是感知层、网络层和应用层。感知层是实现物联网的关键技术，关键在于具备更精确、更全面的感知能力，并解决低功耗、小型化和低成本问题；网络层主要以广泛覆盖的移动通信网络作为基础设施；应用层提供丰富的应用，将物联网技术与行业信息化需求相结合，实现广泛智能化的应用解决方案。

在智慧工地施工现场，物联网技术将通过各类传感器、无线射频识别（RFID）、视频与图像识别、位置定位系统、激光扫描器等信息传感设备，按约定的协议，将施工相关物品与网络相连接，进行信息实时收集、交换和通信。物联网技术将实现高效的智慧工地数据采集功能，为智慧工地的信息处理和决策分析提供实时的数据支撑。

施工现场的传感器主要用于采集施工构件的温度、变形、受力、设备的运行等反映施工生产要素状态的数据。目前施工现场常见的传感器包括：重量传感器、幅度传感器、高度传感器、回转传感器、运动传感器、旁压式传感器、环境监测传感器（PM2.5、PM10、噪声、风速等）、烟雾感应传感器、红外传感器、温度传感器、位移传感器等。重量传感器、幅度传感器、高度传感器和回转传感器可被用于塔式起重机、升降机等垂直运输机械的运行状态监控，对塔式起重机、升降机发生超载和碰撞事故进行预警和报警。运动传感器既可以用于施工机械的运行状态监控，记录机械运行轨迹和效率，也可以进行劳动人员运动和职业健康状态监测。旁压式传感器主要用于卸料平台的安全监控。环境监测传感器负责施工现场各区域的劳动环境监测。烟雾感应传感器主要用于现场防火区域的消防监测。红外传感器主要用于周界入侵的监测。温度传感器对混凝土的养护、裂缝，以及冬期施工的环境温度进行控制。位移传感器主要用于检测诸如桥梁、房屋结构构件的变化，房屋的倾斜、沉降和地质预警等。

任务6.3 大数据在智慧建造中的应用

训练目标：

1. 熟悉大数据对建筑工程项目管理的价值。
2. 了解大数据辅助建筑工程项目管理的途径。

大数据是指无法在一定时间内用常规软件工具对其内容进行抓取、管理和处理的数据集合。大数据分析是指对大量结构化和非结构化的数据进行分析处理，从中获得新的价值。其具有数据量大、数据类型多、处理要求快等特点，需要用到大量的存储设备和计算资源。

目前，工程建造阶段的大数据应用还处于起步阶段。随着智慧工地的实施与应用，物联网、BIM 技术被引入，建设项目产生的数据将成倍地增加。以一栋建筑物为例，在设计施工阶段大概能产生 10T 的数据，如果到了运维阶段，数据量还会更大。这些数据充分体现了大数据的特征：多源、多格式、海量等，对这些数据进行收集、整理并再利用，可帮助企业更好地预测项目风险，提前预测，提高决策能力；也可帮助业务人员分析提取分类业务指标，并用于后续的项目。例如，从大量预算工程中分析、提取不同类型工程的造价指标，辅助后续项目的估算。

6.3.1 大数据对建筑工程项目管理的价值

1. 促进工程数据的规律掌握

在建筑工程的项目管理中，大数据技术最显著的优势就是能够对工程管理数据进行充分挖掘与分析，从而有效地掌握其数据规律。在工程的项目管理中，数据规律一般有两种类型，一种是结构化或者半结构化类型的数据，此类数据比较便于处理与分析；还有一种是非结构化类型的数据，此类数据有着特异性，要对其单独进行处理与分析，便于对工程管理进行补充和完善。由于建筑工程有着任务量大和复杂性强等特点，在其项目管理中，需要对投资决策、工程设计、工程施工和竣工验收等全过程进行管理，期间势必会存在资金、工程量和工期等管理问题。借助大数据的技术，能够对同类的数据实施优化处理，进而对资金、工程量和工期等进行有效的预判，从而保证工程项目的合理实施。

2. 促进工程管理的质量提高

在新时期环境下，信息技术得到了迅速的发展，大数据的技术运用已经成为建筑行业管理的必然趋势。借助大数据的技术不仅能够实现对数据整合和分析，还能够对不同阶段工程管理的工作进行协调，及时发现和处理管理中的问题，这样可促进工程朝着精细化的管理方向发展。同时，通过大数据能够对建筑企业自身的发展情况进行了解，结合企业经营情况以及行业数据就能够对行业发展的方向进行准确预测，从而为企业管理发展决策的制定提供依据。此外，借助大数据还能够对企业管理的质量和效率进行有效的提升，通过对企业运营相关数据的分析，能够掌握企业运营中存在的不合理状况，进而积极采取有效的措施进行规范，就能够有效地促进企业长期稳定发展。

3. 实现建筑工程的风险预防能力提升

在建筑工程项目管理中，风险预防是重要的管理内容，而风险主要包括资金风险和安全风险等，这些风险的存在直接对建筑工程顺利进行以及经济效益有着很大的影响，因此需要注重对工程风险的有效预防，而大数据技术就可以提升建筑工程的风险预防能力。大数据技术能够对工程数据内隐藏性的信息价值进行充分挖掘，进而为管理人员对项目中可能会出现的风险判断提供数据依据，这样就为工程风险的管理奠定了良好的基础。同时，借助大数据能够把工程管理中的数据实现有效的联系和结合，促进信息的及时、便捷交流与共享，这样也便于对工程风险进行规避，从而实现风险防控能力的提升。

4. 对管理路径进行优化

在建筑工程的项目管理中，信息化技术的运用对提升其管理水平和效率具有重要影响，而大数据技术的本质就是以信息化技术为基础，其对信息数据具有十分强的收集能力和处理能力，借助此技术的这种优势，就能够更好地促进对信息的路径分析，促进信息的获取、处理、整合和分析等能力提升，这对管理人员的工作压力具有降低作用，能够促进他们更好地进行工程系统化与规范化管理，实现对管理路径的有效优化。

6.3.2 大数据辅助建筑工程项目管理的途径

1. 项目招投标中大数据的应用

在项目招投标过程中，社团关系网络是一项需要掌握的内容，其主要通过个体之间链接关系构成。借助社团挖掘算法能够对招投标主体的社团关系网进行掌握，并将其当作招投标的主体是否有围、串标的判断依据。通过大数据技术，对项目招投标中所有交易数据进行深入分析，进而对其存在的社团关系实施检测，就能够对交易市场中可能存在的潜在社团关系进行挖掘，从而对可能存在围标、串标的主、客体间隐性特征进行揭示。同时，借助电子化招投标平台，对项目中招标和投标状况全程实施跟踪，还能够对围标和串标等行为实施提早预警与干预，从而为后期预防、管理、监督和追罚等一体化围标、串标防治机制建立提供良好的支撑。

2. 工期进度管理中大数据的应用

建筑工程项目管理内容十分复杂，在工程项目建设中往往会由于前期准备工作不足、工程项目设计偏差、施工管理不当和设备未按时就位等问题，导致工期延误。同时，一些不可控因素，如天气、突发事件等，也会对工程进度造成影响。应借助大数据技术对这些因素的相关数据进行全面收集和分析，进而根据数据分析结果进行决策制定。

在大数据的挖掘工作中，要建立相关部门以及管理机制，让数据能够从施工一线向后方管理层实时传输和存储，便于数据挖掘和分析。项目部和施工现场人员有着业务交流，项目部可把施工现场信息录入信息系统，并传到公司数据库内，公司同样可以对数据库内数据进行调用并传输到项目部。这样，公司数据库内的信息就能够为各职能部门管理和调度提供参考依据，还便于各数据挖掘项目组对数据进行挖掘和分析。

3. 施工安全管理中大数据的应用

在工程项目管理中，施工安全是重要的管理内容，是建筑工程活动开展的前提和基础。在施工安全管理中主要包括人员安全管理和设施安全管理，这些方面出现安全事故往往是由多方面因素造成的，而借助大数据技术就能够实现对它们的有效管理，提高施工的安全性。在人员安全管理中，出现安全事故主要是由于人员能力出现过负荷、施工行为不规范等，借助大数据技术能够对施工人员的施工时间和施工行为进行监督，如通过大数据分析能够对施工人员持续施工时间进行显示，避免出现疲劳施工的情况，还能够掌握施工安全设施的领用情况。在设施安全管理中，通过大数据分析能够对设施存在的不安全状态进行显示，提醒施工人员注意安全施工，还能够帮助人员对设施状态进行及时维护。

4. 工程成本管理中大数据的应用

在建筑工程项目管理中，成本管理是管理中的重点内容，其对工程经济效益有着直接的影响。在工程项目成本管理中，由于涉及内容十分复杂，成本管理难度比较大，而借助大数据技术可以有效地提高成本管理的质量和效率。借助大数据技术对工程成本信息进行有效搜集，建立相应的成本数据信息库，对成本信息进行合理、准确的整理，根据整理的结果与预算要求进行对比和分析，对其中存在的偏差和不合理部分进行充分了解，便于针对成本问题进行有效解决，从而促进对工程成本的把控和调整。

任务 6.4 人工智能在智慧建造中的应用

训练目标：

1. 熟悉人工智能的主要功能。
2. 了解人工智能的技术特点。
3. 熟悉人工智能在建筑领域的应用。

6.4.1 人工智能的概念

人工智能是近年来较热门的新兴的技术，它是一种通过模仿人类的思维、意识形态等方式，对人的智能进行扩展、延伸的技术。人工智能技术作为计算机学科的一个分支，其研究所涉及的领域多种多样，包括语音图像识别、智能机器人、专家管理系统等。人工智能技术与基因工程、纳米科学被称为21世纪的三大尖端技术。随着人工智能技术逐渐走进大众视野，人工智能受到了各领域学者的广泛关注。

6.4.2 人工智能技术对智能建筑的影响

专家系统通过建立专家知识数据库，利用其系统内的专业知识，在其控制对象出现问题时为其提供专业合理的解决方案。通过专家控制系统与传统的控制系统相结合，可以在数学模型运算的基础上，将专家知识融入其中，这样可以将知识处理技术与数学模型运算技术有机结合，更加有利于实现建筑的智能化发展。

近年来，通过利用人工神经网络系统，建筑的智能化发展得到了稳步提升。现代社会的建筑设计、控制与管理越来越离不开人工智能技术的支持，而现代化的智能建筑在解决相关问题时也会基本上以人工智能技术作为重要手段，对问题进行全面、透彻的分析，研究出最优化的解决方案。同时，在人工神经网络系统发展逐步完善的前提下，建筑中的智能设备在运行流畅度、运行稳定性以及自动化控制水平等方面都取得了重大的进步，人工神经网络系统的自适能力与自主学习能力也获得了极大的进步。人工智能技术已经在其他各项领域的技术中逐渐发展成熟，建筑的智能化系统相较以往传统的系统智能化程度而言也得到了显著提升。

6.4.3 人工智能技术在智能建筑中的应用

1. 专家控制系统

专家控制系统是21世纪以来在人工智能领域里最具有代表性和应用意义的科学成果。它本质上是一种计算机程序系统，主要将不同的专家知识进行融合并组建成专家数据库。

专家控制系统背后有着各类专家知识作为后盾，可以对其所控制对象的系统结构、运行规律进行全方位监测和控制，并且可以运用其丰富的专家知识，提供更加优化的决策方案。与传统的控制系统相比，专家控制系统打破了原有控制系统只能凭借数学模型的简单运算来进行控制的僵局，它将数据库中的专家知识与数学模型进行有机融合，为智能建筑中的楼宇设备自动化（BAS）、消防自动化（FA）、安全防范自动化（SA）等智能化系统提供更加精确的决策方案。

2. 人工神经网络系统

人工神经网络系统主要被运用在模式识别、语音识别、处理信息工作、最优计算等方面，是目前我国人工智能技术领域的核心之一。随着智能建筑走进人们的生活，智能建筑的各项功能也愈发完善，建筑中的各种电气设备的数量也大幅度提升，这就加剧了建筑整体的能源消耗。要确保这些设备能够有效运转，就必须要为其配备具有强大管理能力和控制能力的核心管理系统。而人工神经网络凭借着自身的自主学习能力和适应能力，可以完美地满足智能建筑中的这些需求。在实际情况中，智能建筑控制系统不仅要保证自身具有较强的自主学习能力，还要对建筑整体情况以及内部结构的模型进行精准无误的控制。

3. 智能决策支持系统

随着网络技术的快速发展，计算机的运算能力得到大幅度提升，数据库技术也日趋成熟，这使得人工基于数据库的控制成为可能，尤其是随着分布数据库和数据仓库技术的不断发展，若想让智能建筑实现真正的智能化，将智能决策支持系统引入建筑智能化系统是十分必要的。智能决策支持是由人工智能技术、计算机技术和管理科学相互配合实现的一种新型的管理信息技术。它以运筹学、管理科学、控制论等多门学科为理论基础，通过信息技术和计算机技术，帮助高层决策者在面对非结构化和半结构化的问题时进行决策，为决策者提供所需的信息和数据，并提供多种决策方案。同时，通过将多种方案进行比较、筛选、优化、分析，从而帮助决策者明确决策目标，建立决策模型，提高决策质量和决策水平，以帮助决策者实现利益的最大化，从而达到预期的效益。

6.4.4 智能分析相关技术

机器学习是人工智能的分支，它赋予了计算机利用样本数据自主学习特定知识的能力。近年来，机器学习领域的实际应用和研究呈爆炸性增长趋势。目前机器学习主要被应用在聚类和回归两类应用中。监督式学习、半监督式学习和非监督式学习是机器学习的三种学习方式。监督式学习需要完整的训练样本信息，包括样本数据的参数输入与表现输出；半监督式学习利用的训练样本信息不完整，部分样本有完整输入和输出，另一些样本的输出信息缺失；非监督式学习需要的训练样本只有输入信息，将通过学习算法自主对样本进行分类。

机器学习已经被广泛应用在如搜索引擎、机器人控制、推荐系统、医学诊断、信用卡欺诈监测等各个领域。通过对大数据的学习，它在各个领域都展现出了极强的能力，并具有极强的通用性。在建筑工程领域，机器学习被用于建筑运营能耗预测、建筑使用行为预测以及工人行为识别。例如，利用机器学习算法建立了建筑设计早期阶段的建筑能耗估计模型，以早期设计的外墙材料性能和厚度便可以大致估算出建筑运营能耗；利用非监督式机器学习算法处理插头负载传感器数据，分析得到不同的建筑使用行为；利用传感器的加速度信号，在利用数据对机器学习模型进行训练之后，机器学习实现了工人行为的识别，为建筑工人的行为监控、施工安全、施工效率等方面的管理提供支持。

在智慧工地系统中，机器学习将作为重要的智能分析方法之一。智慧工地技术收集了建筑施工过程中的大量数据，机器学习算法可以对收集到的数据进行处理、分析、学习，从数据中自动获取知识，用于各种建筑施工决策支持。例如，利用视频监控系统收集施工现场的视频信号，机器学习算法可对视频信号进行处理，实现安全设置状态识别、危险行为识别、现场危险事件预测等。最常见的应用包括安全帽（安全带）佩戴识别、安全围挡竖立状态识别等。利用机器学习的大数据处理能力，以及其极强的通用性，机器学习将成为智慧工地重要的分析工具之一。

任务 6.5 移动互联网在智慧建造中的应用

训练目标：

1. 熟悉移动互联网的主要功能。
2. 了解移动互联网技术的特点。
3. 熟悉移动互联网技术在建筑领域的应用。

6.5.1 移动互联网技术

移动互联网是移动通信技术、终端技术和互联网融合的技术，相比于传统的互联网，移动互联网可以随时随地访问互联网。移动互联网技术包含终端、软件和应用三个层面。终端层包括智能手机、平板电脑等；软件包括操作系统、数据库和安全软件等；应用层包括工具媒体类、商务财经类、休闲娱乐类等不同应用与服务。根据《移动互联网数据报告》显示，2014—2017 年 4 年间中国移动互联网月度活跃设备总数稳定在 10 亿台以上，移动互联网在传媒、交通、金融、电子商务等领域迅速发展，正改变着相关领域的商业模式和信息交流方式。

6.5.2 移动互联网的特点

移动互联网的特点主要体现在以下三个方面：

1）移动性。智能终端最大的特点是具有移动性，用户可以实现随时随地的网络接入和信息获取。另外，移动终端具有定位功能，可以精确定位用户的移动性信息。

2）个性化。移动网络可以实时跟踪并分析用户需求和行为变化，并以此做出相应改变来满足用户个性化的需求。

3）碎片化。一方面，表现在时间上的间断性：与传统 PC 端不同，移动互联网上网的时间很短，而且容易被打断；另一方面，用户在获取信息上呈现出间断性的特点，可以利用碎片化的时间来获取信息。

6.5.3 移动互联网在建筑业的应用

移动互联网技术在建筑领域的应用还处于早期发展阶段，目前仅在现场管理沟通、建筑施工教育方面有一些实践。在相关研究中，移动互联网技术在施工供应链和现场信息交互方面有较大的应用前景。例如，传统的施工供应链无法进行实时的信息交互，而移动互联网使之成为可能。各个供应商和相应的运输车辆可以及时分享信息，这从整体上提高了施工供应链的管理水平；施工现场的移动互联网也使施工机械，如塔式起重机能够实时与安全监控系统进行通信，提高塔式起重机的主动安全防护能力。在智慧工地的框架下，移动互联技术将作为一个重要的信息传输技术，方便进行施工人员间、施工机械设备间、人员与设备间随时随地的信息交互，将成为构成智慧工地信息交互网络的一个重要组成部分。

任务 6.6 BIM 在智慧建造中的应用

训练目标：

1. 熟悉 BIM 的技术优势。
2. 了解建筑信息模型的创建与实施。
3. 熟悉 BIM 技术在智慧工地的应用。

BIM 技术作为智慧工地的核心信息技术，在信息化、智能化平台建设中，为项目精细化管理提供数据支持和技术支撑，在打造智慧工地的工程中具有关键作用，是构建项目现场管理的信息化系统的重要技术手段。

6.6.1 BIM 的概念

1. BIM 的含义

2007 年《美国国家 BIM 标准》第一版颁布。该标准的前言中说到，随着 BIM 研究的深入，人们已经对 BIM 定义达成初步共识。不论 BIM 是指建筑信息模型（Building Information Modeling）——即描述一个建筑物的结构化的数据集，建筑信息化管理（Building Information Management）——即创建建筑信息模型的行为，还是建筑信息制造（Building Information Manufacture）——即提高质量和效率的工作以及通信的业务结构，总体来说，BIM 是以建筑工程项目的各项相关信息数据作为基础，通过数字信息仿真模拟建筑物所具有的真实信息，通过三维建筑模型，实现工程监理、物业管理、设备管理、数字化加工、工程化管理等功能。

对上述论述进行研究分析，可以看出 BIM 的含义应当包括三个方面：

1）BIM 是建筑项目所有信息的数字化表达，是可以作为建筑项目虚拟替代物的信息化电子模型，是在开放标准和互操作性基础之上建立的共享信息的资源。

2）BIM 是建立、完善建筑项目信息化模型的行为，项目的各个参与方可以根据各自的职责对模型信息插入、获取、更新和修改，以支持建筑项目的各种需要。

3）BIM 是透明的、可复制的、可核查的、可持续的协同工作环境，在这个环境中，各参与方在建筑项目全生命周期中都可以及时沟通，共享项目信息，并通过分析信息做出决策和改善建筑工程项目的交付过程，使项目得到有效的管理。

2. BIM技术的优势

BIM技术在应用过程中相较于传统建筑行业全生命周期中的管理模式有极大的优势，具体如下：

1）可视化。BIM技术依靠三维立体建模技术，将以往二维设计中线条式的构件转变成三维可视化立体图形，有助于施工方准确理解各个构件的结构造型和完整的设计方案，避免了错误施工、返工、误工等现象。

2）协调性。BIM技术通过数字信息技术，将项目相关产权单位，包括生产商在内的各构件相关信息、施工方、设计方等所有项目信息反映在设计方案中，能够综合各专业的方案，及时进行碰撞检查，也为项目相关人员提供共同工作的平台，有助于及时交流、协调、修改与完善。

3）模拟性。BIM技术不仅对整个建筑进行了三维立体模型的模拟，还可以对施工方案进行模拟试验与成本预算，以此选择更加合理的施工方案和更高效的成本控制方案，有助于提高生产效率、节约成本和缩短工期。

4）优化性。任何项目从规划设计到施工运营的过程都涵盖了众多信息，包括设计方与施工方的选择、构件的选型与采购、运营维护方案的设计等多个方面，而单纯依靠人力完成复杂问题的分析来确定最优方案是极为困难的，BIM技术恰恰可以综合项目的所有信息，对项目设计和投资回报进行综合分析，对设计方案进行优化分析，达到节约成本、缩短工期、利益最大化的效果。

5）可出图性。BIM可以对设计方案、修改深化后的方案、施工方案、优化方案等进行出图展示，使项目的各个环节都有图可依，加快了施工进度。

6.6.2 建筑信息模型与BIM技术

1. 建筑信息模型的创建与实施

建筑信息模型（BIM）的实施，是对建筑信息的创建、集成、共享和管理的过程，这一过程是从建筑信息模型的创建开始的。建筑信息模型的创建是参数化的三维建模过程，并以数字形式将尺寸、位置等几何数据和材料、导热性能等物理属性以及和其他构件的关系等信息储存在一个集成的数据库中。

1）参数化建模。建筑信息模型是参数化的数字模型。它将构件所有的实体和功能特征都参数化，并以数字形式储存于数据库中。整个建筑模型和整套设计文件是一个集成的数字化数据库，所有内容都是参数化和相互关联的。文件当中那些体现着项目全部要素的线条、图形以及文字，都不是传统意义上“画”出来的，而是通过BIM软件中的数据库，使用体现了项目全部要素的“智能构件”，以数字方式“建造”而成的。智能构件在BIM环境下，会自动将自身的信息从中央数据库加载至所有的平面图、立面图、剖面图、详图、明细表、立体渲染、工程量估计、预算、维护计划中。总之，参数建模具有双向联系性和及时性，可以轻松协调所有的图形（如平面图、立面图、剖面图等）和非图形数据（如明细表等），而它们都是数据库下的视图表现。

2）动态的建模过程。建筑信息模型是项目信息交流和共享的中央数据库。在项目的开始阶段，就需要设计人员创建信息模型。在项目的生命周期中，通常需要创建多个模型，例如用于表现设计意图的初步设计模型、用于施工组织的施工模型和反映项目实际情况的竣工模型。随着项目的进展，所产生的项目信息越来越多，这就需要对前期创建的模型进行修改和更新，甚至重新创建，以保证当时的建筑信息模型所集成的信息和正在增长的项目信息保持一致。因此，建筑信息模型的创建是一个动态的过程，贯穿项目实施的全过程，对 BIM 的成功应用至关重要。

3）模型创建的实施。建筑信息模型的创建是参数化的三维建模过程，而建筑企业现行的建模技术大多是基于二维线条或者三维表面模型的 CAD 技术，这就要求建筑企业投入适当资源进行相应的人员培训和软硬件设施配置，以新技术和新工具进行建筑信息模型的创建。

2. 信息表达和信息交流的支撑技术

BIM 的另一个应用关键是解决信息表达和信息交流的问题。由于不同品牌、不同专业和功能的软件之间数据格式各异，直接交换信息十分困难。为解决这些问题，主要采用一些国际标准来规范数据的表达与交换，这涉及三项支撑技术：

1）工业基础类（Industry Foundation Classes，IFC）。国际标准化组织（ISO）关于工业基础类的标准是 ISO/PAS 16739：2013。工业基础类主要解决建筑对象（Object）的描述问题，其标准体系架构见表 6-1。

表 6-1 IFC 标准体系架构

	简介	具体内容
领域层	IFC 标准体系架构最高层，其中的每个数据模型分别对应不同领域，独立应用	能深入到各个应用领域的内部，形成专题信息，比如暖通领域和工程管理领域，比如建筑的空间顺序，结构工程的基础、桩、板实体，采暖、空调等备注等
共享层	IFC 标准体系架构第三层，主要为领域层服务，使领域层中的数据模型可以通过该层进行信息交换	表示不同领域的共性信息，便于领域之间的信息共享，分类定义了一些适用于建筑项目各领域（如建筑设计、施工管理、设备管理等）的通用概念，以实现不同领域间的信息交换，比如，在共享的建筑信息中定义了梁、柱、门、墙等构成一个建筑结构的主要构件；而在共享的服务信息中定义了采暖、通风、空调、机电、管道、防火等领域的通用概念

（续）

	简介	具体内容
核心层	IFC 标准体系架构第二层，可以被共享层与领域层引用	主要提供数据模型的基础结构与基本概念，将资源层信息组织成一个整体，用来反映建筑物的实际结构。比如，一个建筑项目的建筑物、建筑构件等都被定义为 Product 实体的子实体，而建筑项目的作业任务、工期、工序等则被定义为 Process 和 Control 的子实体
资源层	IFC 标准体系架构最低层，可以被其他三层引用	主要描述 IFC 标准需要使用的基本信息，不针对具体专业，其包含了一些独立于具体建筑的通用信息的实体，如材料计量单位、尺寸、时间、价格等信息，这些实体可预期上层（核心层、共享层和领域层）的实体连接，用于定义上层实体的特性

2）信息交付手册（Information Delivery Manual，IDM）。ISO 关于信息交付手册的标准是 ISO 29481—1：2016 和 ISO 29481—2：2016，信息交付手册要解决的问题是在建筑工程项目全生命周期内不同阶段及不同工序需要交换什么信息，以及如何交换。

3）术语词典国际框架（International Framework for Dictionaries，IFD）。术语词典国际框架的概念与国际标准 ISO 12006—3：2007 密切相关。术语词典国际框架通过建立一个字典库以统一信息交换时对同一事物的不同称谓。

6.6.3 BIM 技术与智慧工地

随着 BIM 技术不断深入发展，其已应用于各类工程项目的各个阶段，BIM 技术的优势也愈加明显。同时 BIM 技术可有效解决工程项目所面临的各种技术难题，因此在打造智慧工地的过程中，BIM 技术将以建设项目全生命周期的各个阶段为基点，完成项目精细化管理与建设，为智慧工地中"人、机、料、法、环"等关键因素控制管理提供信息技术支持。

1. 形成智慧工地建筑相关数据信息

应用 BIM 技术可以全面、精确、及时地为智慧工地提供建筑相关数据。

1）应用 BIM 技术可完成工程项目的三维可视化模型设计，同时生成建筑体的平面、立面、剖面图，为后期施工建设提供精准、详细的指导。

2）BIM 技术一大优势就是信息无损传递，整个建造过程的模型都来自于最开始的设计模型，随着建造过程的实施同步更新。同时，工程量的准确计算可以为成本估算提供可靠的证据，也可为业主进行不同方案的比选提供依据。

3）在模型设计过程中，将各类材料属性信息（属性、生产厂家、成本等）及各构件属性信息导入 BIM 软件，建立 BIM 数据库，清晰显示，同步更新，方便建设方与施工方掌握工程最新、最全资料。

2. 形成智慧工地各参与方的协作

1）项目实施人员利用协同平台移动端（如手机、平板电脑等），在复杂且关键的施工过程前，打开云端BIM轻量化三维真实数据模型，向技术人员进行复杂施工段可视化交底，便于参与项目各方的沟通。

2）电气、暖通、给水排水等专业设计人员在BIM软件上进行各专业设计与实时更新，其他设计者也可实时查看总体的管线布置情况，而且可以通过开展单个或多个专业模型的审核讨论会，发现问题与不足，及时沟通协调，确保各专业的设计方案能够详细精准地展现在模型中，在一定程度上减少了设计环节的重复工作和人力浪费，提高了整体效率。

3）可以利用虚拟漫游功能，在建筑设计的效果展示、方案比选等过程中，加上渲染效果，输出比较完整的动画演示视频，为企业宣传、房屋销售等提供便利。

3. 形成智慧工地管理体系的框架

智慧工地施工现场管理涉及工序安排、材料与资源调度、空间布置、进度控制、质量监管以及成本管理等多方面内容。智慧工地实时管理体系的构建遵循智慧建设的集成性、智慧性、可持续性三大基本特性，将重心放在项目建造和运行的核心管理实践活动上。BIM技术着重加强了工程项目全生命周期内各个层级管理活动的可视化、实时化、高效化与精确化。

1）工序安排。协调施工过程中各施工班组、各施工过程、各项资源之间的相互关系，将关系到施工的顺利进行。BIM技术的优势在于其过程可模拟性，对于项目中的重点和难点快速地进行模拟。BIM技术也可以对主要的施工过程或者施工关键部位、施工现场平面布置等施工重点进行模拟和分析，可以对多个方案进行可视化比对，从而选择出最优的方案。

2）材料与资源调度。实现设备与材料在线智能化管理，材料支出是施工过程中成本控制最重要的，在施工项目成本中占比也非常大。在施工的过程中，要采取限额领料的办法，对每个施工队的材料使用情况采取奖惩制度，鼓励节约，并且鼓励探索新工艺、新方法，提高施工人员的主观能动性，减少材料浪费。利用BIM技术对材料的到场时间进行合理的安排，减少损失。合理安排材料的安置与堆放，既要方便施工，也要便于运输与储存，减少材料在施工前及使用过程中的损耗，降低成本。

3）空间布置。借助BIM技术的可视性、动态性进行三维立体施工规划，如利用广联达BIM 5D、Revit和Navisworks的组合建模，能直观形象地展现施工过程中的场地布置情况，还可动态监测，保证建设项目施工过程平稳，减少因场地布置不合理而造成的工期延误和产生二次搬运费用等。

4）进度控制。建筑施工过程本来就是一个动态的过程，借助BIM技术，将3D建筑信息模型与时间进度进行挂接，实现4D施工进度模拟，随着时间的推移，模拟施工的进行。4D施工模拟可以帮助建设者合理制定施工进度计划、配置施工资源，进而科学合理地进行施工建设目标控制，项目参与方也能从4D模型中很快了解建设项目主要施工过程的控制方法和资源安排是否均衡、进度计划是否合理。

5）质量监管。智慧工地涉及的各专业的模型设计完成并整合后，可通过 BIM 技术的碰撞检查功能完成冲突检测，根据相互冲突的构件列表，及时进行协调、避让，优化各类专业管线排布，完善设计方案，最终使设计图趋于完善和精细化。

施工现场涉及安装大量的管线，不仅仅包括功能性的给水、排水、通信等管线，还包括自身的消防、电力、通风等设备。利用 BIM 技术，在同一个平台上构建各个专业的模型，借助虚拟施工软件进行碰撞检查，迅速地找到管线排布中不合理的地方，从而提高管线综合的设计能力和工作效率。利用建筑信息模型还可进行施工机具的碰撞检查以及移动路径检查，确定合理的施工方案，更好地与业主、设计单位沟通协商，减少施工方案引起的工程变更，降低工程成本。同时，各类建设项目都是一项动态且全生命周期的工程，运营过程中总是需要进行一定的局部修改、变动。利用建筑信息模型进行改造，方便快速查找各构件信息。依托 BIM 数据库中的大量项目信息，运用 BIM 软件进行成本概预算，可保证成本概预算的准确性，提高成本的把控能力。

4. 形成智慧工地相关技术的协同

智慧工地的实现依赖于很多的先进技术和管理手段的支撑，比如数据交换标准技术、可视化技术、3D 技术、虚拟现实技术、数字化施工技术、物联网、云计算、网络通信技术、人工智能等。这些技术每一项都是打造智慧工地不可或缺的一环，借助这些技术，BIM 将得到更好的应用，因此 BIM 技术应与之共同协作，相辅相成。例如，BIM 技术出现以前，建筑行业往往借助较为成熟的物流行业的管理经验及技术方案，通过 RFID 将建筑物内各个设备构件贴上标签，以实现对这些物体的跟踪管理，但 RFID 本身无法进一步获取物体更详细的信息（如生产日期、生产厂家、构件尺寸等），而 BIM 模型恰好详细记录了建筑物及构件、设备的所有信息。此外，建筑信息模型作为一个建筑物的多维度数据库，并不擅长记录各种构件的状态信息，而基于 RFID 技术的物流管理信息系统对物体的过程信息都有非常好的数据库记录和管理功能，这样 BIM 与 RFID 正好互补，从而可以减轻物料跟踪带来的管理压力，后期的资产管理也可以借助这种方式。

总之，将 BIM 技术应用在建筑项目全生命周期中能够实现其价值最大化，而在智慧工地的实际施工阶段，相应地也需要应用 BIM 技术对建设全过程进行模拟，从而实行全方位管理，确保智慧工地顺利地构建，全面提升智慧工地的合理性和科学性。

任务 6.7 其他新技术在智慧建造中的应用

6.7.1 无线射频识别技术

无线射频识别技术（RFID）是一种可以通过无线电信号识别特定目标并读写相关数

据的无线通信技术，该技术作为构建物联网的关键技术近年来受到人们的关注。

1. RFID 的构成和工作原理

RFID 由应答器、读写器和应用软件系统组成。

1）应答器。由天线、耦合元件及芯片组成，一般来说都是用标签作为应答器，每个标签具有唯一的电子编码，附着在物体上标记目标对象。

2）读写器。由天线、耦合元件和芯片组成，读取或写入标签信息的设备，可设计为手持式读写器或固定式读写器。

3）应用软件系统。把收集的数据进一步处理，以便人们使用。

在 RFID 工作过程中，物理读写器会通过天线发射出射频信号，此信号带有固定频率，当这个磁场和应答器相遇时，应答器就发生反应。应答器通过感应电流获取一定的能量后，向读写器发送相应的编码，编码中是含有预先存储好的产品携带信息的。当读写器接收到编码以后，便会对发送过来的编码进行解码翻译，将相应的信息及数据传输给计算机系统，并反映给决策者。

2. RFID 技术的优点

1）读取性强。从概念上讲，RFID 类似于条码扫描，条码技术是将已编码的条形码附着于目标物并使用专用的扫描读写器，利用光信号将信息由条形磁传送到扫描读写器。而 RFID 则使用专用的 RFID 读写器及专门的可附着于目标物的 RFID 标签，利用频率信号将信息由 RFID 标签传送至 RFID 读写器。

2）读取速度快。RFID 最重要的优点是非接触识别，它能穿透雪、雾、冰、涂料，以及在条形码无法使用的恶劣环境下阅读标签，并且阅读速度极快，大多数情况下不到 100ms，抗污染能力和耐久性也是其有别于传统条形码的优点之一。

3）抗污染能力强。传统条形码的载体是纸张，容易受到污染，但 RFID 对水、油和化学药品等物质具有很强的耐受性。RFID 卷标是将数据存在芯片中，内置于物体内部，因此可以免受污损。

4）可重复使用。现今的条形码印刷上去之后一般无法更改，RFID 标签则可以重复地新增、修改、删除 RFID 卷标内储存的数据，方便信息的更新。

5）信息容量大。二维条形码最大的容量为 3000 字符，RFID 最大的容量则有数 MB。

6）安全性强。未来物品所需携带的资料量会越来越大，RFID 能够适应容量需求增加的趋势。由于 RFID 承载的是电子式信息，其数据内容可由密码保护，使其内容不易被伪造及变造。

3. RFID 产品类型

RFID 技术中所衍生的产品大概有以下三大类：

1）无源 RFID 产品。该类产品发展最早，也是发展最成熟、市场应用最广的产品。比如，公交卡、食堂餐卡、银行卡等，这些在我们的日常生活中随处可见，属于近距离接触式识别类。

2）有源 RFID 产品。该类产品是最近几年慢慢发展起来的，因其远距离自动识别的特性，有巨大的应用空间和市场潜力。

3）半有源 RFID 产品。该类产品结合有源 RFID 产品及无源 RFID 产品的优势，在低频（125kHz）的触发下，让微波发挥优势，利用低频近距离精确定位，微波远距离识别和上传数据。

4. RFID 技术在建筑行业的应用

在建筑业领域，早在 1995 年，Jaselskis 等学者就开始关注 RFID 技术，并讨论其被应用到建筑业领域的可能性。RFID 技术在近年施工领域的研究和应用中得到了快速发展，相关研究广泛分析了 RFID 在物料追踪、施工安全管理、进度检测等方面的应用价值，可以与 BIM 技术等建筑信息技术结合，在多个方面提高施工管理水平。目前，在我国工程实践中，RFID 已经被用于身份识别、人员管理、预制构件和危险物品追踪等。例如，通过检测施工人员的 RFID 标签，精确掌握人员考勤、位置、工种和进出场信息；将 RFID 标签嵌入危险物品中，追踪危险物品实时位置，为接近的工作人员发出警告；将 RFID 技术应用于传统的施工现场管理内容，基于 RFID 形成全新的施工现场管理模型，例如基于 RFID 技术的施工物料管理。

6.7.2 图像与视频技术

1. 图像与视频技术概述

图像与视频技术由于其直观、便捷的方式，一直被广泛应用。视频图像技术的发展经历了多个时期，随着微电子技术与通信技术的发展，视频图像技术也日益完善，且朝着专业化、多元化方向发展。这里的图像与视频技术是包括了采集、处理、识别等一系列相关技术的总称，就是利用图像和视频技术代替人眼做测量和判断的技术。机器视觉系统是通过机器视觉的产品将被摄取目标转化为图像信号，传送给专有的图像处理系统，根据像素分布和亮度、颜色等信息，转变成数字信号，再由图像系统对这些信号进行运算处理，抽取目标特征，进而判断和控制现场的设备。工业照相机和视频监控摄像头是图像和视频采集的前端设备。

图像分割是图像处理的关键技术，至今已经提出了数以千计的分割理论和算法，阈值分割方法、边缘检测方法、区域提取方法、结合特定理论工具的分割方法等是现有常见的分割方法。图像和视频技术应用类别包括测量、检测、定位、识别。目前对获取的图像与视频需满足一定要求，才能保证应用精度。这些要求包括图像反差最大化、控制照片和曝光、控制分辨率和清晰度、避免图像畸变、保持待测物体成像大小一致。如何降低这些条件的制约，提高图像和视频技术的使用灵活度，成为目前科研和工业应用的重点工作内容。

2. 图像识别与视频识别

由于机器学习等大数据技术的发展，基于图像和视频技术的物体、动作识别成了图像与视频技术目前最重要的发展方向。

1）图像识别。它是指利用计算机对图像进行处理、分析和理解，以识别各种不同目标和对象的技术，工业实践中的图像来源为工业相机拍摄的图片。针对图像识别，主流的处理方法是进行局部特征点提取。一幅图像的数据矩阵中可能包括很多无用信息，必须根据这些数据提取出图像中的关键信息，一些基本元件以及它们的关系。最为广泛的应用包括手写文字识别、人脸识别。

2）视频识别。它是指对采集的视频画面进行识别。针对视频识别，主流的方法是单帧识别，就是将视频进行截帧，然后基于图像粒度（单帧）进行识别表达。然而一帧图相对整个视频是很小的一部分，特别是当这帧图没有很好的区分度，或是一些和视频主题无关的图像，会让分类器摸不着头脑。因此，学习视频时间域上的表达是提高视频识别的主要因素。视频识别为自动驾驶等需要处理视频画面的应用提供了自动的物体识别支持。

目前，图像与视频识别是人工智能的重要领域。在智慧工地框架下，图像和视频相关技术负责图像和视频的采集、处理和分析，是施工现场信息的重要来源之一。

3. 视频监控的构成

视频图像信息技术中的视频监控主要由以下三部分构成：

1）视频数据采集。在数据采集过程中使用的设备包括摄像机、存储设备等。通过摄像设备对工程施工现场录像，联网保存。一旦发生工程施工问题，可通过录像再现施工现场的情况，保证工程施工的准确性。

2）信息数据传输。主要利用计算机将收集到的信息进行压缩处理，通过网络传递，准确地将信息交给视频监管人员。视频传输与网络稳定性相关，只有保障网络安全，才能促进工程共享信息的准确性。

3）计算机监控。依靠计算机硬件支持，实时分析处理信息，监控工程现场施工，对施工中出现的不当情况及时改正。

4. 图像和视频技术在施工现场的应用

部分图像和视频技术已经成熟地应用于施工现场。目前，应用最为广泛的为施工现场视频监控，其主要通过施工现场布置的摄像头获取视频信号，对视频信号进行处理和分析，以实现施工现场周围区域和内部区域的管理。其已经可以实现例如佩戴安全帽、危险动作等场景的识别，以及对施工人员的自动追踪拍摄。近年来，相应的研究成果还包括利用图像技术进行施工进度的实时监控、人员安全带和防护栅栏等安全装置状态识别、工程质量评价以及施工现场扬尘监测。总结起来，其主要的应用可以划分成三个方面，一是施工现场人员危险性行为或是错误操作的监控；二是施工现场建筑物情形的监控；三是人员考勤监控。相关图像和视频设备已经在施工现场开始成熟应用，这使得它们成为较容易投入应用的施工现场信息获取手段之一。

6.7.3 定位技术

定位技术是指利用包括卫星、基站、Wi-Fi 网络、蓝牙等不同的技术手段对特定物体进行位置定位和跟踪的技术。不同定位技术由于各自的工作特点和定位精度不同，其适用的定位场景各有区别。主要的定位场景包括室外定位和室内定位两类。

1. 室外定位技术

基于卫星和基站的定位系统通常被用于室外定位。卫星定位是通过接收太空中卫星提供的经、纬度坐标信号进行定位，其中 GPS 系统是现阶段应用最为广泛、技术最为成熟的卫星定位技术，我国的北斗卫星定位系统也逐渐成熟。卫星定位系统由空间部分、地面控制部分、用户设备部分三部分组成。基站定位是指利用手机通信的基站进行定位，在电子地图平台的支持下，通过电信、移动运营商的网络获取移动终端用户的位置信息。卫星定位和基站定位相比，卫星定位的精度更高，但受天气影响大，而基站定位定位速度更快，受天气的影响较小。

室外定位技术在包括高层建筑、港口工程、桥梁等施工的定位观测和施工测量方面有着广泛的应用前景，主要包括以下三个方面：

1）用于高效的大地测量，只需将定位仪安装好即可，定位仪可以自动地完成大地测量。

2）用于室外人员和机械定位跟踪，便于合理地完成人员和机械调度。

3）用于获取施工坐标与大地坐标的换算关系，对建筑物变形及振动进行连续观测。

从智慧工地的角度出发，室外定位技术将为其提供更加高效的大面积测量和室外人员和机械追踪功能。

2. 室内定位技术

室内场景越来越庞杂，大型商超、综合性医院、机场、停车场等场所对于定位和导航的需求也逐渐增多。室内定位技术相比于已经非常成熟的室外定位技术，最近受到了更多的关注。室内定位在零售、餐饮、物流、制造、化工、电力、医疗等行业均展现出了广阔的市场前景。由于人们大多数时间都在室内活动，室内定位技术可能具有较大的应用价值。而室内场景受到建筑物的遮挡，室外定位技术并不适用于室内定位。

目前最为常见的室内定位技术包括 Wi-Fi 定位、蓝牙定位、RFID 定位、超宽带（UWB）定位等。

1）Wi-Fi 定位技术。主要有两种方法，一种是通过移动设备和三个无线网络接入点的无线信号强度，通过差分算法对人和车辆进行三角定位；另一种是事先记录巨量的确定位置点的信号强度，通过用新加入的设备的信号强度对比数据库，以确定位置。Wi-Fi 定位的定位精度大概为 2m 左右，常用于室内的人和车导航，也可以用于医疗机构、主题公园、工厂、商场等各种需要室内定位导航的场合。

2）蓝牙定位技术。目前部署的较多，是相对比较成熟的技术。蓝牙定位原理与 Wi-

Fi 定位原理类似，都利用了三角定位技术，使用蓝牙基站帮助确定定位物体的室内位置。蓝牙定位的精度比 Wi-Fi 定位精度高，达到亚米级。蓝牙室内定位最大的优势是设备体积小、距离短、功耗低，容易集成在手机等移动设备中。蓝牙传输不受视距的影响，但对于复杂的空间环境，蓝牙系统的稳定性稍差，受噪声信号干扰大。

3）RFID 定位。这是指通过一组固定的读写器读取目标 RFID 标签的特征信息，同样可以采用近邻法、多边定位法、接收信号强度等方法确定标签所在位置。射频识别室内定位技术作用距离很近，可以在几 ms 内得到 cm 级定位精度的信息，且由于电磁场非视距等优点，传输范围很大，而且标识的体积比较小，造价比较低。但其不具有通信能力，抗干扰能力较差，不便于整合到其他系统之中，且用户的安全隐私保障和国际标准化都不够完善。

4）超宽带定位技术。这是一种新兴的无线通信技术，利用事先布置好的已知位置的锚节点和桥节点，与新加入的盲节点进行通信，同样利用三角定位方式来确定位置。超宽带通信通过发送和接收具有 ns 或 ns 级以下的极窄脉冲来传输数据，因此具有 GHz 量级的带宽，不需要使用传统通信体制中的载波。超宽带定位的定位误差已达到 2cm 以内。从定位精度、安全性、抗干扰、功耗等角度来分析，超宽带定位技术是最理想的工业室内定位技术之一，目前已经应用到工地施工人员定位、工厂工人定位、设备定位、隧道人员定位等场景。此外，ZigBee、红外定位、超声波定位等也可实现室内定位。

利用室内定位技术，可对施工现场室内或较小范围的室外场地中的施工人员、建筑材料、施工机械进行实时的定位，定位数据可被应用于施工质量监管、人员管理、安全管理等。从智慧工地的角度出发，室内定位技术将为其提供建筑施工室内环境的“人、材、机”定位和追踪手段。

6.7.4 三维激光扫描

1. 三维激光扫描技术概述

三维激光扫描技术又被称为实景复制技术，是 20 世纪 90 年代中期开始出现的一项高新技术。三维激光扫描是利用激光测距的原理，通过记录被测物体表面大量的密集的点的三维坐标、反射率和纹理等信息，可快速复建出被测目标的三维模型及线、面、体等各种图件数据。相对于传统的单点测量，三维激光扫描技术是从单点测量进化到面测量的技术突破。

三维激光扫描的优势在于能够快速地、精确地对不规则、复杂的场景进行测量，并与多种软件平台互联。目前，此技术已被应用到隧道、大坝、采矿等方面的测绘领域，以及桥梁改扩建工程、桥梁结构、建筑和古迹的测量。利用传统测量设备，如测量仪器里的全站仪，测量的数据都是二维形式的，在逐步数字化的今天，三维已经逐渐地代替二维，帮助人们得到更加直观的测量结果。三维激光扫描仪每次测量的数据可以包含三维 x、y、z 轴点的信息，还包括了 R、G、B 颜色信息，还有物体反色率的信息，这样全面的信息能给人一种物体在计算机里真实再现的感觉，是一般测量手段无法做到的。

2. 三维激光扫描系统的构成

三维激光扫描系统主要包括三维激光扫描仪、计算机、电源供应系统、支架以及系统配套软件等。

三维激光扫描仪是三维激光扫描系统的主要组成部分，由激光发射器、接收器、时间计数器、马达控制可旋转的滤光镜、控制电路板、微型计算机、软件等组成。光测距技术是三维激光扫描仪的主要技术之一。

激光测距的原理主要有基于脉冲测距法、相位测距法、激光三角法、脉冲-相位式四种类型。目前，测绘领域所使用的三维激光扫描仪主要是基于脉冲测距法测距，近距离的三维激光扫描仪主要采用相位干涉法测距和激光三角法测距。

三维激光扫描仪工作原理是通过测距系统获取扫描仪到待测物体的距离，再通过测角系统获取扫描仪至待测物体的水平角和垂直角，进而计算出待测物体的三维坐标信息。在扫描的过程中，利用本身的垂直和水平电动机等传动装置完成对物体的全方位扫描，这样连续地对空间以一定的取样密度进行扫描测量，就能得到被测目标物体密集的三维彩色散点数据，称为点云（Point Cloud）。通过获取到的点云、影像数据，经过后期技术处理，可快速建立二维图样，结构复杂、不规则的场景的三维可视化模型，生成正射影像等。

3. 三维激光扫描系统的分类

三维激光扫描系统依据操作的空间位置可以划分为如下四类：

1）机载型激光扫描系统。这类系统在小型飞机或直升飞机上搭载，由激光扫描仪、成像装置、定位系统、飞行惯导系统、计算机及数据采集器、记录器、处理软件和电源构成。它可以在很短时间内取得大范围的三维地物数据。

2）地面型激光扫描系统。此种系统是一种利用激光脉冲对被测物体进行扫描，可以大面积、快速度、高精度、大密度的取得地物的三维形态及坐标的一种测量设备。

3）手持型激光扫描仪。此类设备多用于采集小型物体的三维数据，一般配以柔性机械臂使用。其优点是快速、简洁、精确，适用于机械制造与开发、产品误差检测、影视动画制作与医学领域。

4）特殊场合应用的激光扫描仪。在特定的非常危险或难以到达的环境中，如地下矿山隧道、溶洞、人工开凿的隧道等狭小、细长形空间范围内，三维激光扫描技术也可以进行三维扫描，此类设备可以在洞径的狭小空间内开展扫描操作。

4. 三维激光扫描系统在施工现场的应用

在建筑领域，三维激光扫描和 BIM 技术的集成展现了巨大的潜力。在建设工程施工阶段，三维激光扫描技术可以高效、完整地记录施工现场的复杂情况，再与设计建筑信息模型的点、线、面进行对比，为工程质量检查、进度监控、变形监测、工程验收、模型重建等带来巨大帮助。

三维激光扫描技术在施工进度自动监控中，根据三维激光扫描点云而自动生成相应建筑构件，自动检测得到未施工构件。针对古建筑，三维激光扫描还可以将重建模型结果电子化保存，为后续的保护、修缮工作提供数字化查询档案。此外，由于三维激光扫描技术可以高精度、高密度、高速率地获取目标物的三维坐标信息，其在建筑工程施工变形监测中的应用，也具有很高的工程应用价值。

6.7.5 计算机模拟

利用计算机对真实世界进行模拟的方法称为计算机模拟。众多的真实世界系统由于造价、时间、危险性、可观测性等原因，无法进行直接的试验，计算机模拟就成为有效的研究手段之一。可以利用模拟技术对不同条件下研究系统的最终表现和运行状态进行模拟，以此支持最初的系统优化设计。计算机模拟的方法众多，包括基于数值模拟、主体的模拟、多主体模拟、离散事件模拟、连续事件模拟、系统动力学模拟等，已经被用在电器、机械、化工、热力、社会事件、经济、生态等各个领域的系统中，为理解系统运行、预测表现结果、优化系统设计、控制系统运行提供了重要的支持。计算机模拟的发展与计算机本身的迅速发展息息相关。它的首次大规模开发是著名的曼哈顿计划中的一个重要部分。在第二次世界大战中，为了模拟核爆炸的过程，人们应用蒙特卡罗方法进行了模拟。计算机模拟最初作为研究其他方面的补充，随着计算机的发展，计算机模拟技术的能力和重要性逐渐提升，它就成为一门单独的技术被广泛使用。

计算机模拟的大致过程为建立研究对象的数学模型、描述模型，并在计算机上加以体现和试验。其研究对象包括各种类型的真实世界系统，它们的模型是指借助有关概念、变量、规则、逻辑关系、数学表达式、图形和表格等系统的一般描述，把这种数学模型或描述模型转换成对应的计算机上可执行的程序，给出系统参数、初始状态和环境条件等输入数据后，可在计算机上进行运算得出结果，并提供各种直观形式的输出。还可改变有关参数或系统模型的部分结构，重新进行运算，分析不同运行参数下系统的表现结果，帮助进行系统优化和控制。

计算机模拟在建筑施工领域也得到了广泛的研究。例如，针对大坝的施工过程，不同的施工组织将会影响整个施工过程的效率表现，可利用施工过程模拟，比较不同的施工组织安排，为合理的施工组织设计和工程进度的管理与控制提供支撑。由此可见，由于施工过程的现场试验存在困难，计算机仿真技术可以对施工现场进行模拟，得到不同管理决策下的施工表现结果，帮助进行较优的施工决策。在智慧工地的框架下，根据实时收集的现场信息，将帮助模拟技术构建符合施工现场实时状况的计算机模型。根据此模型，计算机模拟将实现当前状态，或其他干预情况下的未来施工表现情况预测。智慧工地框架下的计算机模拟帮助实现了施工过程实时的表现跟踪和动态分析。

6.7.6 虚拟现实与增强现实技术

1. 虚拟现实与增强现实技术的特点

虚拟现实（VR）是一种能够让用户创建和体验虚拟世界的计算机仿真技术，利用计算机生成一种交互式的三维动态视景，其实体行为的仿真系统能够使用户沉浸到该环境中，并实现人与虚拟世界的交互功能。比较而言，增强现实（AR）是一种把真实世界信息和虚拟世界信息“无缝”集成，并进行一定互动的技术，真实世界和虚拟世界两种信息相互补充、叠加，被人类感官所感知，从而达到超越现实的感官体验。虚拟现实技术和增强现实技术目前都还处于技术发展的初级阶段，但其价值已经得到了工业界和学术界广泛的认可，可以被广泛地应用到军事、医疗、建筑、工程、娱乐等领域。

虚拟现实技术主要包括模拟环境、感知、自然技能和传感设备四个方面。模拟环境是由计算机生成的、实时动态的三维立体图像。感知是指 VR 应该具有人所具有的感知，除视觉感知外，有些虚拟现实系统还有听觉、触觉、力觉、运动等感知，甚至还包括嗅觉和味觉等感知。自然技能是指人的头部转动，眼睛、手势或其他人体行为动作，由计算机来处理与参与者的动作数据，并对用户的输入做出实时响应，并反馈到用户的五官感知。传感设备是指三维交互设备。

增强现实技术由一组紧密连接的硬件部件与相关的软件系统协同实现，主要包括以下三种组成形式：①计算机显示器的 AR 实现方案是摄像机摄取的真实世界图像，输入到计算机中，与计算机图形系统产生的虚拟景象合成，并输出到屏幕显示器，用户从屏幕上看到最终的增强场景图片；②光学透视式是利用头盔式显示器显示增强部分的图像，真实世界图像从光学透视镜传入，从而达到增强图像和真实图像合成的功能；③视频透视式则采用了拥有视频合成技术的穿透式头盔显示器，视频摄像头获取真实世界图像，在后台与增强图像进行合成，最后将合成图像传输到显示器供人观看。

2. 虚拟现实与增强现实技术在建筑业的应用

在建筑工程领域，虚拟现实与增强现实技术的应用已经得到一定的关注。目前认为，两种技术在与 BIM 技术集成后能够发挥最大的功能。BIM 技术构建了建筑的虚拟模型，结合虚拟现实技术，可以让施工人员虚拟沉浸在建筑信息模型中，例如让建筑工人体验在建造环境中发生各种危险事故的模拟场景。增强现实技术可以帮助补充一些难以实时获取的施工现场信息，例如让施工人员查看施工构件的定位、属性、施工做法、标准等重要施工信息。在智慧工地的框架下，虚拟现实技术和增强现实技术属于应用层的功能。虚拟现实技术可在实时收集现场信息的虚拟世界中进行用户沉浸。而增强现实技术可以利用实时更新的数据，实现对施工现场信息的实时补充。

案例分析

案例 1：新技术是智慧建造的动力源。

案例 2：雄安新区市民服务中心智慧建造实践。

扫描二维码下载案例文件

小结

本项目系统地介绍了与智慧建造密切相关的BIM、云计算、物联网、大数据、人工智能、移动互联网以及无线射频识别技术、图像与视频技术、定位技术、三维激光扫描技术等关键技术，重点介绍了相关技术在智慧建造中的应用，如传感器技术主要实现智慧工地的数据采集，移动互联网技术和云计算技术实现信息的高效传输、储存和计算，智能分析技术主要包括机器学习算法、计算机模拟技术，虚拟现实与增强现实技术，可以帮助进行应用层的决策支持等。

讨论与思考

1. 举例说明云计算在智慧建造中的应用。
2. 举例说明物联网在智慧建造中的应用。
3. 举例说明大数据在智慧建造中的应用。
4. 举例说明人工智能在智慧建造中的应用。
5. 举例说明移动互联网在智慧建造中的应用。
6. 举例说明BIM在智慧建造中的应用。
7. 举例说明无线射频技术、图形图像、定位技术、三维激光扫描等在智慧建造中的应用。

模块三

智慧工地

项目7
智慧工地管理系统

能力目标：

通过本项目的学习，能够理解智慧工地的内涵，了解智慧工地的发展趋势，熟悉常见智慧工地的系统架构及功能模块。

学习目标：

1. 理解智慧工地的内涵和特征。
2. 理解智慧工地实施的背景和意义。
3. 熟悉智慧工地与施工现场管理。
4. 熟知智慧工地的数据需求。
5. 熟悉智慧工地的模块关联。

任务 7.1 智慧工地概述

训练目标：

1. 理解智慧工地的内涵。
2. 熟悉智慧工地的特征。
3. 了解智慧工地实施的意义和发展趋势。

7.1.1 智慧工地的内涵

随着 BIM、RFID、传感器网络、物联网等信息和通信技术（Information and Communication Technology，ICT）在建设工程领域的快速发展及广泛应用，建筑业已经进入大数据、信息化、智能化时代。建设工程项目中蕴藏着大量的数据资源，以北京大兴国际机场、雄安新区市民服务中心等工程为例，与其相关的数据既涉及与项目前期规划、工程设计、现场施工等过程相关的内部数据，又涉及与环境保护、政策法规、干系人诉求等相关联的外部数据；既涉及 RFID、无人机等手段可以采集的工程物理数据，又涉及通过互联网等形成的如民众诉求、舆论导向等虚拟世界数据；既涉及结构化的数据，又涉及半结构化和非结构化的数据。如何分析这些多源异构数据对建设工程项目的潜在影响，如何对表征建设工程技术、组织、资源、环境等异质要素的数据进行有效集成并提取出有价值的信息，以便用于建设过程的决策与管理中，是建设项目管理者所面临的重要课题。

智慧工地理论为这一问题的解决提供了思路。智慧工地是将如云计算、大数据、物联网、移动互联网、人工智能、建筑信息模型等先进信息技术与建造技术融合，充分集成项目全生命周期信息，服务于施工建造，实现建造过程各利益相关方信息共享与协同的新型信息管理方式。与传统建设项目信息管理技术相比，智慧工地能够充分实现信息的有效利用与决策支持，为项目管理者与利益相关者创造价值，实现项目参与者的有效协作，对项目绩效具有显著提高作用，其发展前景巨大。

7.1.2 智慧工地的概念

学术界对于智慧工地的定义尚未达成共识，学者们对于智慧工地的时空范围以及核心技术仍然存在着较为激烈的争论。

就时间维度而言，学者窦安华等提出智慧工地是一种崭新的工程全生命周期管理理念，以可控化、数据化以及可视化的智能系统对项目管理进行全方位、立体化的实时监管，并根据实际情况做出智能响应。从这一观点出发，智慧工地应该贯穿工程项目全生命周期各阶段。学者张天文则认为智慧工地旨在运用信息化手段围绕施工过程进行管理，建立互联协同、智能生产、科学管理的施工项目信息化生态圈，并将此数据在虚拟现实环境下与物联网采集到的工程信息进行数据挖掘分析，提供过程趋势预测及专家预案，实现工程施工过程可视化智能管理。这一定义将智慧工地的时间维度定位在施工过程。

就空间维度而言，学者张艳都认为智慧工地应该为建设集团、施工单位、政府部门、设备运维公司、劳务公司等提供信息化解决方案、智慧管理和智慧服务，实现工程项目业务流和各类监控源数据流的有效结合和深度配合，达到提高施工质量、安全、效率，促进协同办公，提升建筑施工管理、城市管理、行业管理等目的。从这一定义出发，智慧工地的空间作用范围应贯穿工程项目各个场景，甚至提升至城市管理的高度。而学者万晓曦则指出智慧工地指的是工地信息化，是一种结合“互联网+”、云计算、大数据、物联网的全新施工现场管理技术，是建筑工程领域一种崭新的工程全生命周期管理理念，可以根据建筑工程施工现场的实际需求，建立相互协同、安全监控、智能化施工、信息共享的信息化管理平台。这一观点将智慧工地的空间作用范围限定在施工现场。

就智慧工地涉及的技术而言，学者毛志兵指出智慧工地通过对先进信息技术的集成应用，并与工业化建造方式及机械化、自动化、智能化装备相结合，成为建筑业信息化与工业化深度融合的有效载体，实现工地的数字化、精细化、智慧化生产和管理，提升工程项目建设的技术和管理水平。学者容建华等认为智慧工地是指构建具有 PC 端和移动端的智慧工地云平台，对施工工地涉及的“人、机、料、法、环”等方面实现信息化的有效监管。学者李霞等指出智慧工地是将如云计算、大数据、物联网、移动互联网、人工智能、建筑信息模型等先进信息技术与建造技术融合，辅助现场信息采集，实现建造过程各利益相关方信息共享与协同的新型信息管理方式。

通过对“智慧工地”概念的整理，可以认为智慧工地是建筑业从经验范式开始，经过理论范式、计算机模拟范式发展到第四范式的典型。它是以施工过程的现场管理为出发点，时间上贯穿工程项目全生命周期，空间上覆盖工程项目各情境，借助云计算、大数据、物联网、移动互联网、人工智能、建筑信息模型等各类信息技术，对“人、机、料、法、环”等关键因素控制管理，形成的互联协同、信息共享、安全监测及智能决策平台，共同构建而成的工程项目信息化系统。

《智慧工地建设技术标准》[DB13（J）/T 8312-2019]（河北省工程建设地方标准）中定义，智慧工地（Smart Construction Site）是指施工过程中应用智慧工地管理系统的工地。智慧工地管理系统（Management System for Smart Construction Site）是指综合性运用物联网、云计算、边缘计算、人工智能、移动互联网、BIM、GIS等技术手段，对人员、设备、安全、质量、生产、环境等要素在施工过程中产生的数据进行全面采集与处理，并实现数据共享与业务协同，最终实现全面感知、泛在互联、安全作业、智能生产、高效协作、智能决策、科学管理的施工过程智能化管理系统。

7.1.3 智慧工地的特征

智慧工地的特征如下：

1）专业高效化。以施工现场一线生产活动为立足点，实现信息化技术与生产专业过程深度融合，集成工程项目各类信息，结合前沿工程技术，提供专业化决策与管理支持，真正解决现场的业务问题，提升一线业务工作效能。

2）数字平台化。通过施工现场全过程、全要素数字化，建立起一个数字虚拟空间，并与实体之间形成映射关系，积累大数据，通过数据分析解决工程实际的技术与管理问题，同时构建信息集成处理平台，保证数据实时获取和共享，提高现场基于数据的协同工作能力。

3）在线智能化。实现虚拟与实体的互联互通，实时采集现场数据，为人工智能奠定基础，从而强化数据分析与预测支持。综合运用各种智能分析手段，通过数据挖掘与大数据分析等手段辅助领导进行科学决策和智慧预测。

4）应用集成化。完成各类软硬件信息技术的集成应用，实现资源的最优配置和应用，满足施工现场变化多端的需求和环境，保证信息化系统的有效性和可行性。

7.1.4 智慧工地实施的背景与意义

1. 智慧工地实施的背景

1956年，人工智能这一概念在美国西部计算机联合大会被首次提出，其后经历了符号主义、连接主义两次发展高潮。如今的第三次发展浪潮，以大数据、虚拟现实、物联网、机器学习、云计算、移动互联网等ICT技术为支撑，以智能算法、卷积神经网络为核心，通过深度学习方式使得人工智能的智慧达到一流专家水平。2015 年，我国政府正式发布《中国制造 2025》，提出要推动高科技人才培养与自主创新研发，走可持续发展道路，其核心是通过智能制造技术进一步优化生产作业流程，实现精益生产与资源集约，从而推动我国从“制造大国”向“制造强国”转变。这标志着人工智能逐步融入我国各经济领域，成为未来发展的主流趋势。

智慧工地是人工智能技术在建筑业生产作业过程中的集中体现。从技术层面而言，智慧工地能够充分集成 BIM、RFID、虚拟现实、传感器网络、可穿戴设备等自动化、机械化、信息化设备，是一种实现信息技术与建造技术充分融合的手段；从管理层面而言，智慧工地能够对建设项目各干系人进行有效协调，从建设项目大数据中提取出有价值的知识，从而支持管理决策，是一种全新的数据导向型建设项目管理模式。在过去的 30 年，建筑业基本实现了从手工到机械化、从机械化到信息化的两大转变，为智慧工地理论的提出和发展奠定了坚实基础。

2017 年 2 月 21 日，国务院办公厅正式发布了《国务院办公厅关于促进建筑业持续健康发展的意见》（国办发〔2017〕19 号），明确提出推进建筑产业现代化。其核心是借助工业化思维，推广智能和装配式建筑，也就是通过标准化设计、工厂化生产、装配化施工、一体化装修、信息化管理、智能化应用，实现建筑产品像制造飞机、汽车一样的装配化生产制造，推动建造方式创新，提高建筑产品的品质。在此背景下，智慧工地成为未来建筑业发展的主流趋势。

2. 智慧工地实施的意义

一直以来，建筑业作为传统产业，改造与提升的任务十分艰巨。信息化建设是推动建筑业转变发展方式的重要基础，也是建筑业企业提高核心竞争力、整合现有资源的有效手段。在互联网时代，建筑业需要依靠信息化升级建造过程。随着传感技术、移动互联网和宽带网络的普及，信息技术正在逐步改变着人们的思维方式、行为模式、居住场所，也为建筑业带来更多可能。智慧工地是信息化、智能化理念在工程领域的具体体现，是一种崭新的工程全生命周期管理理念，其核心价值主要体现在以下三大方面：

（1）智慧工地是建造方式的创新

智慧工地是现代化生产方式在建筑施工领域应用的具体体现，是建筑业信息化与工业化融合的有效载体，是建立在高度信息化基础上的一种支持对人和物全面感知、施工技术全面智能、工作互通互联、信息协同共享、决策科学分析、风险智慧预控的新型施工手段。它聚焦工程施工现场，紧紧围绕人、机、料、法、环等关键要素，综合运用建筑信息模型、物联网、云计算、大数据、移动计算和智能设备等软、硬件信息技术，与施工生产过程相融合，对工程质量、安全等生产过程以及商务、技术等管理过程加以改造，提高工地现场的生产效率、管理效率和决策能力等，实现工地的数字化、精细化、智慧化生产和管理。

（2）智慧工地是智慧城市的重要组成部分

未来，这些充满智慧的建筑进一步接入城市信息系统后，又将作为智慧城市的重要组成部分。智慧建造实现建筑全生命周期的智慧化，让企业各方受益，实现绿色、集约、精益的管理，让工程质量提升，大幅减少资源损耗和降低碳排放，降低成本、减少浪费、减少返工、加快施工进度。随着我国城市化步伐的加速，城市的生态文明建设与可持续发展显得越来越重要，如何在城市建设中推进绿色发展、循环发展、低碳发展和建设美丽城市乃至美丽中国，对城市建设提出了新的考验。智慧城市是加强现代科学技术在城市规划、建设、管理和运行中的综合应用，整合信息资源，提升城市管理能力和服务水平，促进产业转型，让人们的生活更美好。作为城市重要组成部分的基础设施和建筑，如何做到智慧，是城市能否智慧化和人们在城市中生活能否更美好的关键环节，因此智慧城市要求以“绿色、智能、宜居”的智慧建筑来满足整个城市的可持续发展和智慧运行。

（3）智慧工地能够推动建筑产业模式根本性变化

智慧工地能够有效地优化管理和服务流程，推进产业技术创新和智能化产业发展，实现建设过程全生命周期智慧化，并有助于推动企业自主创新能力提升，增强核心竞争力和技术创新，进一步改善我国建筑业资源浪费这一严重问题，实现建筑业绿色生态化。同时，智慧工地带有一定社会效益，可以改善民生，通过构建智慧家庭、智慧住宅等实践来为市民提供全新的智能化宜居环境，改善全社会的生活面貌。传统的产业模式逐渐转换为以信息为主的现代化产业模式，生产效率也将大大提高，产业结构得到优化。

7.1.5 智慧工地的发展

1. 智慧工地的发展历程

（1）基于人工智能应用程度划分的智慧工地发展阶段

智慧工地的核心是“智慧”二字，智慧有程度上的差异。根据人工智能技术的应用程度，可以将智慧工地的发展定义为感知、替代、智慧三个阶段。

1）感知阶段就是借助人工智能技术，起到扩大人的视野、扩展感知能力以及增强人的某部分技能的作用。例如，借助物联网传感器来感知设备的运行状况、感知施工人员的安全行为等，借助智能机具增强施工人员的技能等。我国目前的智慧工地主要处于这个阶段。

2）替代阶段就是借助人工智能技术，来部分替代人，帮助完成以前无法完成或风险很大的工作。例如，人们现在正研究和探索智能砌砖机器人、智能焊接机器人等，希望通过对它们的应用，实现某些施工场景的全智能化生产和操作。当然，这种替代是基于给定的应用场景的，并假设实现的条件、路径来实现的智能化，智能取代边界条件是严格框定在一定范围内的。

3）智慧阶段就是随着人工智能技术不断发展，借助其“类人”思考能力，大部分替代人在建筑生产过程和管理过程的参与，由一部“建造大脑”来指挥和管理智能机具、设备，完成建筑的整个建造过程，这部大脑具有强大的知识库管理和强大的自学能力，也就是自我进化能力。人转变为监管“建造大脑”的角色。

上述智慧工地的三个阶段，是随着人工智能技术的研发和应用不断发展而循序渐进的过程，不可能一步实现，这需要在感知阶段就做好顶层设计工作，在总体设计思路的指导下开展技术的应用和研发，特别要注重建筑信息模型、互联网、物联网、云计算、大数据、移动计算和智能设备等软、硬件信息技术的集成和应用。只有这样，才能在应用中不断推动施工现场的自动建造、智能化建造以及新型管理模式下的智慧协同，实现建造方式的彻底转变。

（2）基于普及和应用程度划分的智慧工地发展阶段

基于智慧工地的普及和应用程度，可以将智慧工地的发展定义为初级、中级、高级三个阶段。

1）初级阶段。企业和项目积极探索以 BIM、物联网、移动通信、云计算、智能技术和机器人等相关设备等为代表的当代先进技术的集成应用，并开始积累行业、企业和项目的大数据。在这一阶段，基于大数据的项目管理条件尚未具备。

2）中级阶段。大部分企业和项目已经熟练掌握了以 BIM、物联网、移动通信、云计算、智能技术和机器人等相关设备等为代表的当代先进技术的集成应用，积累了丰富经验，行业、企业和项目大数据积累已经具备一定规模，开始将基于大数据的项目管理应用于工程实践。

3）高级阶段。技术层面以 BIM、物联网、移动通信、大数据、云计算、智能技术和机器人等相关设备等为代表的当代先进技术的集成应用已经普及，管理层面则通过应用高度集成的信息管理系统和基于大数据的深度学习系统等支撑工具，全面实现了解工地的过去，清楚工地的现状，预知工地的未来，对已发生或可能发生的各类问题，有科学的决策和应对方案等智慧工地发展目标。

智慧工地从初级阶段到高级阶段的发展需要较长的时期。有专家预测，在未来 10 年或更长时间，将是从数字化到智慧化转变的时代。目前，正是从数字化向智慧化发展的过渡期，也可以说是智慧工地发展的初期。

2. 智慧工地的发展趋势

近年来，随着科学技术的进步，智慧工地的理论研究跨进了一个新纪元。其中一个重要的趋势就是“BIM+”。“BIM+”是指在 BIM 技术的应用过程中，与其他先进技术集成的一种形式，例如 BIM+ AI（Artifcial Intelligence，人工智能）、BIM+VR（Virtual Reality，虚拟现实）、BIM+AR（Augmented Reality，增强现实）等。“BIM+”不是 BIM 和其他技术的简单组合，而是要把包括 BIM 技术在内的两种或多种技术有机地融合起来，发挥出“1+1>2”的效果。

智慧工地的理论研究方向还应该包括对相关智能算法的优化。智能算法的改进与优化可以提升数据信息的吞吐量，提高管理者对工地控制的效率。例如，曾经广泛应用的神经网络算法正在被卷积神经网络算法逐步替代，这一改进拓展了图像识别技术在智慧工地领域的应用。良好的算法不仅仅能够提高数据处理的效率，还能够大大扩展智慧工地的应用范围。

此外，智慧工地理论的发展还必须与现有项目管理知识体系形成有机融合。依照美国项目管理学会（PMI）提出的项目管理知识体系（PMBoK），工程项目管理的知识领域大致分为项目整合管理、项目范围管理、项目进度管理、项目成本管理、项目质量管理、项目人力资源管理、项目沟通管理、项目风险管理、项目采购管理和干系人管理十项。智慧工地+PMBok 成为未来发展方向，例如，智慧工地+项目范围管理，智慧工地+项目沟通管理。只有形成良好的知识整合，才能实现智慧工地技术在时空上的贯穿。

智慧工地理论的发展趋势还应该包括复杂环境下项目管理范式的研究。随着工程规模不断扩大、技术不断更新、干系人参与方式逐渐多样化，工程项目管理者正面对日益复杂的项目环境，复杂项目管理成为亟待解决的工程难题。智慧工地理论为复杂项目管理提供思路，通过信息技术实现项目全景式分析，能够更好地应对复杂项目管理问题。

任务 7.2 智慧工地系统方案

训练目标：

1. 熟悉智慧工地现场管理的五大要素和管理任务。
2. 熟悉智慧工地信息化的管理目标。
3. 熟悉智慧工地架构开发。
4. 理解智慧工地架构分层。
5. 掌握智慧工地典型架构。
6. 熟悉智慧工地的数据需求。
7. 了解智慧工地的功能模块。

智慧工地是智慧城市理念在建设工程领域应用的具体体现，是建立在高度信息化和智能化基础上的，以物联网技术、智能化技术、移动互联网技术、云计算技术和大数据技术等关键技术为核心的，聚焦服务于建设工程项目施工现场的工地管理理念。这种理念一般以网络平台或移动客户端为展现形式，以数据实时获取和共享为基本要求，以集成化的软、硬件设施为基本环境，通过数据分析和预测的方式达到施工现场科学决策和智慧预测的根本目的。

智慧工地系统是为了实现智慧工地理念而开发设计的模块化、集成化的计算机应用系统，是支持对人和物全面感知、施工技术全面智能、工作互通互联、信息协同共享、决策科学分析、风险智慧预控的施工现场管理系统，目的在于变被动监督为主动监控。

7.2.1 智慧工地与施工现场管理

在建设工程项目管理中，施工管理是指施工方参与的建设工程项目管理。施工现场管理是施工管理的重要组成部分，它直接构成建筑实体，是施工成果的直接展现。一般而言，智慧工地系统的服务对象是施工现场，而非建设工程项目的全生命周期。

智慧工地系统应实现施工现场管理的主要工作内容。按照《建设工程监理规范》（GB/T 50319—2013）的规定，施工现场管理的业务范围主要为“三控两管一协调”：“三控”即工程质量控制、工程造价控制、工程进度控制；“两管”即合同与信息管理、安全生产与环境管理；“一协调”即组织协调。这些业务范围涵盖了“人、机、料、法、环（4M1E）”五大要素，其中：“人”指人的组织、技能和意识；“机”指机械设备；“料”指投入的物料；“法”指施工方法和工艺；“环”指影响施工质量的自然环境和现场环境。依据《建设工程项目管理规范》（GB/T 50326—2017）的规定，表 7-1 从施工方的角度给出了传统施工现场管理的主要内容、管理目标和管理任务。

表 7-1　传统施工现场管理的主要内容、管理目标和管理任务

主要内容	管理目标	管理任务
成本控制	在保证工期和质量满足要求的情况下，采取相应管理措施，包括经济措施、技术措施、合同措施，把成本控制在计划范围内，并进一步寻求最大程度的成本节约	施工成本预测；施工成本计划；施工成本控制；施工成本核算；施工成本分析；施工成本考核
进度控制	在确保工程质量的前提下，通过控制以实现工程的进度目标	视项目的特点和施工进度控制的需要，编制深度不同的控制性、指导性和实施性施工的进度计划；进度计划交底，落实管理责任；实施进度计划；进行进度控制和变更管理
质量控制	在明确的质量目标和具体的条件下，通过行动方案和资源配置的计划、实施、检查和监督，进行质量目标的事前预控、事中控制和事后纠偏控制，实现预期质量目标的系统过程	在施工前进行事前主动质量控制，编制施工质量计划，明确质量目标，制定施工方案，设置质量管理点，落实质量责任，分析可能导致质量目标偏离的各种影响因素，制定有效的预防措施。在施工质量形成过程中，对影响施工质量的各种因素进行全面的动态控制，包括质量活动主体的自我控制和他人监控的控制方式。在施工后进行质量把关，以使不合格的工序或最终产品（包括单位工程项目）不流入下道工序、不进入市场，包括对质量活动结果的评价、认定；对工序质量偏差的纠正；对不合格产品进行整改和处理

（续）

主要内容	管理目标	管理任务
安全生产与环境管理	保证劳动者在劳动生产过程中的健康安全和保护人类的生存环境，减少或消除人的不安全行为；减少或消除设备、材料的不安全状态；是由“计划、实施、检查、评审和改进”构成的动态循环过程	确定每项具体建设工程项目的安全目标；编制建设工程项目安全技术措施计划；安全技术措施计划的落实和实施；安全技术措施计划的验证；持续改进；根据安全技术措施计划验证结果 按照法律法规、各级主管部门和企业的要求，保护和改善作业现场的环境，控制现场的各种粉尘、废水、废气、固体废弃物、噪声、振动等对环境的污染和危害
合同与信息管理	合同管理是根据项目的特点和要求确定设计任务委托模式和施工任务承包模式（合同结构），选择合同文本，确定合同计价方法和支付方法、合同履行过程的管理与控制、合同索赔等 信息管理是通过对各个系统、各项工作和各种数据的管理，使项目的信息能方便和有效地获取、存储、存档、处理和交流；通过有效的项目信息传输的组织和控制为项目建设的增值服务	合同管理任务包括：合同评审、合同订立、合同实施计划、合同实施控制、合同管理总结等 信息管理任务包括：信息管理手册编制和修订；为形成各类报表和报告，收集信息、录入信息、审核信息、加工信息、信息传输和发布；工程档案管理等

由表 7-1 可知，施工现场管理的目标是项目各相关方在合同范围内，依据其已确定的项目结构划分方式和已编制的工作任务分工表、管理职能分工表，随着施工过程的不断推进而对其工作流程和工作内容进行科学决策。但由于建设工程项目一次性的特点，在实施过程中主客观条件的变化是绝对的，不变则是相对的；在进展过程中平衡是暂时的，不平衡则是永恒的。为了在实施过程中随着情况的变化进行目标的动态控制，许多建筑业企业不得不改变传统意义上人工化的报告式管理模式，采用不同形式的施工现场管理系统。

因此，智慧工地系统在新时代、新要求的背景下应运而生，它通过三维可视化平台对工程项目进行施工模拟，围绕施工过程管理，建立互联协同、智能生产、科学管理的施工项目信息化生态圈，并将此数据在虚拟现实环境下与物联网采集到的工程信息进行数据挖掘分析，提供过程趋势预测及专家预案，实现工程施工可视化智能管理，以提高工程管理水平，从而逐步实现绿色建造和生态建造。

7.2.2 智慧工地与信息管理

信息管理（Information Management）是人类为了有效地开发和利用信息资源，以现代信息技术为手段，对信息资源进行计划、组织、领导和控制的社会活动，是人们收集、加工和输入、输出的信息的总称。简单地说，信息管理就是人对信息资源和信息活动的管理，包括信息收集、信息传输、信息加工和信息储存。

建设工程项目的信息管理是通过对各个系统、各项工作和各种数据的管理，使项目的信息能方便和有效地获取、存储、存档、处理和交流，其目的在于通过有效的项目信息传输的组织和控制为项目建设提供增值服务。

1. 多层分布式体系结构

多层分布式体系结构是计算机学科的重要概念，泛指三层或三层以上的多层软件系统设计模型，它将数据库访问分布在一个或多个中间层。典型的多层分布式系统可划分为三个层次，分别为客户端（表现层）、应用服务器（业务层）和数据服务层（数据层）。在这种体系结构中，客户机只存放表示层软件，应用逻辑包括事务处理、监控、信息排队、Web 服务等采用专门的中间件服务器，后台是数据库，系统资源被统一管理和使用，客户程序与数据库的连接被中间层屏蔽，客户程序只能通过中间层间接地访问数据库。中间层可能运行在不同于客户机的其他机器上，经过合理的任务划分与物理部署，可使得整个系统的工作负载更趋均衡，从而提高整个系统的运行效率。

传统的客户机/服务器（C/S）体系结构又称为两层模型，由客户应用程序直接处理对数据库的访问。因而每一台运行客户应用程序的客户机都必须安装数据库驱动程序，这增加了系统安装与维护的工作量。同时，数据库由众多客户程序直接访问，导致数据的完整性与安全性难以维护。多层分布式系统克服了传统的两层模式的许多缺点，其主要特点如下：

1）安全性。中间层隔离了客户直接对数据服务器的访问，保护了数据库的安全。

2）稳定性。中间层缓冲客户端（Client）与数据库的实际连接，使数据库的实际连接数量远小于 Client 应用数量，能够在一台服务器故障的情况下，透明地把 Client 工作转移到其他具有同样业务功能的服务器上。

3）易维护。由于业务逻辑在中间服务器，当业务规则变化后，客户端程序基本不改动。

4）快速响应。通过负载均衡以及中间层缓存数据能力，可以提高对客户端的响应速度。

5）系统扩展灵活。基于多层分布体系，当业务增大时，可以在中间层部署更多的应用服务器，提高对客户端的响应，而所有变化对客户端透明。

据统计，一栋楼在设计施工阶段大约产生 10TB（1TB = 1024GB）的数据，如果到了运维阶段，数据量还会增大。因此，智慧工地系统在开发设计过程中，必须考虑到施工现场大数据存储、传输、分析、链接的问题，形成数据处理能力好、维护性高、安全性强的多层分布式体系结构。

2. 智慧工地架构开发

本节将从程序设计角度，利用面向对象的编程思想，分析智慧工地系统的架构原则、架构分类和架构视图，厘清架构的相关概念。

（1）面向对象编程简介

面向对象（Object Oriented，OO）是计算机界关心的重点，它是20世纪90年代软件开发方法的主流。面向对象的概念和应用已超越了程序设计和软件开发，扩展到很宽的范围，如数据库系统、交互式界面、应用结构、应用平台、分布式系统、网络管理结构、CAD技术、人工智能等领域。

面向对象编程（Object Oriented Programming，OOP）是一种方法论，而不是一种具体的编程语言。不同编程语言在实现OOP过程中存在很大差异，如Java、Delphi等不支持直接多继承，必须要以接口的方式实现间接多继承，而Python可支持直接多继承，并通过查找顺序（MRO）的深度搜索或广度搜索两种方式判断被调用的基类。

一般来说，面向对象编程有以下四大基本特征：

1）抽象。抽象是指提取现实世界中某事物的关键特性，为该事物构建模型的过程。对同一事物在不同的需求下，需要提取的特性可能不一样。得到的抽象模型中一般包含：属性（数据）和操作（行为）。这个抽象模型称为类，对类进行实例化得到对象。

2）封装。封装可以使类具有独立性和隔离性，保证类的高内聚，只暴露给类外部或者子类必需的属性和操作。类封装的实现依赖类的修饰符（Public、Protected和Private等）。

3）继承。继承是指对现有类的一种复用机制。一个类如果继承现有的类，则这个类将拥有被继承类的所有非私有特性（属性和操作）。这里指的继承包含类的继承和接口的实现。

4）多态。多态是在继承的基础上实现的。多态包括继承、重写和基类引用指向子类对象三个要素。基类引用指向不同的子类对象时，调用相同的方法，呈现出不同的行为，就是类多态特性。多态可以分成编译时多态和运行时多态。

智慧工地系统采用多层分布式体系的软件结构，建议采用面向对象的开发模式，以达到表7-2所列的四大优点。

表7-2　智慧工地系统采用面向对象开发模式的优点

优　点	描　述
易维护	采用面向对象思想设计的结构，可读性高，由于继承的存在，即使改变需求，维护也只是在局部模块，所以维护起来非常方便并且成本较低
质量高	在设计时，可重用现有的，或在以前的项目的领域中已被测试过的类，使系统满足业务需求并具有较高的质量
效率高	在软件开发时，根据设计的需要对现实世界的事物进行抽象，产生类。使用这样的方法解决问题，接近于日常生活和自然的思考方式，势必提高软件开发的效率和质量
易扩展	由于继承、封装、多态等特性，可以设计出高内聚、低耦合的系统结构，使得系统更灵活、更容易扩展，而且成本较低

（2）架构原则

应用面向对象的编程思想，在一般的软件系统开发阶段，通常要遵守一定的架构原则，具体如下：

1）单一职责原则（ Single Responsibility Principle，SRP）。对于一个类而言，应该仅有一个引起它变化的原因。

2）开放封闭原则（Open Closed Principle，OCP）。软件实体，如：类、模块与函数，对于扩展应该是开放的，但对于修改应该是封闭的，即可以扩展类，但不能修改类。

3）里氏替换原则（Liskov Substitution Principle，LSP）。使用基类的指针或引用的函数，必须是在不知情的情况下，能够使用派生类的对象，即基类能够替换子类，但子类不一定能替换基类。

4）最少知识原则（Least Knowledge Principle，LKP），尽量减少对象之间的交互，从而减小类之间的耦合，简言之为“低耦合、高内聚”。

5）接口隔离原则（Interface Segregation Principle，ISP），一个类与另一个类之间的依赖性，应该依赖于尽可能小的接口。

6）依赖倒置原则（Dependence Inversion Principle，DIP），高层模块不应该依赖于低层模块，它们应该依赖于抽象。抽象不应该依赖于细节，细节应该依赖于抽象，即应该面向接口编程，不应该面向实现类编程。

（3）架构的开发目标

按照软件系统开发原则，良好的架构应使每个关注点互相分离，尽可能使系统一部分的改变不至于影响到其他部分，并达到以下开发目标：

1）分离功能性需求。一般希望保持功能性需求之间是分离的，功能表明了不同最终用户的关注点，并且可能互相独立发展，所以不希望一个功能的改变会影响到其他。功能性需求一般是站在问题域的高度来表达的，因此很自然地希望系统特定功能从领域中分离出来，这样就便于把系统适配到类似的领域中。另一方面，一些功能需求会以其他功能需求扩展的形式来定义，这样更需要它们互相独立。

2）从功能需求中分离出非功能性需求。非功能性需求通常标识所期望的系统质量属性：安全、性能、可靠性等，这就需要通过一些基础结构机制来完成。比如，需要一些授权、验证以及加密机制来实现安全性；需要缓存、负载均衡机制来满足性能要求。通常，这些基础结构机制需要在许多类中添加一小部分行为（方法），这就意味着与基础结构机制实现的一点变动都会造成巨大的影响，因此要使功能需求与非功能需求之间保持分离。

3）分离平台特性。现在的系统运行在多种技术之上，比如身份验证的基础结构机制就可能有许多可选的技术，这些技术经常是与厂商有关的，当一个厂商把它的技术升级到一个新的、更好的版本的时候，如果系统是紧密依赖于这项技术前一个版本的，那么进行升级就不那么容易，所以要使平台特性与系统保持独立。

4）把测试从被测单元中分离出来。作为完成一项测试的一部分工作，必须采用一些控制措施和方法（调试、跟踪、日志等），这些控制措施保证系统运行流程符合测试要求的规程。这些方法是为了在系统执行的过程中提取信息，以确认系统确实是按照预期的测试流程执行的。

综合以上原则和目标，在开发过程中，多层分布式的智慧工地系统的架构划分应保持程序的可扩展性、可重用性、可维护性，使模块内部紧聚合，模块之间松耦合，努力实现逻辑分离、物理分离，直至空间分离。

(4) 架构分类

架构又称软件架构（Software Architecture），是一系列相关的抽象模式，用于指导大型软件系统各个方面的设计。架构描述的对象是直接构成系统的抽象组件。各个组件之间的连接则明确和相对细致地描述了组件之间的通信。在面向对象领域中，组件之间的连接通常用应用程序接口（API）来实现。

软件架构是一个系统的草图，是构建计算机软件实践的基础。在软件架构的概念上，架构一般分为以下五个方面：

1）逻辑架构。它关注职责划分和接口定义，其设计着重考虑功能需求，突出各子系统或各模块之间的业务关系。设计内容包括模块划分、接口定义和邻域模型。

2）开发架构。它关注程序包，其设计着重考虑开发期质量属性，如可扩展性、可重用性、可移植性、易理解性和易测试性等。设计内容包括技术选型、文件划分和编译关系。

3）运行架构。它关注进程、线程、对象等运行的概念，以及相关的并发、同步、通信等问题。其设计着重考虑运行期质量属性，例如性能、可伸缩性、持续可用性和安全性等。设计内容包括技术选型、控制流划分和同步关系。

4）物理架构。它关注软件系统最终如何安装或部署到物理机器。其设计着重考虑安装和部署需求，以及如何部署机器和网络来配合软件系统的可靠性、可伸缩性等要求。设计内容包括硬件分布、软件部署和方案优化。

5）数据架构。它关注持久化数据的存储方案。其设计着重考虑数据需求。设计内容包括技术选型、存储格式和数据分布。

(5) 架构视图

针对以上五种架构，一般应分别编制软件架构视图。

架构视图是对于从某一视角或某一点上看到的系统所做的简化描述，描述中涵盖了系统的某一特定方面，而省略了与此方面无关的实体。架构设计的多重视图（一般为五视图），从根本上说是由需求种类的复杂性所致。不同视图针对的受众和关注点均不同，在运用五视图方法进行架构设计时需要注意：多个架构视图间的同步问题和架构视图的数量问题，也就是必须保证不同视图之间是互相解释而不是相互矛盾的，同时严格控制架构视图的数量（如果需要，可引入新的架构视图，从而更加明确地制定和表达特定方面的架构决策，如安全性等）。常见的五视图种类如下：

1）逻辑视图。逻辑视图一般针对客户、用户、业务人员、开发组织，主要从系统的功能元素以及它们的接口、职责、交互维度入手，主要元素包括系统、子系统、功能模块、子功能模块、接口等，逻辑架构的设计着重考虑功能需求，系统应当向用户提供什么样的服务，关注点主要是行为或职责的划分，逻辑架构关注的功能，不仅包括用户可见的功能，还应当包括为实现用户功能而必须提供的辅助功能。逻辑架构的静态方面（包图、类图、对象图）是抽象职责的划分，动态方面（序列图、协作图、状态图、活动图）是承担不同职责的逻辑单元之间的交互与协作。

2）开发视图。开发视图（包图、类图、组件图）一般针对开发和测试相关人员，主要描述系统如何开发实现；主要元素包括描述系统的分层、分区、框架、系统通用服务、业务通用服务、类和接口、系统平台和大基础框架。开发视图的设计着重考虑开发期质量属性，关注点是软件开发环境中软件模块（包）的实际组织方式，具体涉及源程序文件、配置文件、源程序包、编译打包后的目标文件、直接使用的第三方 SDK/框架/类库，以及开发的系统将运行于其上的系统软件或中间件。

3）运行视图。运行视图的受众为开发人员。运行视图的设计着重考虑运行期质量属性，关注点是系统的并发、同步、通信等问题，这势必涉及进程、线程、对象等运行的概念，以及相关的并发、同步、通信等。运行视图的静态方面（包图、类图、对象图）关注软件系统运行时的单元结构，动态方面（序列图、协作图）关注运行时单元之间的交互机制。

4）物理视图。物理视图（部署图、组件图）一般针对系统运维人员、集成人员，它是系统逻辑组件到物理节点的映射，节点与节点间的物理网络配置等，主要关注非功能性需求，诸如性能（吞吐量）、可伸缩性、可靠性、可用性等，从而得出相关的物理部署结构图。物理视图的设计着重考虑安装和部署需求，关注点是目标程序及其依赖的运行库和系统软件最终如何安装或部署到物理机器，以及如何部署机器和网络来配合软件系统的可靠性、可伸缩性、持续可用性、性能和安全性等要求。

5）数据视图。数据视图的设计着重考虑数据需求，关注点是持久化数据的存储方案，不仅包括实体及实体关系数据存储格式，还可能包括数据传递、数据复制、数据同步等策略。

架构设计首先是从逻辑架构开始，逐步地分析和确认用户需求；其次是逐步开展开发架构与数据架构的设计，如软件分层、分包、技术框架、质量属性、数据库设计；再次是对于一些关键性功能进行运行架构设计，如性能、可伸缩性、可靠性、安全性；最后才是逐步开始考虑物理架构设计，如服务器、网络、安装部署等。

需要注意的是，架构层数和架构视图是不同的概念，不论一项多层分布式体系结构的系统分为多少个架构层数，在理论上都可以绘制出五类架构视图。

3. 智慧工地架构分层

因智慧工地系统适用的项目类型和项目相关单位不同，出现了架构层次划分的差异。

（1）基础架构

一般而言，智慧工地系统是以三层架构为基础的，因适用项目的差异或开发者喜好不同而对业务层（中间层）进行细化而形成的多层分布式体系结构。

第一层，表现层（又称表示层、用户层），用于和用户交互，提供用户界面和操作导航服务。

第二层，业务层（又称逻辑层、中间层），用于业务处理，提供逻辑约束，包含复杂的业务处理规则和流程约束，可用于大批量处理、事务支持、大型配置、信息传送、网络通信等。很多开发者更喜欢将业务层划分为三个子层：负责与表现层通信的外观服务层；负责业务对象、业务逻辑的主业务服务层；负责与数据层通信的数据库服务层，建立 SQL 语句和调用存储过程。

第三层，数据层（又称资源管理层），用于数据的集成存储。其没有或较少有数据处理任务，而定义了大量的数据管理任务。

完善的智慧工地系统，其表现层一般可通过 Web 界面或移动客户端实现。为实现对项目建设过程的实时监控、智能感知、数据采集和高效协同，提高作业现场的管理能力。业务层需要突出其利用物联网的技术，类似 RFID、传感器、摄像头、手机等硬件设备，因此这些硬件应划归业务层下的数据库服务层，必须通过逻辑判断对采集的数据进行过滤，不能不加判断地将全部数据都直接存储至数据库中。数据层中保存和管理有助于施工现场采集的或项目相关人员制作的有效数据，通过云平台进行高效计算、存储。

（2）典型架构

智慧工地管理系统由基础层、平台层、应用层、用户层构成，其系统架构框图如图 7-1 所示。

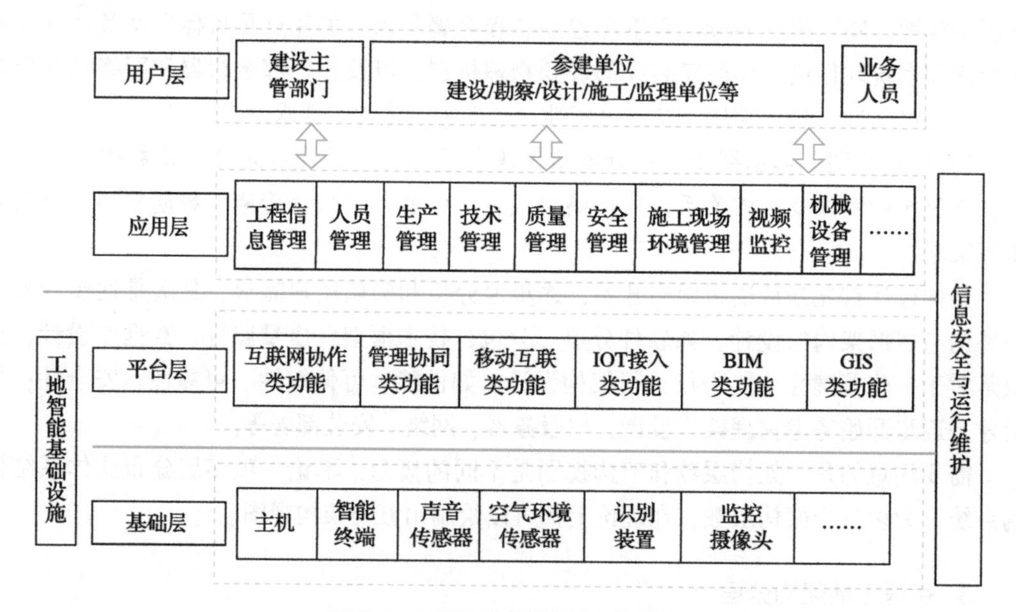

图 7-1　智慧工地管理系统架构框图

智慧工地管理系统架构要求采用云架构，非云架构下的系统宜向云架构升级过渡。

系统分层要求如下：

1）基础层包括现场信息采集、显示等各类信息设备，以及设备运行的基础设施，实现对施工现场各类信息进行传感、采集、识别、显示、存储、控制。

2）平台层包含如下类别的功能：互联网协作、管理协同、移动互联、IOT 接入、BIM、GIS，实现施工现场各种信息数据的汇聚、整合及各业务管理的功能性模块的集成运行，为应用层的具体应用提供支撑。

3）应用层由以下功能模块组成：工程信息管理、人员管理、生产管理、技术管理、安全管理、质量管理、施工现场环境管理、视频监控、机械设备管理。

4）用户层提供 PC 端和移动端两种展现手段，其中移动端应用应支持 iOS 和 Android 两种系统。用户层包括建设主管部门、建设单位、勘察单位、设计单位、施工单位和监理单位等相关业务人员以及系统管理员和数据维护人员等。

（3）常见架构

目前建筑业中普遍存在的四类常见的智慧工地架构层次，见表 7-3。

表 7-3　常见的智慧工地架构层次

序号	层数	各层名称	各层作用
1	3 层	数据访问层	对施工现场各类数据进行采集
		业务层	结合项目管理目标进行各类业务分析
		用户层	将分析结果传递到友好的用户界面
2	4 层	前端感知层	由传感器等智能硬件构成，主要用于施工现场数据采集
		本地管理层	将前端感知层的数据通过无线方式上传到本地管理平台，进行显示等处理
		云端部署层	将本地管理层的数据通过无线方式实时上传到智慧工地云平台，在云平台利用大数据技术，对数据进行统计处理，然后以折线图等方式显示，助力决策层决策
		移动应用层	将智慧工地云平台处理过的数据通过移动互联网技术推送到智慧工地 APP，决策者可以随时随地查看施工现场的情况和数据以便决策
3	5 层	现场应用层	通过一系列实用的专业系统（如：施工策划、人员管理、机械设备管理、物资管理、成本管理、进度管理、质量安全管理、绿色施工、BIM 应用等）对施工现场设置的装置进行数据采集（如：模拟摄像机、编码器、RFID 识别、报警探测器、环境监测、门禁、二维码、智能安全帽、自动称重、车辆通行）
		集成监管层	方便企业管理层对项目管理者进行监管。通过标准数据接口将项目数据进行整理和统计分析，实现施工现场的成本、进度、生产、质量、安全、经营等业务的实时监管

（续）

序号	层数	各层名称	各层作用
3	5层	决策分析层	在集成监管层基础上，应用数据仓库、联机分析处理（OLAP）和数据挖掘等技术，通过多种模型进行数据模拟，挖掘关联，可进行目标分析、资金分析、成本分析、资源分析、进度分析、质量安全分析和风险分析等
		数据中心层	为支持各应用而建立的知识数据库系统，包括人员库、机械设备库、材料信息库、技术知识库、安全隐患库、BIM构件库等
		行业监管层	适用于政府部门按照法律法规或规范规程进行行业监管，包括质量监管、安全监管、劳务实名制监管、环境监管、绿色施工监管等
4	6层	智能采集层	将各类终端、施工升降机、塔式起重机作业产生的动态情况、工地周围的视频数据、混凝土和渣土车位置、速度信息上传至通信层
		通信层	由通信网络组成，是数据传输的集成通道
		基础设施层	通过移动网络基站等传递数据至远程数据库
		数据层	存储项目中的实时数据和历史数据的数据库系统
		应用层	包含进度、成本、安全、质量、环保、人员、节能、设备、物料等的智能分析运算
		接入层	包含浏览器界面和移动终端界面，供用户选用

7.2.3 智慧工地的数据需求分析

一般而言，在施工现场不同的管理内容下，智慧工地系统的应用内容和基本数据需求也不同。表7-4列举了可能的基本数据需求，实际数据需求应视项目和智慧工地系统架构的独特性或差异性分别确定。

表7-4 智慧工地基本数据需求

管理内容	应用内容	基本数据需求
施工策划	基于BIM的场地布置、进度计划编制与模拟、资源计划、施工方案及工艺模拟	项目建筑信息模型，可提取工程量、几何尺寸、空间结构关系、构件重量等；传感器，可提取自然环境信息（风速、温度、湿度）、应力、应变、耗电量、用水量等；项目信息管理系统，可提取施工进度、劳动力、材料库存、成本等

（续）

管理内容	应用内容	基本数据需求
进度管理	基于信息化的智慧进度管理；BIM 技术与进度管理的集成应用	项目总体进度计划、单位工程名称、分部分项工程名称、工序（名称、内容、时间参数）、控制性工序、实体工程量统计表、资金计划、劳动力计划、物资需求计划等
人员管理	基于互联网的施工人员培训；基于物联网的施工人员实名制管理；信息化门禁管理；农民工电子支付系统	人员身份信息、工种信息、培训信息、考勤信息、工资发放信息、职业资格信息、社保信息、劳务合同信息等
施工机械管理	基于互联网的设备租赁；基于移动终端的设备现场管理	机械设备供应商信息、采购流程制度、合同管理、设备管理信息、起重运输机械信息、安全操作流程、临时用电控制、人员管理、维修保养计划、常见故障信息等
物料管理	互联网采购管理；基于 BIM 的物料管理；基于物联网的物料现场验收管理；现场钢筋精细化管理；基于二维码的物料跟踪管理	物料库、供应商库、价格库；材料采购、到货检验、入库、领用、盘点的全过程信息；物料编码、名称、规格型号、材质、计量单位等信息；钢筋数据库；物料入库、出库、使用信息等
成本管理	基于 BIM 的工程造价编制；基于 BIM 5D 的成本管理；基于企业定额的项目成本分析与控制；基于大数据的材价信息服务	定额标准、工程量信息、计价信息、构件计算规则、扣减规则、清单及定额规则；工程量审核申报信息、进度款审核申请信息、投资偏差、费用组成方法；项目本身价格数据积累、材价信息网站数据等
质量管理	基于 BIM 的质量管理；基于物联网的工程材料质量管理；基于物联网的工程实测实量管理系统	建筑信息模型、质量管理的内容、规范要求、验收信息；检验批的划分、材料台账、设计要求、技术标准、现场见证取样节点设置、检验结果报告、不合格材料信息；数据采集点信息、二维码扫描标识等
安全管理	基于 BIM 的可视化安全管理；机械设备的安全管理；深基坑安全管理；高大模板安全管理；专项施工方案编制及优化	施工方案、工人属性信息、工人位置信息、安全装备佩戴信息、机械位置信息、不安全因素信息；设备信息、使用量、品种、规格、维修方法、安全隐患、特种设备；水文地质信息、监测信息；地面沉降、扣件、顶杆、整体倾覆信息；工程概况、编制依据、施工计划、工艺技术、安全保证措施、劳动力计划、图样和计算书等

（续）

管理内容	应用内容	基本数据需求
绿色施工管理	基于物联网的节水管理；基于BIM的钢筋自动加工；钢结构施工全过程管理；基于物联网的环境检测与控制；基于GIS和物联网的建筑垃圾管理；绿色施工在线检测评价	生产用水、生活用水、雨水排放、喷淋养护、降尘洒水、绿化灌溉；建筑信息模型、钢筋自动翻样、半自动加工、全自动加工；噪声、粉尘、温度、湿度、污水排放、大体积混凝土测温、能耗监测；垃圾出场申报、分类识别、自动计量、动态跟踪、结算、数据统计查询等
项目协同	基于云平台的图档协同；基于BIM和移动终端的综合项目协同管理	施工图、建筑信息模型、文件类别、归档要求等
行业监管	建设工程质量监管、混凝土质量监管、深基坑工程安全监管、起重机械安全监管、高支模安全监管、绿色施工监管、从业人员实名制监管、工程诚信评价管理	检测机构、检测人员、检测设备、检测标识；混凝土的生产、出厂、运输、泵送、浇筑等环节信息；水位、应力、地下管线位移、不均匀沉降信息；关键质量、力矩、高度、幅度、角度、风速、倾角信息；模板沉降、立杆轴力、立杆倾角、支架整体位移信息；能耗、水耗、噪声、扬尘信息；人员基本身份信息、培训和技能状况、从业经历、考勤记录、诚信信息、工资支付信息；企业市场行为、质量安全状况、履约情况、其他信息等

7.2.4 智慧工地的模块关联分析

模块又称构件，是能够单独命名并独立地完成一定功能的程序语句的集合（即程序代码和数据结构的集合体）。它具有两个基本的特征：外部特征和内部特征。外部特征是指模块跟外部环境联系的接口（即其他模块或程序调用该模块的方式，包括有输入、输出参数，引用的全局变量）和模块的功能；内部特征是指模块的内部环境具有的特点（即该模块的局部数据和程序代码）。

1. 模块的划分

模块划分是指在软件设计过程中，为了能够对系统开发流程进行管理，保证系统的稳定性以及后期的可维护性，对软件系统按照一定的准则进行模块划分。根据模块来进行系统开发，可提高系统的开发进度，明确系统的需求，保证系统的稳定性，通过模块划分可以取得以下效果：使程序实现的逻辑更加清晰，可读性强；使多人合作开发的分工更加明确，容易控制；能充分利用可以重用的代码；抽象出可公用的模块，可维护性强，以避免同一处修改在多个地方出现；系统运行可方便地选择不同的流程；可基于模块化设计优秀的遗留系统，组装开发新的相似系统，甚至全新系统。

模块划分一般采用封装驱动设计方法（Encapsulation-Driven Design），又称 EDD 方法。该方法包含如下四个步骤：

1）研究需求，要求确定设计者上下图文和功能树。

2）粗粒度分层，划分架构层和功能模块（可以跨层），有助于分离关注点和分工协作。

3）细粒度分模块，将架构层内支持不同功能组的职责分别封装到细粒度模块，使每个功能模块由一组位于不同层的细粒度模块组成。

4）用例驱动模块划分结构评审、优化。用例（Use Case）是在不展现系统或子系统内部结构的情况下，对系统或子系统的某个连贯的功能单元的定义和描述，演示了人们如何使用系统。通过用例观察系统，能够将系统实现与系统目标分开，有助于满足用户要求和期望，而不会沉浸于实现细节。通过用例，用户可以看到系统提供的功能，先确定系统范围，再深入开展项目工作。

对于智慧工地系统，可以参照共友时代智慧工地系统功能模块，见表 7-5。

表 7-5　共友时代智慧工地系统功能模块

序号	功能模块名称	功能模块概述
1	高速人脸识别系统（含 IC 卡识别）	2 通道，含 3 台闸机、4 个摄像头（对 4 套算法）、1 个服务器、1 计算机、1 显示大屏，同时配有 100 张 IC 卡、4 刷卡器、1 发卡器及 2 闸控等 支持 IC 卡及人脸识别，其中人脸识别效率为 30 帧/s，准确率达到 99%，针对移动和静止的人员均能检测和识别；可实现进场人员身份识别、劳务人员工时考勤、在场工种人数统计、奖惩资质证书记录等功能
2	安全帽佩戴识别系统	含 1 个安全帽识别摄像头（对应 1 套算法）、服务器、计算机 利用图像识别技术，在被监控区域内，动态识别行人和行人是否佩戴安全帽，记录抓拍未佩戴人员的图像上传云平台，进行统计分析及报警提示
3	智能安全帽定位系统	含 2 个基站、1 个注册机、10 顶安全帽、2 张流量卡 通过工人佩戴装载智能芯片的安全帽，基站进行数据采集和传输，在平台上进行数据整理、分析，可清楚了解工人现场分布、个人考勤数据等，给项目管理者提供科学的现场管理和决策依据
4	视频周界入侵系统	含 1 个视频周界入侵摄像头（对应 1 套算法）、1 台服务器、1 台计算机 可在视频图像上设定周界区域，摄像头实时进行现场监控，通过智能视频分析技术，对入侵该区域的人进行探测、识别、报警，管理人员可通过视频回放查看具体的成因
5	VR 安全教育	含 16 个场景（分为物体打击、火灾、机械伤害、高空坠落、触电、坍塌 6 大类）、1 台计算机、1 套 VR 头盔、1 台 55 寸液晶显示屏 通过对工地现场经常发生生产安全事故的场景进行仿真模拟，能够有效地提高工人的安全意识

（续）

序号	功能模块名称	功能模块概述
6	塔式起重机安全监控系统	含重量、高度、幅度、回转传感器、主控单元、显示器、继电器、群塔防碰撞模块 通过传感器实时采集塔式起重机的运行数据，发生超载、超力矩违章操作时，监控设备在发生预警、报警的同时，自动终止升降机危险动作，同时支持区域保护及群塔防碰撞功能，有效避免和减少生产安全事故的发生
7	吊钩可视化监控系统	含高度及幅度传感器、主控单元、高清红外球机、1对无线网桥、视频显示器、硬盘录像机等 高清球形摄像机安装在大臂最前端，通过有线或无线方式将吊钩前端视频图像传送到塔式起重机司机操作室的监控屏上。系统可根据吊钩的运动，自动调整焦距使图像最佳化，使塔式起重机司机无死角监控吊运范围，从而减少盲吊所引发的事故，对地面指挥进行有效补充
8	升降机安全监控系统	含升降机主控、高清显示器、GPRS模块、虹膜身份识别、起升高度传感器等 支持司机身份识别，通过传感器实时采集升降机的楼层、速度等数据，监测前、后门状态和天窗状态并进行报警告知；监测升降机吊厢顶部与底部的位置关系，接近安全值时进行实时报警，及时预防冲顶和蹲底事故发生
9	卸料平台安全监控系统	含旁压式传感器、主控单元、显示器、声光报警装置等 实时监控卸料平台载重，当出现超载则现场声光报警，提醒施工人员规范作业；同时监控数据能够实时上传到平台并进行统计分析，管理人员可评估卸料平台的违规情况及施工风险
10	扬尘噪声检测系统	含主控机、传感器（PM2.5、PM10、噪声、风速、风向、温度、湿度）、LED显示屏、支杆 对施工现场区域环境的空气及噪声进行实时监测，其中室外环境监测设备可对噪声、颗粒物浓度（PM2.5、PM10）、风向、风速、温度、湿度、大气压等多项环境参数要素进行全天候现场精确测量与LED屏实时显示
11	智能降尘喷淋控制系统	含喷淋控制器、GPRS、模块报警装置等 当现场PM2.5、PM10等颗粒物超标时，管理人员可通过手动、定时方式进行现场的喷淋作业，提升工地的施工环境状况。可对接雾炮喷淋、塔式起重机喷淋、墙面喷淋等多种喷淋设备
12	视频监控	含1球3枪、硬盘录像机、交换机、显示器、硬盘等 支持视频预览、云台操作、大屏墙功能 项目远程视频监控系统可应用于项目施工生产、质量、安全、文明施工管理等方面，管理者可及时掌握施工动态，对施工难点和重点及时监管。监控范围全面覆盖现场出入口、施工区、加工区、办公区和主体施工作业面等重点部位

（续）

序号	功能模块名称	功能模块概述
13	红外对射监控系统	含 110m 的对射、网络模块、电源等 在临边洞口放置红外对射的监控装置，若有人入侵该区域阻断红外线的接收，则判断有人入侵并进行报警通知，防止因为临边洞口坠落等所产生的人员伤亡
14	智能烟感消防监测	实时监控各烟感探头的在线及报警状态，并通过电话、消息等方式进行提醒
15	智能工地监管平台	实时采集工地现场的设备、安全、质量、环境、人员等数据并进行统计分析，并支持通过平面图显示监控设备的位置分布，管理人员可通过项目平台了解施工现场各环节的作业状态，为施工决策提供依据
16	智能工地集团监管平台	支持从公司总部、子分公司、项目部的多层级、多角色、跨区域的管理，可查看项目现场、施工企业的进度、质量、安全、施工环境等数据并进行统计分析，为施工企业集中管理提供决策依据及便利
17	智能工地一体化管控平台	实时采集下辖项目的特种设备、人员、环境、视频等数据，支持特种设备的备案管理。可通过电子地图显示项目监控数据的查询、统计及分析，实现分级、分权管理

2. 模块的关联

多个模块构成了一个架构分层。因此，模块之间的关系也可以使用标准建模语言（Unified Modeling Language，UML）建模方式形象地表示在架构视图中。软件模块之间的关系通常包括调用关系、包含关系和嵌套关系。

一般来说，标准建模语言通过 8 类视图和 8 种图来表达模块之间的 3 类基础关系（模块之间的基础关系为：调用关系、包含关系、嵌套关系）。UML 视图与图见表 7-6。视图被划分为三个域：结构、动态、模型管理。结构域描述了系统中的结构成员及其相互关系，包括类、用例、组件和节点。结构元素为研究系统的动态行为奠定了基础。结构视图包括静态视图、用例视图、实现视图和部署视图。动态域描述了系统随时间变化的行为，用从静态视图中抽取出来的系统的瞬间值变化来描述。动态行为视图包括状态视图、活动视图和交互视图。模型管理说明了模型的分层组织结构。包是模型的基本组织单元，特殊的包还包括子系统和模型。模型管理视图跨越了其他视图并根据系统的开发和配置组织这些视图。

模块之间的相互关系均可由三类基础关系演变得出，如 UML 类图中的泛化（Generalization）、实现（Realization）、关联（Association）、聚合（Aggregation）、组合（Composition）、依赖（Dependency）等关系。模块之间可能同时包含多种关系，只是各种关系的强弱程度不同，可以根据它们在 UML 图中的线型来表示，例如依赖是虚线，而关联是实线，虚线比实线的程度更弱一些。

表7-6 UML视图与图

主区域	视图	图	主要概念
结构	静态视图	类活动图	类、关联、泛化、依赖关系、实现、接口
	用例视图	用例图	用例、参与者、关联、扩展、包括、用例泛化
	实现视图	组件图	构件、接口、依赖关系、实现
	部署视图	部署图	节点、构件、依赖关系、位置
动态	状态视图	状态图	状态、事件、转换、动作
	活动视图	活动图	状态、活动、完成转换、分叉、结合
	交互视图	序列图	交互、对象、消息、激活
		协作图	协作、交互、协作角色、消息
模型管理	模型管理视图	类图	包、子系统、模型
可扩展性	所有	所有	约束、构造型、标记值

遵循前述的架构原则开发时，因为“粗粒度模块间松耦合，细粒度模块间紧聚合”的特性，模块关联的重点将是细粒度模块关联的设计。同时，研究某个系统各模块间的关系，必须立足于项目实际。为了达到某一目的，不同功能模块之间可以通过不同方式来划分细粒度模块，多个细粒度模块也可以通过不同关系表达出近乎相同的功能。

小结

本项目介绍了智慧工地系统的属性、相关概念，重点分析了智慧工地系统架构开发和典型架构，介绍了智慧工地的数据需求和模块关联。

讨论与思考

1. 请查阅文献，分析智慧工地、智慧施工、智慧项目、智慧城市等概念的异同。
2. 智慧工地系统若应用于项目全生命周期，需要在哪些方面做出改进？
3. 目前的智慧工地系统构建，多以新技术在建设工程项目施工管理的应用为特色，从施工管理角度，新技术的使用往往需要增加相关的装置或设备，而某些设备可能引起工人的不适或反感。请从现场施工人员对于新增设备的接受度和认可度的角度进行讨论，思考在智慧工地系统未来的发展中，如何协调这类矛盾？
4. 请查找文献，了解智慧工地系统架构中感知层采集数据的方式有哪些。
5. 智慧工地系统的建设需要哪些交叉学科的相关知识？你认为其中起最主要作用的是哪个学科？为什么？
6. 目前，施工企业可采用的智慧工地系统解决方案一般是向软件公司采购，而不同软件公司的架构方式存在较大差异，扩展性较差。请思考在智慧工地新形势下，施工企业如何实现扩展性更好的架构模式？

项目8

智慧工地基础设施与智能设备

能力目标:

通过本项目的学习，能够识别智慧工地基础设施的类别、组成，熟悉主要设备的功能和作用。

学习目标:

1. 熟悉智慧工地基础设施设备的分类及构成。
2. 掌握主要设备的工作原理。
3. 熟悉主要设备的运行特征。

任务8.1 基础设施设备的分类与组成

训练目标:

熟悉智慧工地基础设施设备的组成，熟悉主要设施设备的功能和作用。

8.1.1 基础设施设备的分类

工地智能基础设施是智慧工地建设的基础内容，对应于系统架构中的基础层与平台层，为智慧工地各类系统应用提供基础信息通信环境及技术平台。智慧工地的基础设备主要包括信息采集设备、网络基础设施、技术平台、控制机房、信息应用终端。这些设备需要和前述的智慧工地关键技术集成为一个完整的系统，共同实现智慧工地的功能。

设备均应采用主流配置并适应信息通信技术的发展趋势，技术平台能力应具有通用性及兼容性，适应信息应用技术的发展要求。

8.1.2 基础设施设备的组成

1. 信息采集设备

信息采集设备是智慧工地管理系统的传感设备，包括独立安装的各类传感设备及集成于各业务功能模块的传感器；身份识别设备可包括生物特征识别、射频卡识别、条码识别、二维码识别等设备。建设项目的标准规范，采用《建筑工程施工现场监管信息系统技术标准》（JGJ/T 434—2018）的规定。《建筑工程施工现场监管信息系统技术标准》

经住房和城乡建设部批准、发布，其中信息采集有具体要求及符合当前的发展要求。

2. 网络基础设施

1）无线局域网络设施可包括 Wi-Fi、ZigBee、蓝牙等无线局域网技术所涉及的各类模组、终端、网关、路由器、协调器等设施设备。

2）无线局域网覆盖范围的要求是保证现场各信息设备互联互通。

3）移动通信网络可包括 3G、4G、5G 等移动通信网络，以满足人员通信及某些现场信息设备的接入需求。

4）移动通信信号的全面覆盖可保障人员及时通信及相关信息设备的接入。

3. 技术平台

1）互联网协作类功能，满足智慧工地基础协作的要求，提供包含但不限于施工现场所有参与人员的跨组织形式的团队建立、职位角色管理能力，即时沟通能力、云盘资料存储、电子化表格信息收集能力、任务协助及整个协作过程的日志责任留痕追溯能力。

2）管理协同类功能，满足智慧工地管理协同的要求，提供涉及施工现场的管理审批能力、基于施工现场管理的在线会商能力，施工企业对施工现场的管理协同能力，不同工程建设参建方围绕施工现场的协作管理能力。

3）移动互联类功能，满足智慧工地系统集成的要求，除提供集成智慧工地管理系统业务功能能力外，尚应具备集成其他业务功能模块的能力及对接第三方系统、平台的能力。IOT 接入类功能，满足智慧工地物联网设备信息采集接入的需求，提供施工现场各类物联网监测设备的接口支撑能力。

4）GIS 类功能，满足智慧工地 GIS 应用的要求，提供对于 GIS 空间数据管理能力及数据的提取和转化能力，以及在此基础上更进一层的数据管理、数据分析能力。

5）BIM 类功能，满足智慧工地基于 BIM 应用的要求，提供对于建筑信息模型集成信息交换接口能力，实现模型的导入、导出等基础应用；基于 BIM 的浏览展示能力，施工现场技术资料与建筑信息模型的关联能力，并实现基于 BIM 的智慧应用，主要包含施工现场设备自动采集或人工采集的质量、安全、进度、变更等信息与建筑信息模型的关联能力、基于 BIM 的在线协作能力、BIM 与施工图的联动展示能力，进而指导现场施工。

4. 控制机房

《云计算数据中心基本要求》（GB/T 34982—2017）规定了控制机房的场地、资源池、电能使用效率、安全、运行维护等基本要求。

5. 信息应用终端

1）固定终端设备一般指操作员、工程师等人员所使用的台式计算机。

2）移动终端一般指智能移动电话、平板计算机或各种专用手持式移动终端。

3）语音广播系统是信息发布、通知公告、预警应急等公共通告的重要辅助设施。

4）信息发布系统可包括点阵式 LED 屏、多功能一体式固定终端等设备。

任务 8.2 智慧工地智能设备

训练目标：

1. 熟悉数据采集设备的工作原理和功能特点。
2. 熟悉信息传输设备的工作原理和功能特点。
3. 熟悉数据存储设备的工作原理和功能特点。
4. 熟悉分析运算设备的工作原理和功能特点。

8.2.1 数据采集设备

1. 智能安全帽

（1）主要作用

劳务管理和现场安全管理一直是建设工程现场管理的难点。通过政府部门长期以来对劳务实名制的要求，建筑工地通过施工人员现场佩戴智能安全帽，管理人员能够实时掌握人员在场情况（包含劳务实名、定位分布、无感考勤、安全预警、人员滞留、人员工效等，利于安排生产；加强安全预警机制，避免出现安全事故等。

智能安全帽是以工人实名制为基础，以物联网+智能硬件为手段，通过工人佩戴装载智能芯片的安全帽，现场安装软件进行数据采集和传输，实现数据自动收集、上传和语音安全提示，最后在移动端进行实时数据整理、分析，使管理者清楚了解工人现场分布、个人考勤数据等，给项目管理者提供科学的现场管理和决策依据。

（2）工作原理和特点

1）智能安全帽是云计算、物联网技术的智能穿戴设备，其内置芯片，并通过防振测试。

2）落实劳务实名制。进行安全教育的同时，采用专用手持设备，进行身份证扫描，筛选工人工种、队伍等信息，同时进行证书扫描或人员拍照留存等；发放安全帽的同时，关联人员 ID 和安全帽芯片，真正实现人、证、图像、安全帽统一，如图 8-1 所示。

3）无感考勤。施工人员进入施工现场，通过考勤点时，接收信号装置主动感应安全帽芯片发出的信号，记录时间；通过 3G 上传到云端，再经过云端服务器按设定规则计算，得出人员的出勤信息，生成个人考勤表。

4）人员定位、轨迹和分布。当进入施工现场，通过考勤点或关键进出通道口时，接收装置主动感应安全帽芯片发出的信号，记录时间和位置；通过 3G 上传云端，经过云端服务器处理，得出人员的位置和分布区域信息，绘制全天移动轨迹。

5）智能语音安全预警。当施工人员进入施工现场，通过考勤点时，接收装置主动感应安全帽芯片发出的信号，区分队伍和个人，进行预警信息播报；预警信息预置可通过使用手机端自助录入。

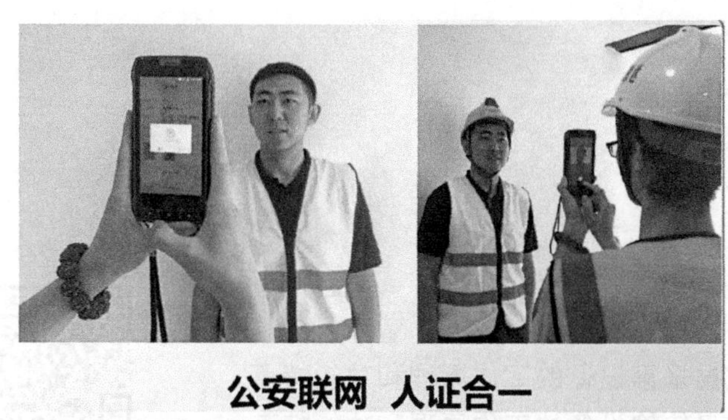

图 8-1　人、证、图像、安全帽统一

6）人员异动信息自动推送。提供人员出勤异常数据，区分队伍和工种，可监测人员出勤情况，辅助项目进行人员调配；提供人员进入工地现场长时间没有出来的异常滞留提醒，辅助项目对人员进行安全监测。

2. 门禁系统设备

门禁系统（Access Control System，ACS）是在智能建筑领域控制人员进出，准确记录和统计管理数据的数字化出入控制系统。出入口门禁安全管理系统是新型现代化安全管理系统，它集微机自动识别技术和现代安全管理措施为一体，涉及电子、机械、光学、计算机技术、通信技术、生物识别技术等诸多新技术。

门禁系统早已超越了单纯的通道及钥匙管理，逐渐发展成为一套完整的出入管理系统。它在工作环境安全、人事考勤管理等行政管理工作中发挥着较大的作用。

（1）闸机

闸机是一种通道阻挡装置（通道管理设备），用于管理人流并规范行人出入。其最基本、最核心的功能是实现一次只通过一人，可用于各种门禁场合的入口通道处。根据对机芯的控制方式的不同，闸机分为机械式、半自动式、全自动式。有些厂商会把半自动式称为电动式，把全自动式称为自动式。机械式是通过人力控制拦阻体（与机芯相连）的运转，机械限位控制机芯的停止；半自动式是通过电磁铁来控制机芯的运转和停止；全自动式是通过电机来控制机芯的运转和停止。根据同一台闸机所含机芯和拦阻体数量的不同，闸机可分为单机芯（包含 1 个机芯和 1 个拦阻体）和双机芯（包含 2 个机芯和 2 个拦阻体，呈左右对称形态）。根据拦阻体和拦阻方式的不同，闸机可以分为三辐闸、摆闸、翼闸、平移闸、转闸、一字闸等。智慧工地一般使用的是全自动式闸机，一般采用三辐闸、翼闸和转闸。

（2）人脸识别

人脸识别是基于人的脸部特征信息进行身份识别的一种生物识别技术。用摄像机或摄像头采集含有人脸的图像或视频流，并自动在图像中检测和跟踪人脸，进而对检测到的人脸进行脸部识别的一系列相关技术，通常也叫作人像识别、面部识别。闸机中的人脸识别如图 8-2 所示。

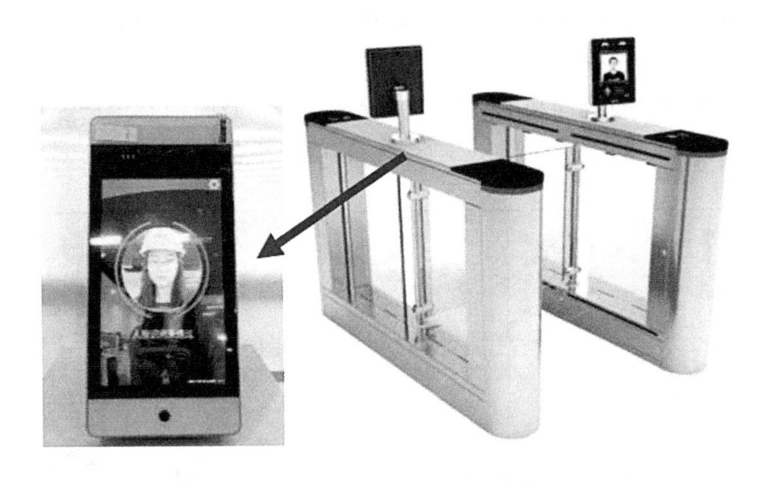

图 8-2　闸机中的人脸识别

人脸识别系统主要功能包含：人脸抓拍、实时人脸对比识别、人证对比与身份验证、人脸数据库管理和检索。

1）人脸抓拍。基于泛卡口监控摄像机，通过用户自主设定人脸检测区域和其他参数，进行实时人脸检测、跟踪和抓拍；支持多人同时检测，且无须特定角度和停留。

2）实时人脸比对识别。系统将跟踪抓拍到的最清楚的人脸照片与人脸数据库中的人脸照片进行实时快速比对验证，当人脸的相似度达到阈值，系统显示比对结果，包括抓拍照片、人脸数据库照片及对应的人员姓名、相似度等信息；系统跟踪抓拍的过程中，当比对结果为同一个人时，系统比对结果预览可更新显示相似度最高的抓拍照片；黑名单报警：当黑名单人员进入监控区，系统会自动报警，弹出对比照片和对照人员信息、相似度等，并将报警信息存入数据库；白名单功能：将监控摄像机检测到的实时人脸与白名单的人脸进行比对验证，当人脸在白名单中时允许通过并记录，否则报警并将报警信息存入数据库；支持按时间段、黑白名单信息等对存储的识别历史记录和报警历史信息进行查询。

3）人证对比与身份验证。利用高清网络摄像机，将跟踪抓拍到的最清楚的人脸图片进行特征提取，通过与身份证、工作证等证件照人脸数据库中的人脸照片进行快速比对，并将比对候选结果按照相似度由高到低进行排序。

4）人脸数据库管理和检索。系统可对图片中的人脸进行检测，对检测出的人脸特征进行建模，标注姓名、性别、年龄等相关信息后存入人脸数据库，供日后进行检索；系统提供海量人脸数据的高速检索功能，可从人脸数据库中检测出与输入人脸图像最为相似的一系列人脸图像，并按照人脸相似度排序；系统可对海量图片进行人脸分析和检索，实现对海量图片的筛选和过滤。最小支持 20 像素×20 像素分辨率的人脸图片检测和最小 30 像素×30 像素分辨率的人脸分析和检索。

3. 视频监控系统设备

视频监控系统是基于计算机网络和通信、视频压缩等技术，将远程监控获取的各种数据信息进行处理和分析，实现远程视频自动识别和监控报警。同时，可通过移动设备端 APP 实现移动监督，从而极大提高建设工程安全生产的监督水平和工作效率，有效减小对工地安全状况掌控的随机性和不确定性，保障监督，及时消除生产安全隐患，实现安全生产。视频监控系统的组成如图 8-3 所示，其功能特点如下：

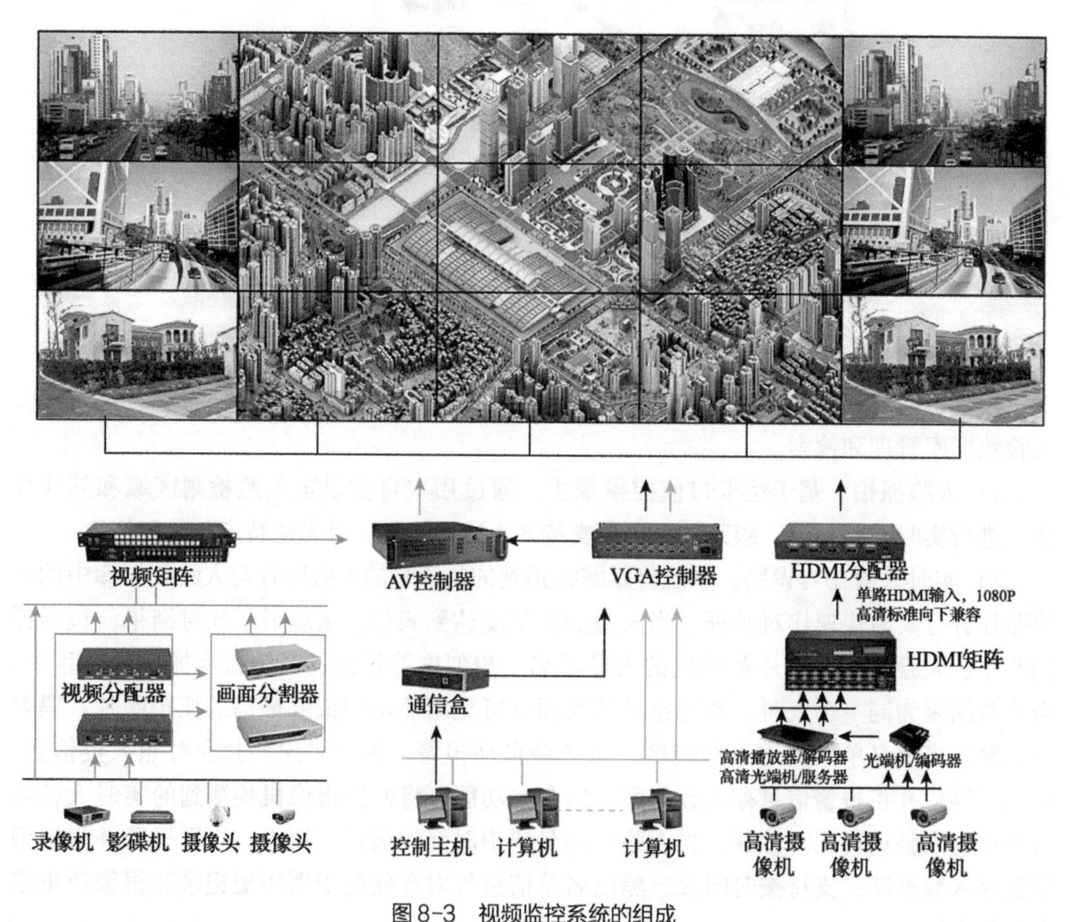

图 8-3 视频监控系统的组成

1）可高清显示现场摄像头获取的画面，与广播等系统进行联动管理，见表 8-1。

表 8-1　视频监控在工地现场的应用

序号	覆盖范围	选用设备类型	实现目的
1	工地出入口	高清枪式摄像机	监控进出人员，能看清进出物品细节
2	建筑材料堆放处 围墙等	高清枪式摄像机	监控建筑材料所在区域，防止材料被盗 围墙区域，防止人员翻越
3	员工宿舍区、生活区	高清枪式摄像机	监控进出人员，能看清细节
4	塔式起重机上方	高清网络球机	监控塔式起重机作业层情况，监控整个工地情况
5	配电室、危险品库房、电梯笼等存在安全隐患区域	高清枪式摄像机	监控用电及其他对安全管理要求较高的点位

通过与 AI 技术结合，视频监控系统在高清显示现场的同时，可以分析现场异常行为（如不佩戴安全帽、未穿反光衣、出现明火和烟雾），并第一时间预警和对视频留痕，保障工程质量和人员安全。视频监控系统与 AI 结合的应用如图 8-4 所示。

反光衣监测

作业面安全帽佩戴情况监测

图 8-4　视频监控系统与 AI 结合的应用

2）抓拍画面，及时记录，并通过手机 APP 进行操作，及时掌控项目形象进度。当发现质量、安全、变更、文明施工等各类问题时，可以对当前监控画面进行抓拍，并且可以按照组织、时间、图像类型等形式对拍摄到的画面进行查询。视频监控系统的抓拍功能如图 8-5 所示。

3）通过画面共享功能，建立企业监控中心，既可对各个项目现场情况进行监控，又可与项目部进行视频会议。画面共享如图 8-6 所示。

图 8-5　视频监控系统的抓拍功能

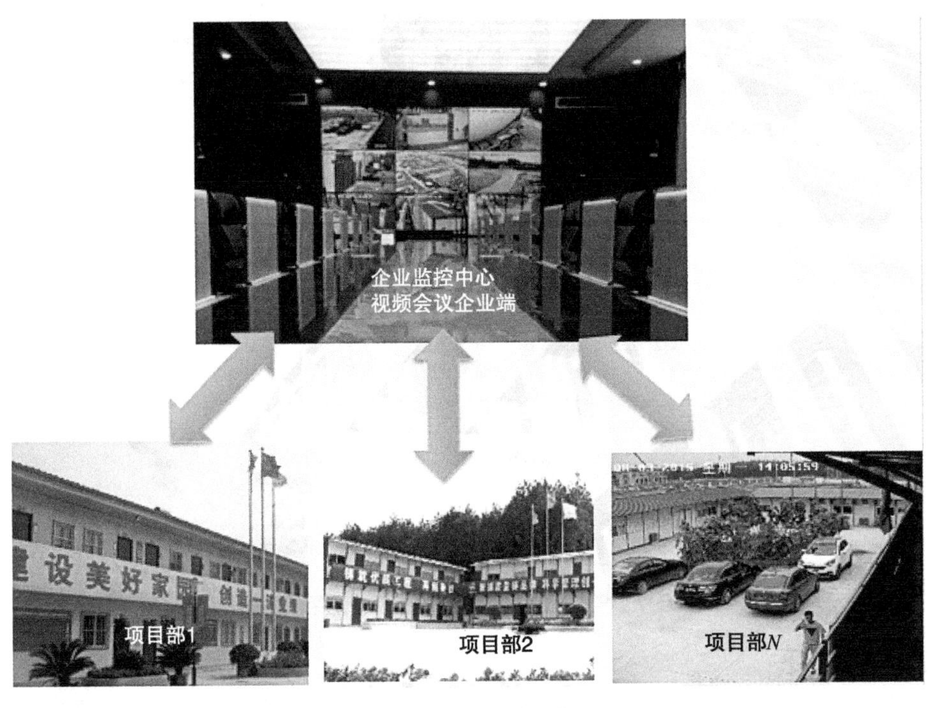

图 8-6　画面共享

4. 特种设备安全数据采集设备

建筑施工工地使用的特种设备有塔式起重机、施工升降机、物料提升机、高处作业吊篮、附着式提升脚手架、门式脚手架、起重吊装设备等。特种设备都是涉及生命安全、危险性较大的设备，需要特别注意加强特种施工设备在建筑施工作业中的安全管理和安全防范，防止和减少因特种设备事故导致群死群伤的重大生产安全事故。

塔式起重机安全监控管理系统实时监控塔式起重机的各种工作参数，该监控管理系统主要设备包括传感器、信号采集器、控制执行器、显示仪表、监控系统等。

(1) 塔式起重机智能化监控系统

通过在塔式起重机布置智能化监控系统，塔式起重机司机能随时监控塔式起重机的当前工作状态，如吊重、变幅、起重力矩、吊钩位置、工作转角、作业风速，以及对塔式起重机自身限位、禁行区域、干涉碰撞的全面监控，实现建筑塔式起重机单机运行和群塔干涉作业防碰撞的实时安全监控与声光预警、报警，为操作员及时采取正确的处理措施提供依据。

塔式起重机智能化监控系统的组成框图如图 8-7 所示。系统由主机、显示器和传感器组成。传感器主要有：重量传感器、幅度传感器、高度传感器、回转传感器、风速传感器、倾角传感器等。

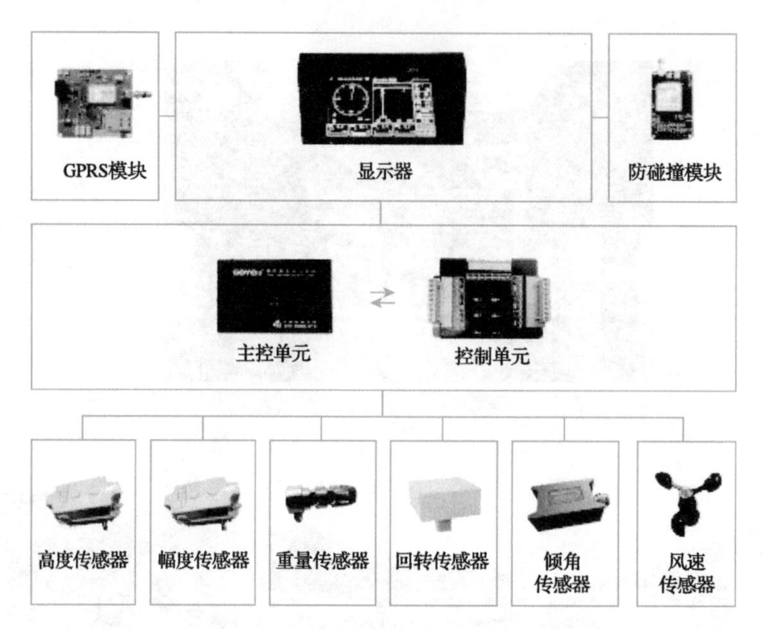

图 8-7　塔式起重机智能化监控系统的组成框图

系统功能如下：

1）塔式起重机运行数据采集。通过精密传感器实时采集吊重、变幅、高度、回转、环境风速等多项安全作业工况实时数据，并汇集到智慧工地数据平台中进行集中展示（图 8-8）。

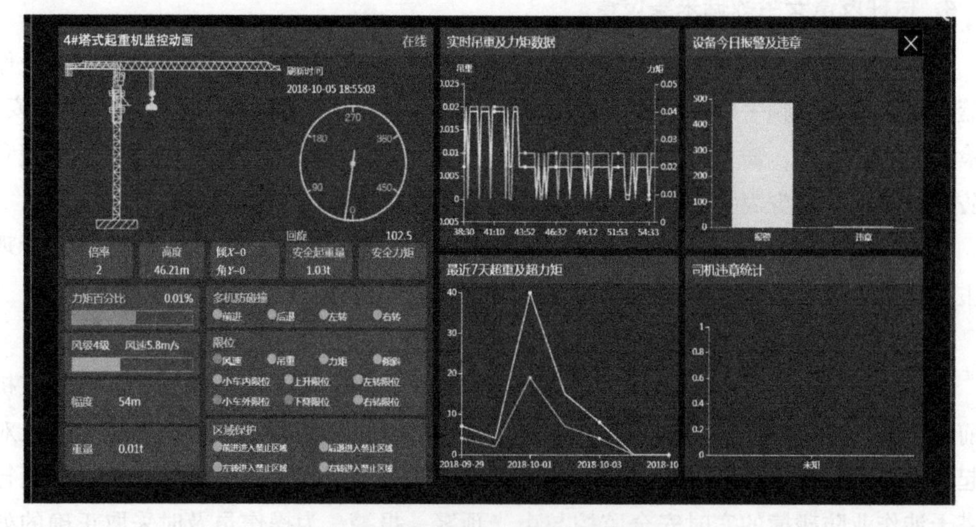

图 8-8　塔式起重机运行数据采集展示

2）工作状态实时显示。通过显示屏以图形数值方式实时显示当前实际工作参数和塔式起重机额定工作能力参数，使司机直观了解塔式起重机的工作状态，正确操作；并可实时监控单台塔式起重机的运行安全指标，包括幅度、高度、风速、吊重、力矩比、荷载比、转角等，在临近额定限值时发出声光预警和报警（图 8-9）。

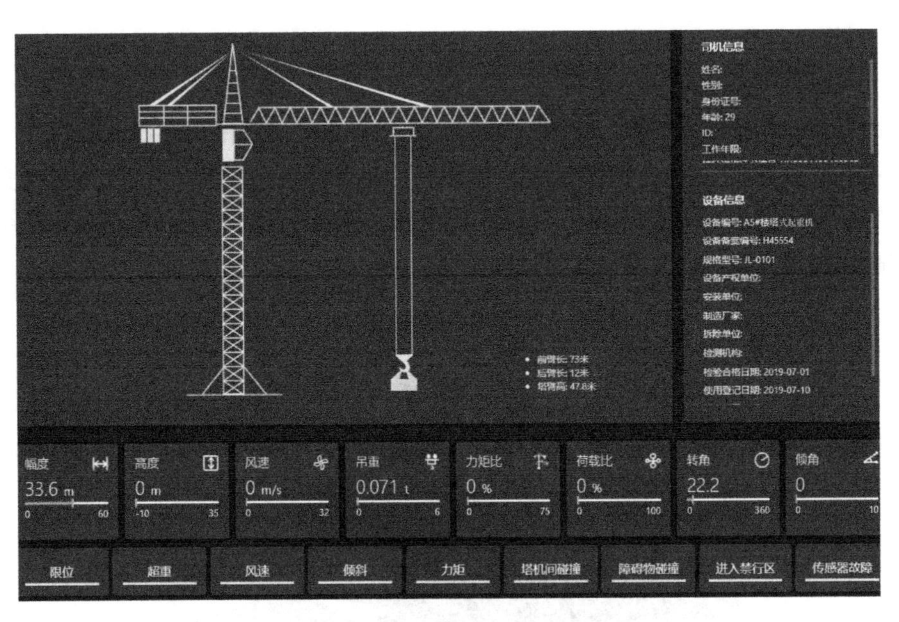

图 8-9　塔式起重机工作状态实时显示

3）根据 GIS 信号自动识别塔式起重机的分布位置，通过塔机运行数据智能分析碰撞关系，并及时报警（图 8-10）。

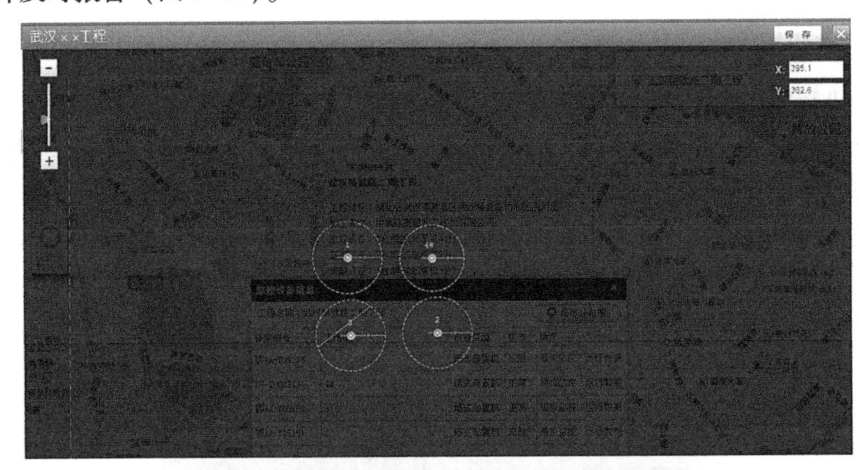

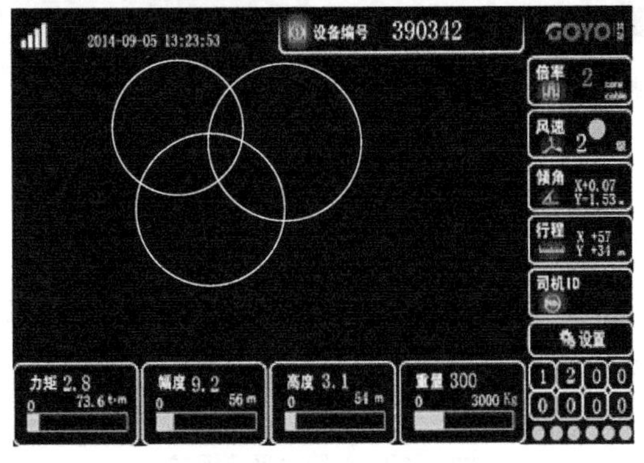

图 8-10　群塔防碰撞

4）系统可与手机 APP 进行实时交互，随时随地了解塔式起重机的情况。

（2）吊钩可视化系统

吊钩可视化系统能实时以高清图像向塔式起重机司机展现吊钩周围实时的视频图像，辅以语音系统，使司机快速处理盲吊、隔山吊，彻底解决视觉死角、远距离视觉模糊、语音引导易出差错等问题。吊钩可视化系统主要由系统主机（显示屏、软件系统）、传感器和高清摄像头组成。其应用如图 8-11 所示。

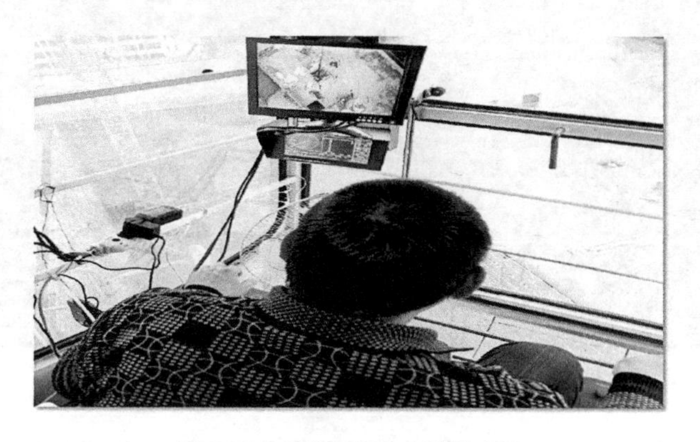

图 8-11　吊钩可视化系统的应用

5. 升降机智能化监测系统

升降机智能化监测系统集精密测量、自动控制、无线网络传输等多种高新技术于一体，包含载重监测、轿厢内拍照、速度监测、倾斜度监测、高度限位监测、防冲顶监测、门锁状态监测、驾驶员身份识别等功能。该系统能够全方位实时监测施工升降机的运行工况，且在有危险源时及时发出警报和输出控制信号，并可全程记录升降机的运行数据，同时将工况数据传输到远程监控中心。

升降机系统组成如图 8-12 所示。

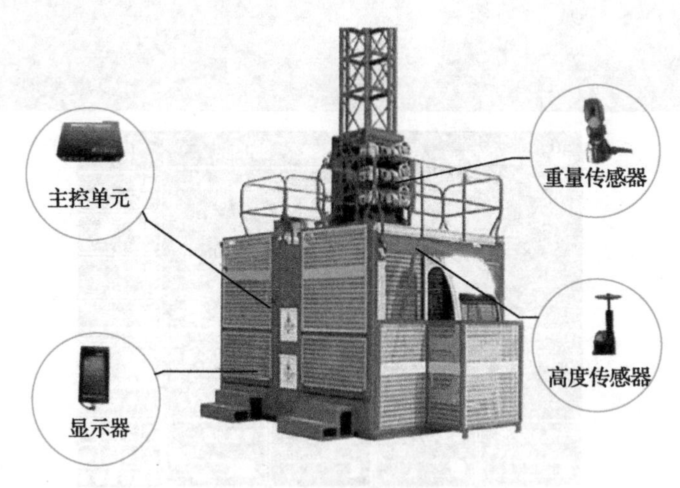

图 8-12　升降机系统组成

该系统功能特点如下：

1）升降机运行数据采集：通过精密传感器实时采集载荷、高度、上下限位状态、开关门状态、天窗状态等多项安全作业工况实时数据，如图 8-13 所示。

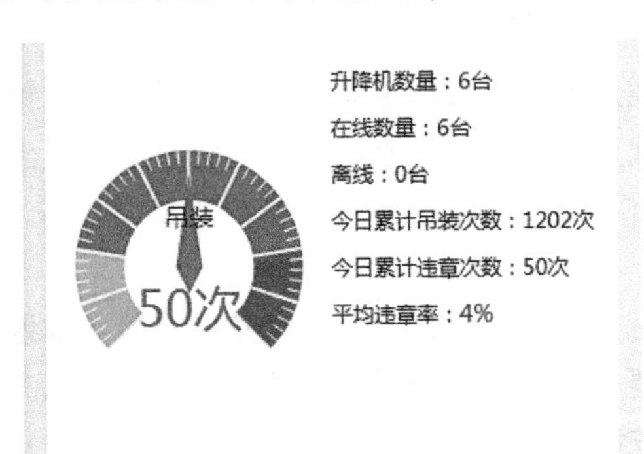

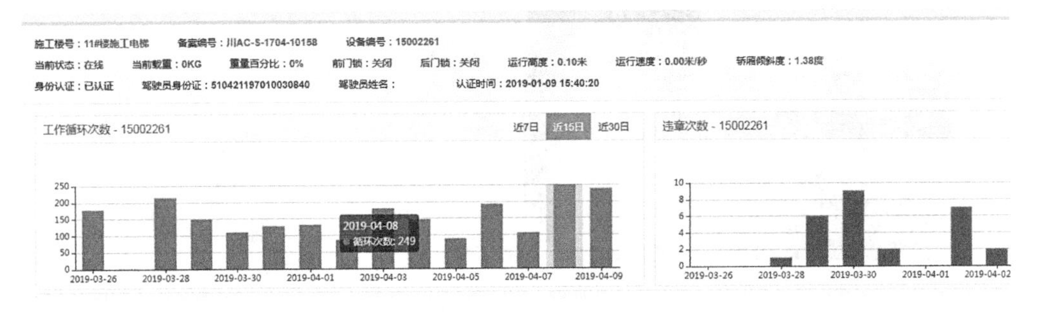

图 8-13 升降机数据采集

2）工作状态实时显示：通过显示屏以图形数值方式实时显示升降机当前实际工作参数和额定工作能力参数，如图 8-14 所示。

3）远程可视化监控平台：升降机运行数据和报警信息通过无线网络实时传送回监控平台，基于 GIS 技术实现升降机远程可视化监控，如图 8-15 所示。

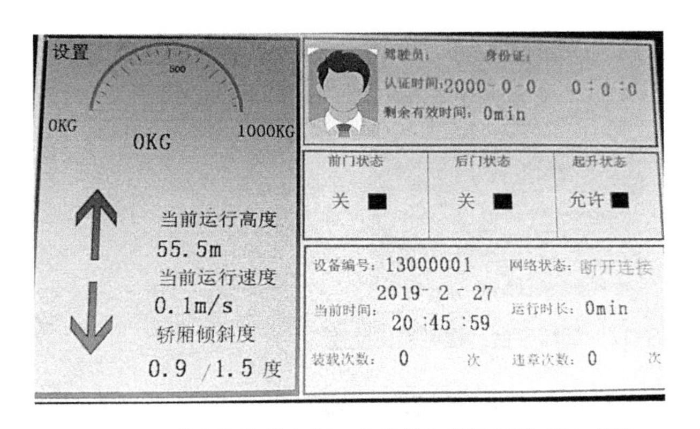

图 8-14 升降机当前实际工作参数和额定工作能力参数

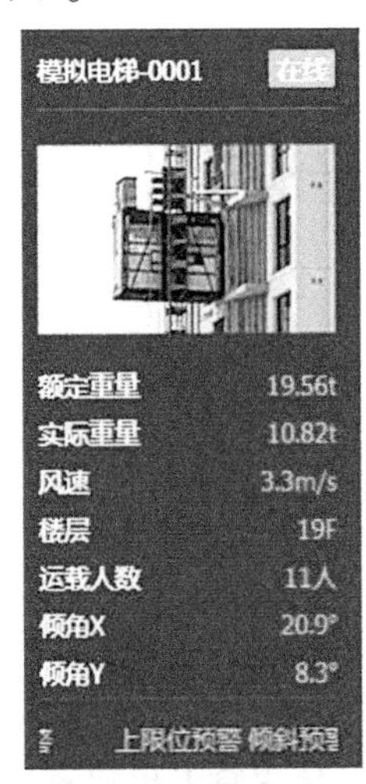

图 8-15 升降机远程可视化监控

4）升降机司机身份识别：支持 IC 卡、虹膜、人脸、指纹等识别方式，认证成功后方可操作升降机。

6. 卸料平台智能化监控系统

卸料平台智能化监控系统将重量传感器固定在卸料平台的钢丝绳上，通过重量传感器实时采集卸料平台的载重数据并在屏幕上进行实时显示，当出现超载时现场进行声光报警。设备支持通过 GPRS 上传数据，管理人员可通过平台查看卸料平台的实时数据、历史数据及报警数据。

卸料平台监控系统由主控单元、显示器、声光报警器、重量传感器、通信模块、终端软件等组成，各传感器根据实际需要选择配置，不同的产品需求传感器配置不一样。卸料平台智能化监控系统如图 8-16 所示。

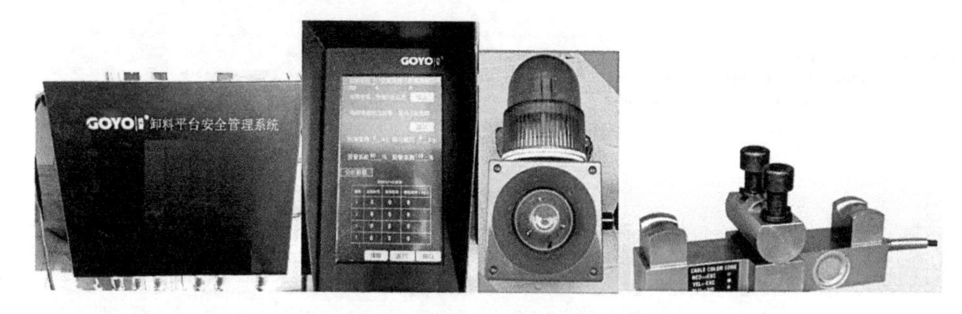

图 8-16　卸料平台智能化监控系统

该系统功能特点如下：

1）实时采集重量传感器数据，显示到显示屏上，并将数据上传到平台和手机 APP 中，实现远程可视化监控，如图 8-17 所示。

图 8-17　卸料平台远程可视化监控

2）在设备上可设置报警值，当载重超过报警值时，卸料平台现场会进行声光报警，从而提醒操作人员减小卸料平台负重。

3）设备内置 GPRS 模块，可将所采集的监测数据通过无线方式上传到云端，管理人员可通过平台进行远程查看及分析。

7. 车辆出入监控系统

在工地大门安装车辆识别摄像头，系统对车辆进行抓拍和统计，便于问题追溯。车辆出入监控系统由车牌识别相机、道闸、车辆检测器、信息显示屏（计算机）、交换机、软件系统等组成，如图 8-18 所示。

图 8-18　车辆出入监控系统

该系统功能特点如下：

1）图像留存。车辆进出时，摄像头会进行抓拍，识别车辆外形、驾驶员信息及车牌并上传至平台，便于事后问题追溯和排查；此外，利用深度学习技术，结合大量现场数据，可自动识别大型黄牌车，如图 8-19 所示。

2）建立白名单，自动放行合法车辆，识别错误或无车牌时，可手动开闸放行。

3）通过语音和引导屏，自动引导车辆进出并统计，减少人工误差，节约人工成本。

8. 周界入侵防护系统

为避免非施工人员进入施工现场（如深基坑周边、临边洞口、特定区域等）而造成人身伤害，可设置周界入侵防护系统。周界入侵防护系统基于人工智能图像识别技术，通过对监控视频设定警戒区域，实时分析周界入侵、越线检测，可有效识别入侵物体性质并自动报警，具有精度高的特性。其系统组成如图 8-20 所示。

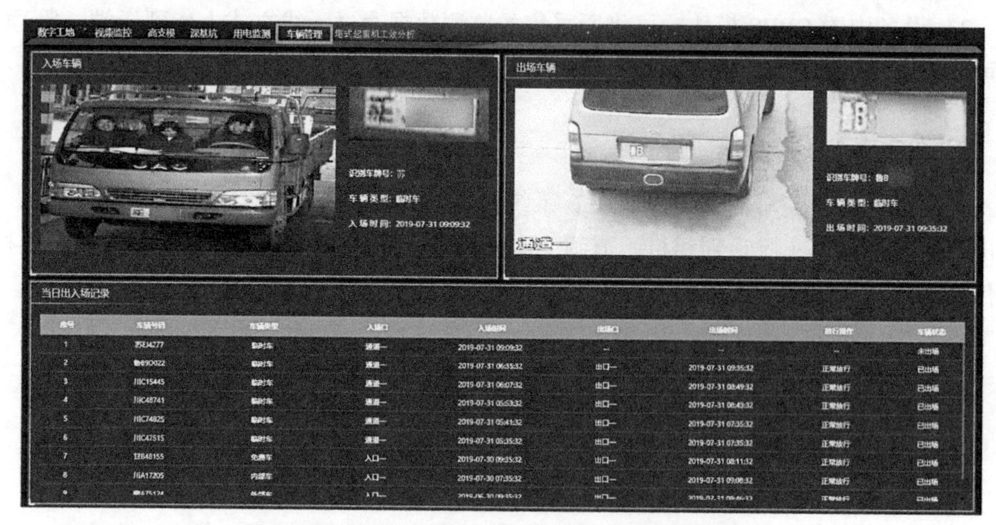

图 8-19　车辆出入摄像头抓拍、自动识别大型黄牌车

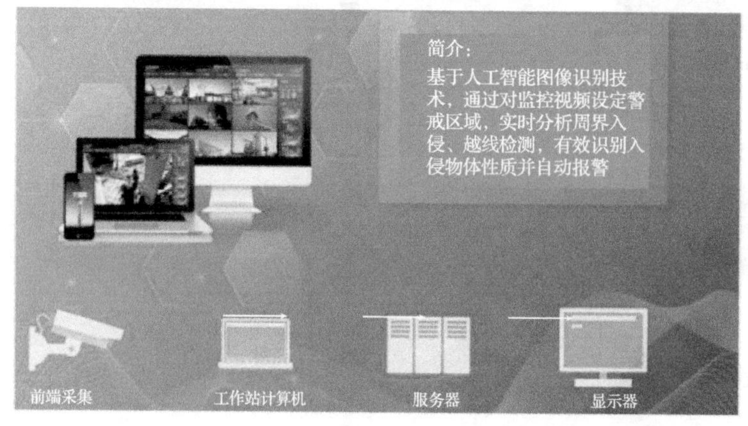

图 8-20　周界入侵防护系统组成

该系统功能特点如下：

1）可基于监控摄像头监控画面，直接划定监测区域，实时进行智能监测和分析。

2）可分时间段、类型、对象属性、视频源等设置告警阈值，进行更有效、更智能的报警，有效避免误报。

3）智能存储告警视频信息，并支持历史查询，方便调查取证。

4）可连接平台，远程实时监管监控区域，及时响应报警情况，有效制止入侵人员并处理越线物体。

9. 扬尘噪声监控系统

扬尘噪声监控系统基于物联网及人工智能技术，将各种环境监测传感器（PM2.5、PM10、噪声、风速、风向、空气温湿度等）的数据进行实时采集、传输，并将数据实时展示在现场 LED 屏、平台 PC 端及移动端中，便于管理者远程实时监管现场环境数据并能及时做出决策，提高了施工现场环境管理的及时性，并实现了对环境的准确监测，有助于防治环境污染。扬尘噪声监控系统的组成如图 8-21 所示。

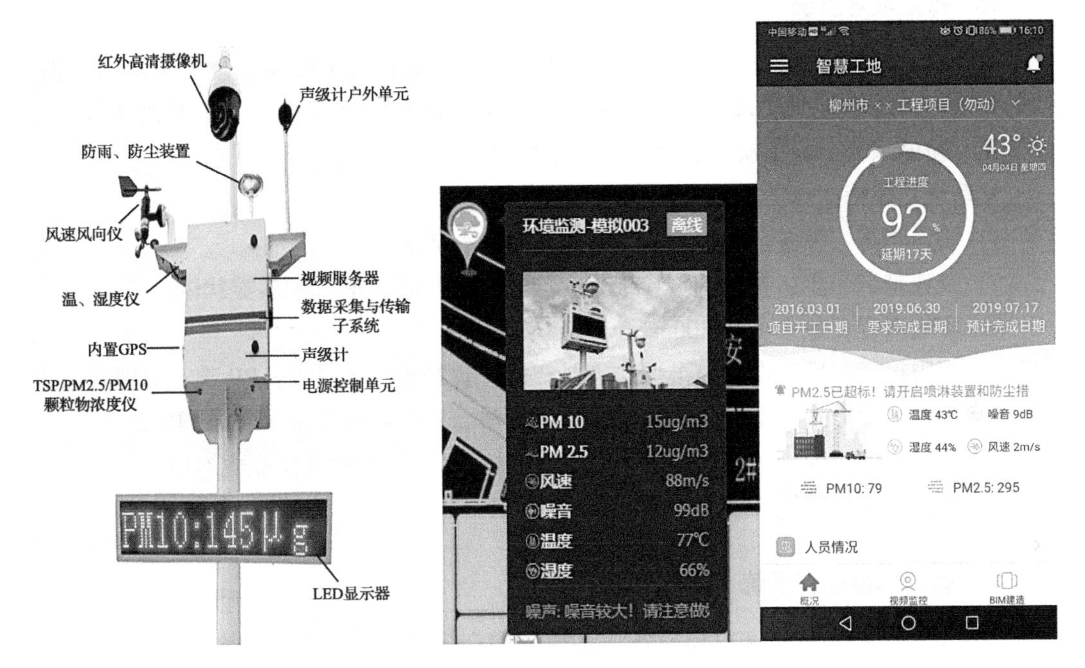

图 8-21 扬尘噪声监控系统的组成

该系统功能特点如下：

1）环境数据采集：通过精密传感器实时采集数据，可根据需求进行不同的数据监测及展示。

2）LED 屏、平台 PC 端及移动设备端数据实时显示：可根据用户需求将采集到的环境数据实时在现场 LED 显示屏、平台 PC 端、移动设备端同时、同步显示。

3）智能联动雾炮喷淋：通过集成平台，可根据环境数据显示情况联动现场雾炮或喷淋控制系统进行降尘喷淋操作。智能联动雾炮喷淋如图 8-22 所示。

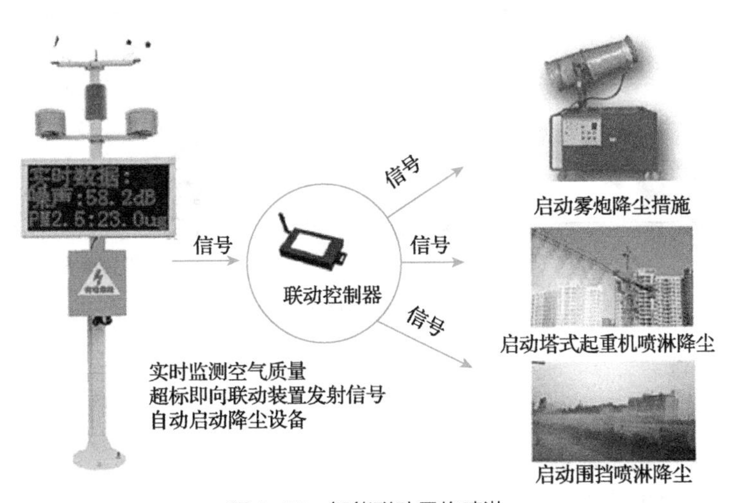

图 8-22 智能联动雾炮喷淋

10. 降尘喷淋系统

建筑施工是扬尘污染的源头之一，对扬尘的控制显得尤为重要。降尘喷淋系统既可与扬尘噪声监控系统联动自动喷淋降尘，也可手动进行喷淋降尘。其主要由主控机盒、报警器、喷淋系统、通信模块、软件系统等组成。

该系统功能特点如下：

1）精量喷雾：喷淋范围广、雾炮射程远、工作效率高。

2）快速抑制粉尘：喷出的雾粒细小，与粉尘接触时，形成潮湿雾状体。

3）雾炮射程：最大可达200m。

4）权限设置：后台设置喷淋操作人员权限，仅被授权人员在APP端开启喷淋操作。

5）多种喷淋方式：支持手动喷淋、自动喷淋、定时喷淋等多种喷淋方式。

6）移动端实时同步信息：可在APP端实时观测、查询喷淋作业数据信息。

7）对接墙面、雾炮等多种喷淋设备。

11. 智能烟感监测系统

智能烟感监测系统可实时监控各烟感探头的在线及报警状态，并通过短信、APP等方式进行提醒。

（1）系统组成

智能烟感监测系统的组成如图8-23所示。

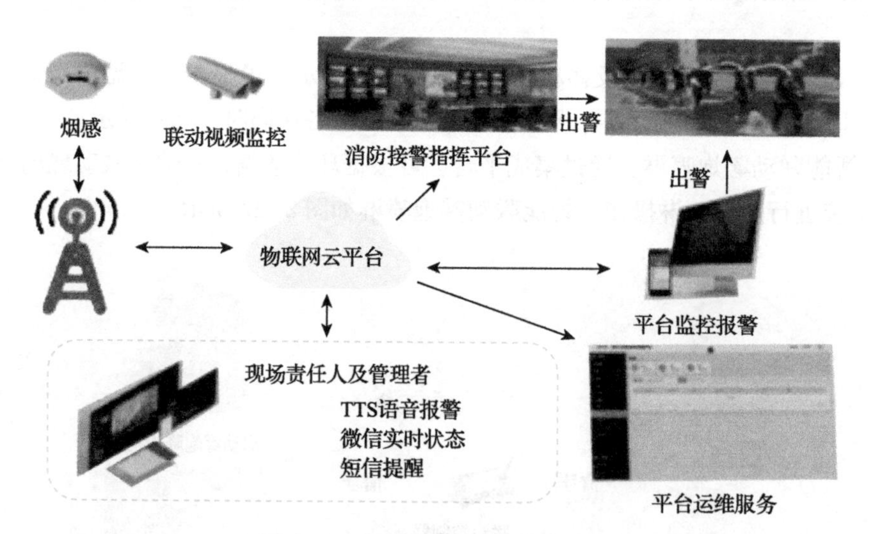

图8-23 智能烟感监测系统的组成

（2）功能特点

1）在线及异常状态监测。

2）短信及应用消息提醒。

3）责任人紧急电话告知。

12. 质量安全监管设备

质量安全监管设备可进行安全检查、巡更管理、隐患随手拍、节点验收等。

(1) 安全检查

通过移动设备端的协同，可实现问题随时记录并发起整改分析问题及处理情况。

(2) 功能特点

1) 问题拍照取证。

2) 自定义审批流程。

3) 可按状态、类型处理统计。

(3) 巡更管理

项目人员可通过平台拟定巡更路线及巡更人员，巡更人员在巡更过程中通过手机扫巡更点二维码记录巡更状态，当发现问题后，可在移动设备端上传问题描述，管理人员可通过平台查看巡更状态统计及所反馈的问题，随时了解现场质量安全情况，保障巡更的有效执行。

(4) 隐患随手拍

项目人员在巡查过程中发现问题，可通过移动设备端以图文或视频方式随时进行问题记录，并放到项目公共的问题池中，以曝光台的方式来对工地的不安全、不文明行为形成威慑。

(5) 节点验收

针对工地的隐蔽工程、土方开挖等关键环节，通过移动设备以图文或视频方式进行记录并存档，便于日后进行排查。

13. 质量安全移动巡检系统设备

(1) 质量安全移动巡检系统的构成

质量安全移动巡检系统由检查平台（智慧工地集成平台中的监督档案、安全检查、标准化考评、安全文明施工评价、安全验收等模块和功能）和 GPAD 移动执法设备（内置全新开发的适合触控操作的移动执法软件）两部分组成（图 8-24）。

(2) 功能特点

质量安全移动巡检系统具有评分有依据、检查可留痕、统计能自动、一个工程多次检查的特点。具体功能特点如下：

1) 可随时随地使用移动设备访问内网业务系统。

2) 实时拍摄工地现场生产安全隐患并上传至远程监控平台。

3) 使用移动设备连接打印机打印资料，进行移动办公。

4) 第一时间写个人日志，方便、快捷、高效。

5) 随时随地查询企业和工程信息，审核企业和工程信息。

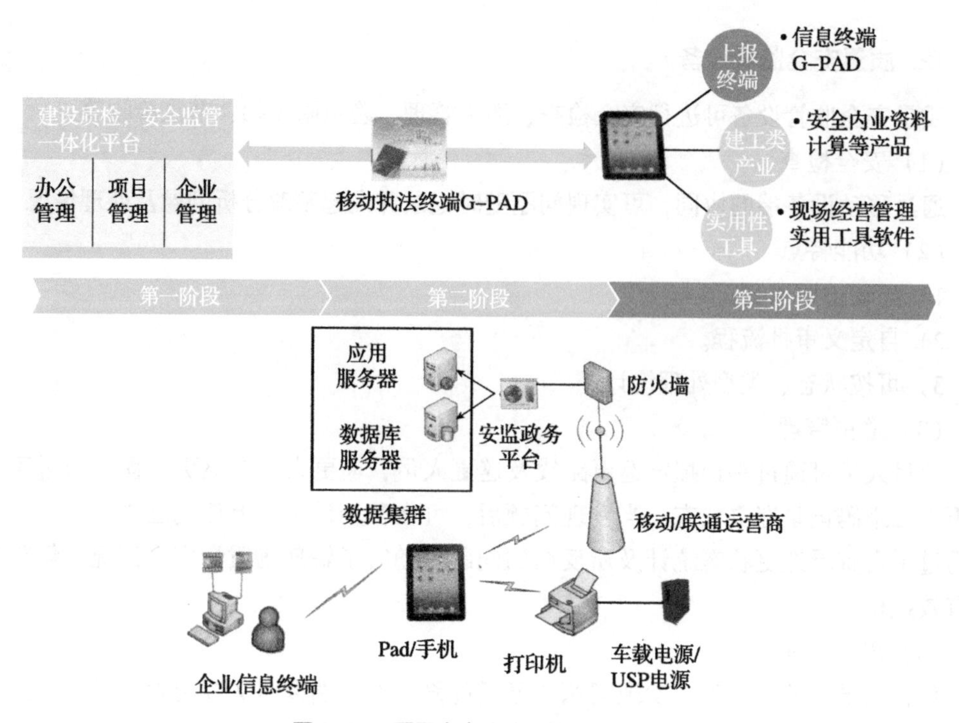

图 8-24　质量安全移动巡检系统构成

14. 集中信息化展示设备

智慧展厅作为智慧工地的输出形式，能够集中且形象地展示工地当前的信息化现状、未来的工程效果及项目或公司的品牌形象。智慧展厅从内容组成上来说，一般分为触摸屏、VR 体验及电视大屏等。

其中，电视大屏可直接播放企业及项目宣传视频；触摸屏则包括如下功能：

1）GIS 导航平台。通过场地平面形象化地显示监控分布及当前状态。

2）工地业务集成。实时显示工地人员、设备、环境、进度等各种业务数据。

3）数据可视化。对所分析的数据能够形象化地展示，更易于浏览和读懂。

15. VR 安全教育培训系统

VR 安全教育培训系统基于先进的 VR 技术，模拟施工现场可能出现的事故场景，提供逼真遇险场景、视频观看及安全考核等功能模块，使参加培训的劳务人员以事故当事人的身份和视角在虚拟环境中亲身体验生产安全事故的悲痛教训，从而强化安全意识、减少事故发生。

（1）系统组成

VR 模拟安全教育培训系统由定位基站、VR 手柄、头盔显示器、计算机等构成。

（2）技术参数

该系统的技术参数见表 8-2。

表 8-2　VR 模拟安全教育培训系统的技术参数

对象	分辨率	刷新率	感应器	角度
头盔	单眼：1200×1080	90Hz	32 个	360°移动追踪
	双眼：2160×1200			
手柄	24 个（最多可支持）			
定位器	360°体验			

（3）功能特点

1）虚拟仿真建筑体验馆，让体验更逼真。

2）培训者自行操作体验，比传统的灌输式教育培训更生动、有效。

3）课程全面丰富，可涵盖施工现场主要人身伤害事故场景。

4）基于劳务实名制，培训记录可集成平台，以防止培训遗漏。

（4）培训内容

VR 安全教育培训系统通过 VR 技术，结合施工经验，为建筑工地劳务人员提供安全教育培训（图 8-25）。

VR安全教育

- 十几项重点灾害VR模拟体验场景
- 事故原因分析、教育安全意识及作业技巧
- 支持多人同时教育

图 8-25　VR 安全教育培训系统

8.2.2　信息传输设备

1. 信息传输概述

信息传输包括信息的传送和接收，是指从一端将命令或状态信息经信道传送到另一端，并被对方所接收。

信息传输介质分有线和无线两种：有线信息传输介质为电话线、光缆或其他专用电缆；无线信息传输介质有移动网络、电台、微波及卫星等。

信息传输过程中不能改变信息，信息本身也并不能被传送或接收，信息传输必须有载体，如数据、语言、信号等方式，且传送方面和接收方面对载体有共同解释。

信息传输需要考虑传输设备的有效性、可靠性和安全性。

有效性用频谱复用程度或频谱利用率来衡量。提高信息传输有效性的措施是：采用性能好的信源编码以压缩码率，采用频谱利用率高的调制减小传输带宽。

可靠性用信噪比和传输错误率来衡量。提高信息传输可靠性的措施是：采用高性能的信道编码以降低错误率。

安全性用信息加密强度来衡量。提高安全性的措施是：采用高强度的密码与信息隐藏或伪装的方法。

2. 数传终端（DTU）

数传终端（Data Transfer Unit，DTU）是专门用于将串口数据转换为 IP 数据或将 IP 数据转换为串口数据，通过无线通信网络进行传送的无线终端设备。DTU 广泛应用于气象、水文水利、地质等行业。

（1）DTU 的硬件和软件组成

DTU 的硬件和软件组成见表 8-3。

表 8-3　DTU 的硬件和软件组成

组成		描述
硬件	CPU	工业级高性能 ARM9 嵌入式处理器，带内存管理 MMU，200Mps，16kB Dcache，16kB Icache，FLASH：8MB，可扩充到 32MB SDRAM：64MB，可扩充到 256MB
	常用接口	UART，RS485 接口，串口速率：110~230400bps
	指示灯	具有电源、通信及在线指示灯
	天线接口	标准 SMA 天线接口，特性阻抗 50Ω
	UIM 卡接口	3V/1.8V 标准的推杆式用户卡接口
	电源接口	标准的 3 芯火车头电源插座
	供电	外接电源：DC 9V 500mA，宽电压供电：5~32VDC
软件		TCP/UDP 透明数据传输；支持多种工作模式
		心跳包技术智能防掉线，支持在线检测、在线维持、掉线自动重拨，确保设备永远在线
		支持 RSA，RC4 加密算法
		支持虚拟值守（Virtual Man Watch，VMW）功能，确保系统稳定可靠
		支持虚拟数据专用网（APN/VPDN）
		支持数据中心动态域名和 IP 地址访问
		支持 DNS 动态获取，防止 DNS 服务器异常导致的设备宕机
		支持双数据中心备份
		支持多数据中心同时接收数据
		支持短信、语音、数据等唤醒方式以及超时断开网络连接
		支持短消息备份及警告

（续）

组成	描述
软件	多重软硬件"看门狗"
	数据包传输状态报告
	标准的 AT 命令界面
	可以用做普通拨号 MODEM
	支持 Telnet 功能
	支持远程配置、远程控制
	通过串口软件升级
	同时支持 LINUX、UNIX 和 WINDOWS 操作系统

（2）DTU 的优点

1）组网迅速、灵活，建设周期短、成本低。

2）网络覆盖范围广。

3）安全保密性能好。

4）链路支持永远在线，按流量计费，用户使用成本低。

（3）DTU 的原理与应用

DTU 的主要功能是把远端设备的数据通过无线的方式传送回后台中心。要完成数据的传输，需要建立一套完整的数据传输系统。这个系统包括：DTU、客户设备、移动网络、后台中心。在前端，DTU 和客户的设备通过 232 或者 485 接口相连。DTU 上电运行后先注册到移动的 GPRS 网络，然后与设置在 DTU 中的后台中心建立 SOCKET 连接。后台中心是 SOCKET 连接的服务端，DTU 是 SOCKET 连接的客户端。因此，只有 DTU 是不能完成数据的无线传输的，还需要有后台软件的配合。在建立连接后，前端的设备和后台的中心就可以通过 DTU 进行无线数据传输了，而且是双向的传输。

DTU 已经广泛应用于电力、环保、物流、水文、气象等领域。尽管应用的领域不同，但其应用的原理是相同的：DTU 和行业设备相连（比如 PLC、单片机等自动化产品的连接），然后和后台建立无线的通信连接。在互联网日益发展的今天，DTU 的使用也越来越广泛。它为各行业以及各行业之间的信息、产业融合提供了帮助。

在智慧工地项目中，许多数据采集的数据量较小，为了达到接入数据方便的要求，通常采用移动网络的 DTU 上传采集到的数据。

3. 上网路由器

路由器（Router）是一种计算机网络设备，它能将数据打包传送至目的地（选择数据的传输路径），这个过程称为路由。路由器就是连接两个以上网络的设备，路由工作在 OSI 模型的第三层，即网络层。

路由器是连接因特网中各局域网、广域网的设备，它会根据信道的情况自动选择和设定路由，以最佳路径、按前后顺序发送信号。路由器是互联网枢纽的"交通警察"。

目前，路由器已经广泛应用于各行各业，各种产品已成为实现骨干网内部连接、骨干网间互联和骨干网与互联网互联互通业务的主力军。路由和交换机之间的主要区别就是交换机发生在OSI参考模型第二层（数据链路层），而路由发生在第三层，即网络层。这一区别决定了路由和交换机在移动信息的过程中需使用不同的控制信息，所以两者实现各自功能的方式是不同的。

上网路由器实际上是边缘路由器，边缘路由器是将用户由局域网汇接到广域网，在局域网和广域网技术尚有很大差异的今天，边缘路由器肩负着多种重任，简单地说就是要满足用户的多种业务需求，从简单的联网到复杂的多媒体VPN业务等。这需要边缘路由器在硬件和软件上都要有过硬的实现能力。

4. 无线网桥

无线网桥顾名思义就是无线网络的桥接，它利用无线传输方式实现在两个或多个网络之间搭起通信的桥梁；无线网桥从通信机制上分为电路型网桥和数据型网桥。

电路型网桥无线传输机制采用PDH/SDH微波传输原理，接口协议采用桥接原理实现，具有数据速率稳定、传输时延小的特点，适用于多媒体需求的融合网络解决方案，适用于作为3G/4G移动通信基站的互联互通。

数据型网桥采用IP传输机制，接口协议采用桥接原理实现，具有组网灵活、成本低廉的特征，适合于网络数据传输和低等级监控类图像传输，广泛应用于各种基于纯IP构架的数据网络解决方案。

无线网桥除具备上述有线网桥的基本特点之外，其工作在2.4G或5.8G的免申请无线执照的频段，因而比其他有线网络设备更方便部署。

数据型网桥传输速率采用的标准不同，具体如下：

无线网桥传输标准常采用802.11b或802.11g、802.11a、802.11n和802.11ac标准，802.11b标准的数据速率是11Mbps，在保持足够的数据传输带宽的前提下，802.11b通常能够提供4～6Mbps的实际数据速率，而802.11g、802.11a标准的无线网桥都具备54Mbps的传输带宽，其实际数据速率可达802.11b的5倍左右，目前通过Turb和Super模式最高可达108Mbps的传输带宽；802.11n通常可以提供150～600Mbps的传输速率，802.11ac理论上能够提供最多1Gbps带宽，进行多站式无线局域网通信。

为了提高点对多点的数据，一些设备引入TDMA机制对传统802.11协议进行改进，更好地支持一对多的应用。

5. LoRa

LoRa是LPWAN通信技术中的一种，是美国Semtech公司采用和推广的一种基于扩频技术的超远距离无线传输方案。这一方案改变了以往将传输距离与功耗的折中考虑方式，为用户提供了一种简单的能实现远距离、长电池寿命、大容量的系统，进而扩展传感网络。目前，LoRa主要在全球免费频段运行，包括433MHz、868MHz、915MHz等。LoRa技术具有远距离、低功耗（电池寿命长）、多节点、低成本的特性。LoRa网络主要由终端（可内置 LoRa 模块）、网关（或称基站）、Server 和云四部分组成，应用数据可双向传输。

LoRa 与同类技术相比，提供更长的通信距离。LoRa 调制基于扩频技术，是线性调制扩频（CSS）的一个变种，具有前向纠错（FEC）性能。LoRa 显著地提高了接收灵敏度，与其他扩频技术一样，它使用了整个信道带宽广播一个信号，从而使信道噪声和由于使用低成本晶振而引起频率偏移的不敏感性更健壮。LoRa 可以调制信号 19.5dB 低于底噪声，而大多数频移键控（FSK）在底噪声上需要 8~10dB 的信号功率才可以正确调制。LoRa 调制是物理层（PHY），可为不同协议和不同网络架构所用 Mesh、Star、点对点等。

LoRa 网关设计用于远距离星形架构，并运用在 LoRaWAN 系统中。它们是多信道、多调制收发，可多信道同时解调，由于 LoRa 的特性，甚至可以同一信道上同时多信号解调。网关使用不同于终端节点的 RF 器件，具有更高的容量，作为一个透明桥在终端设备和中心网络服务器间中继消息。网关通过标准 IP 连接到网络服务器，终端设备使用单跳的无线通信到一个或多个网关。所有终端节点的通信一般都是双向的，但还支持如组播功能操作、软件升级、无线传输或其他大批量发布消息，这样就减少了无线通信时间。根据要求的容量和安装位置（家庭或塔）有不同的网关版本。

LoRa 调制解调器对同信道 GMSK 干扰抑制可达 19.5dB。换句话说，它可以接受低于干扰信号或底噪声的信号。由于拥有这么强的抗干扰性，LoRaTM 调制系统不仅可以用于频谱使用率较高的频段，也可以用于混合通信网络，以便在网络中原有的调制方案失败时扩大覆盖范围。

LoRaWAN 网络架构是典型的星形拓扑结构，在这个网络架构中，LoRa 网关是一个透明传输的中继，连接终端设备和后端中央服务器。网关与服务器间通过标准 IP 连接，终端设备采用单跳与一个或多个网关通信。所有的节点与网关间均是双向通信，同时支持云端升级等操作以减少云端通信时间。终端与网关之间的通信是在不同频率和数据传输速率基础上完成的，数据速率的选择需要在传输距离和消息时延之间权衡。由于采用了扩频技术，不同传输速率的通信不会互相干扰，且还会创建一组虚拟化的频段来增加网关容量。LoRaWAN 的数据传输速率范围为 0.3~37.5kbps，为了最大化终端设备电池的寿命和整个网络容量，LoRaWAN 网络服务器通过一种速率自适应（Adaptive Data Rate，ADR）方案来控制数据传输速率和每一终端设备的射频输出功率。全国性覆盖的广域网络瞄准的是诸如关键性基础设施建设、机密的个人数据传输或社会公共服务等物联网应用。

关于安全通信，LoRaWAN 一般采用多层加密的方式来解决：独特的网络密钥（EU164），保证网络层安全；独特的应用密钥（EU164），保证应用层终端到终端之间的安全；属于设备的特别密钥（EUI128）。

LoRaWAN 网络根据实际应用的不同，把终端设备划分成 A、B、C 三类。Class A：双向通信终端设备。这一类的终端设备允许双向通信，每一个终端设备上行传输会伴随着两个下行接收窗口。终端设备的传输槽基于其自身通信需求，其微调基于一个随机的时间基准（ALOHA 协议）。Class A 所属的终端设备在应用时功耗最低，终端发送一个上行传输信号后，服务器能很迅速地进行下行通信。任何时候，服务器的下行通信都只能在上行通信之后。

6. NB-IoT

窄带物联网（Narrow Band Internet of Things，NB-IoT）是一种专为万物互联打造的蜂窝网络连接技术。顾名思义，NB-IoT所占用的带宽很窄，只需约180kHz，而且其使用License频段，可采取带内、保护带或独立载波三种部署方式，与现有网络共存，并且能够直接部署在GSM、UMTS或LTE网络（即2G/3G/4G的网络）上，实现现有网络的复用，降低部署成本，实现平滑升级。

移动网络作为全球覆盖范围最大的网络，其接入能力可谓得天独厚，因此相较Wi-Fi，蓝牙、ZigBee等无线连接方式，基于蜂窝网络的NB-IoT连接技术的前景更加被看好，它已经逐渐作为开启万物互联时代的钥匙，而被商用到物联网行业中。

NB-IoT具有以下四大特点：

1）广覆盖。相比现有的GSM、宽带LTE等网络覆盖增强了20dB，信号的传输覆盖范围更大（GSM基站目前理想状况下能覆盖35km），能覆盖到深层地下GSM网络无法覆盖的地方。其原理主要依靠：缩小带宽，提升功率谱密度；重复发送，获得时间分集增益。

2）大连接。相比现有的无线技术，其同一基站下增多了50~100倍的接入数，每小区可以达到50k连接，可以实现万物互联所必需的海量连接。其原理在于：基于时延不敏感的特点，采用话务模型，保存更多接入设备的上下文，在休眠态和激活态之间切换；窄带物联网的上行调度颗粒小，资源利用率更高；减少空口信令交互，提升频谱密度。

3）低功耗。终端在99%的时间内均处在休眠态，并集成多种节电技术，待机时间可达10年。PSM低功耗模式，即在idle空闲态下增加PSM态，相当于关机，由定时器控制呼醒，耗能更低；eDRX扩展的非连续接收省电模式，采用更长的寻呼周期，eDRX是DRX耗电量的1/16。

4）低成本。硬件可剪裁，软件按需简化，确保了NB-IoT的成本低廉。

8.2.3 数据储存设备

1. 磁盘阵列

磁盘阵列（Redundant Arrays of Independent Drives，RAID）有“独立磁盘构成的具有冗余能力的阵列”之意。

磁盘阵列是由很多价格较便宜的磁盘组合成的容量巨大的磁盘组，其利用个别磁盘提供数据所产生加成效果提升整个磁盘系统的效能。利用这项技术，将数据切割成许多区段，分别存放在各个硬盘上。磁盘阵列还能利用同位检查（Parity Check）的观念，当数组中任意一个硬盘故障时，仍可读出数据，当数据重构时，将数据经计算后重新置入新硬盘中。

磁盘阵列样式有如下三种：

1）外接式磁盘阵列柜。外接式磁盘阵列柜常被使用于大型服务器上，具有可热交换（Hot Swap）的特性，不过这类产品的价格都很昂贵。

2）内接式磁盘阵列卡。内接式磁盘阵列卡价格便宜，但需要较高的安装技术，适合技术人员使用操作。硬件阵列能够提供在线扩容、动态修改阵列级别、自动数据恢复、驱动器漫游、超高速缓冲等功能。它能提供性能、数据保护、可靠性、可用性和可管理性的解决方案。

3）利用软件仿真。它是指通过网络操作系统自身提供的磁盘管理功能将连接的普通SCSI卡上的多块硬盘配置成逻辑盘，组成阵列。软件阵列可以提供数据冗余功能，但是磁盘子系统的性能会有所降低，有的降低幅度比较大，达30%左右，因此会拖慢机器的速度，不适合大数据流量的服务器。

2. 云平台虚拟硬盘

云计算是分布式处理、并行处理和网格计算的发展，是透过网络将庞大的计算处理程序自动分拆成无数个较小的子程序，再交由多部服务器所组成的庞大系统，经计算分析之后，将处理结果回传给用户。通过云计算技术，网络服务提供者可以在数秒之内，处理数以千万计甚至数以亿计的信息，达到和“超级计算机”同样强大的网络服务水平。

云存储的概念与云计算类似，它是指通过集群应用、网格技术或分布式文件系统等功能，网络中大量各种不同类型的存储设备通过应用软件集合起来协同工作，共同对外提供数据存储和业务访问功能的系统。它可保证数据的安全性，并节约存储空间。简单来说，云存储就是将储存资源放到云上供人存取的一种方案。使用者可以在任何时间、任何地方，透过任何可联网的装置连接到云上方便地存取数据。

（1）云存储的结构

1）存储层。存储层是云存储最基础的部分。存储设备可以是FC光纤通道存储设备，可以是NAS和iSCSI等IP存储设备，也可以是SCSI或SAS等DAS存储设备。云存储中的存储设备往往数量庞大且分布于不同地域，彼此之间通过广域网、互联网或者FC光纤通道网络连接在一起。存储设备之上是统一的存储设备管理系统，可以实现存储设备的逻辑虚拟化管理、多链路冗余管理，以及硬件设备的状态监控和故障维护。

2）基础管理层。它是云存储最核心的部分，也是云存储中最难实现的部分。基础管理层通过集群、分布式文件系统和网格计算等技术，实现云存储中多个存储设备之间的协同工作，使多个存储设备可以对外提供同一种服务，并提供更大、更强、更好的数据访问性能。CDN内容分发系统，数据加密技术保证云存储中的数据不会被未授权的用户访问；同时，通过各种数据备份、容灾技术和措施可以保证云存储中的数据不会丢失，保证云存储自身的安全和稳定。

3）应用接口层。它是云存储最灵活多变的部分。不同的云存储运营单位可以根据实际业务类型，开发不同的应用服务接口，提供不同的应用服务，比如视频监控应用平台、IPTV和视频点播应用平台、网络硬盘应用平台、远程数据备份应用平台等。

4）访问层。任何一个授权用户都可以通过标准的公用应用接口来登录云存储系统，享受云存储服务。云存储运营单位不同，云存储提供的访问类型和访问手段也不同。

（2）云存储的优势

1）节约成本。从短期和长期来看，云存储最大的特点就是可以为小企业减少成本。如果小企业想要将数据放在自己的服务器上存储，那就必须购买硬件和软件，花费昂贵的成本，而且企业要聘请专业的 IT 人士负责这些硬件和软件的维护工作，还要更新这些设备和软件。通过云存储，服务器商可以服务成千上万的中小企业，并可以划分不同消费群体并提供服务；可以为初创公司提供最新、最好的存储，帮助初创公司减少不必要的成本。相比传统的存储扩容，云存储架构采用的是并行扩容方式，当客户需要增加容量时，可按照需求采购服务器，即可实现容量的扩展：仅需安装操作系统及云存储软件，打开电源接上网络，云存储系统便能自动识别新设备，自动把容量加入存储池中完成扩展，扩容环节无任何限制。

2）更好地备份本地数据，并可以异地处理日常数据。由于数据是异地存储，因此它是非常安全的。如果所在办公场所发生自然灾害，即使灾害期间不能通过网络访问数据，但是数据依然存在。如果问题只出现在办公室或者所在的公司，那么可以去其他地方用计算机访问重要数据和更新数据。在以往的存储系统管理中，管理人员需要面对不同的存储设备，不同厂商的设备均有不同的管理界面，使得管理人员要了解每个存储的使用状况（容量、负载等），工作复杂而繁重。而且，传统的存储在硬盘或是存储服务器损坏时，可能会造成数据丢失，而云存储则不会，如果硬盘坏掉，数据会自动迁移到别的硬盘，大大减轻了管理人员的工作负担。对云存储来说，再多的存储服务器，在管理人员眼中也只是一台存储器，每台存储服务器的使用状况均通过一个统一的管理界面监控，使得维护变得简单和易操作。云存储提供给大多数公司备份重要数据和保护个人数据的功能。

3）更多的访问和更好的竞争。公司员工不再需要通过本地网络来访问公司信息，这就可以让公司员工甚至是合作商在任何地方访问他们需要的数据。因为中小企业不需要花费资金来打造最新技术和最新应用来创造最好的系统，所以云存储为中小企业和大公司竞争铺平道路。事实上，对于很多企业来说，云存储利于小企业比大企业更多，原因就是大企业已经花重金打造了数据存储中心。

8.2.4 分析运算设备

1. 嵌入式处理器

嵌入式处理器是嵌入式系统的核心，是控制、辅助系统运行的硬件单元。其范围极其广阔，从最初的 4 位处理器，到目前仍在大规模应用的 8 位单片机，再到受到广泛青睐的 32 位、64 位嵌入式 CPU。

嵌入式微处理器与普通台式计算机的微处理器设计在基本原理上是相似的，但是其工作稳定性更高，功耗较小，对环境（如温度、湿度、电磁场、振动等）的适应能力强，体积更小，且集成的功能较多。在桌面计算机领域，对处理器进行比较时的主要指标就是计算速度，从 33MHz 主频的 386 计算机到 3GHz 主频的 Pentium 4 处理器，速度的提升是用户最关注的变化，但在嵌入式领域，情况则完全不同。嵌入式处理器的选择必须根据设计的需求，在性能、功耗、功能、尺寸和封装形式、SoC 程度、成本、商业考虑等诸多因素中进行折中，择优选择。

嵌入式处理器担负着控制、系统工作的重要任务，使宿主设备功能智能化、灵活设计和操作简便。为合理高效地完成这些任务，一般来说，嵌入式处理器具有以下特点：

1）对实时多任务有很强的支持能力，能完成多任务并且有较短的中断响应时间，从而使内部的代码和实时内核心的执行时间减少到最低限度。

2）具有很强的存储区保护功能。这是由于嵌入式系统的软件结构已模块化，而为了避免在软件模块之间出现错误的交叉作用，需要设计强大的存储区保护功能，同时有利于软件诊断。

3）可扩展的处理器结构，能迅速地扩展出满足应用的最高性能的嵌入式微处理器。

4）嵌入式处理器必须功耗很低，用于便携式的无线及移动的计算和通信设备中靠电池供电的嵌入式系统更是如此，如需要功耗只有“mW”甚至“μW”级。

2. 云计算平台

对云计算的定义有多种说法。现阶段被广为接受的是美国国家标准与技术研究院（NIST）给出的定义：云计算是一种按使用量付费的模式，这种模式提供可用的、便捷的、按需的网络访问，进入可配置的计算资源共享池（资源包括网络、服务器、存储、应用软件、服务），这些资源能够被快速提供，只需投入很少的管理工作，或与服务供应商进行很少的交互。

云计算的特点如下：

1）超大规模。“云”具有相当的规模，Google 云计算已经拥有 100 多万台服务器，Amazon、IBM、微软、Yahoo 等的“云”均拥有几十万台服务器。企业私有云一般拥有数百上千台服务器。“云”能赋予用户前所未有的计算能力。

2）虚拟化。云计算支持用户在任意位置、使用各种终端获取应用服务，所请求的资源来自“云”，而不是固定的有形的实体。应用在“云”中某处运行，但实际上用户无须了解，也不用担心应用运行的具体位置，只需要一台笔记本或者一个手机，就可以通过网络服务来实现所需要的一切，甚至包括超级计算任务。

3）高可靠性。“云”使用了数据多副本容错、计算节点同构可互换等措施来保障服务的高可靠性，使用云计算比使用本地计算机可靠。

4）通用性。云计算不针对特定的应用，在“云”的支撑下可以构造出千变万化的应用，同一个“云”可以同时支撑不同的应用运行。

5）高可扩展性。“云”的规模可以动态伸缩，满足应用和用户规模增长的需要。

6）按需服务。“云”是一个庞大的资源池，可按需购买；云可以像自来水、电、气那样计费。

7）极其廉价。由于“云”的特殊容错措施可以采用极其廉价的节点来构成云，

“云”的自动化集中式管理使大量企业无须负担日益高昂的数据中心管理成本，“云”的通用性使资源的利用率较传统系统大幅提升，因此用户可以充分享受“云”的低成本优势，只要花费几百美元、几天时间就能完成以前需要数万美元、数月时间才能完成的任务。云计算可以彻底改变人们未来的生活。

8）潜在的危险性。云计算服务除了提供计算服务外，还必然提供存储服务。但是云计算服务当前在私人机构（企业）手中，而他们仅仅能够提供商业信用。对于政府机构、商业机构（特别像银行这样持有敏感数据的商业机构）对于选择云计算服务应保持足够的警惕。对于信息社会而言，“信息”是至关重要的。另一方面，云计算中的数据对于数据所有者以外的其他云计算用户是保密的，但是对于提供云计算的商业机构而言确实毫无秘密可言。所有这些潜在的危险，是使用者选择云计算服务、特别是国外机构提供的云计算服务时，不得不考虑的一个重要前提。

小结

本项目系统地介绍了与智慧工地密切相关的基础设备，包括数据采集设备、信息传输设备、数据储存设备和分析运算设备，分析探讨了相关系统和设备的工作原理和功能特点。

讨论与思考

1. 智慧工地的设备有哪些？它们分别实现了智慧工地的哪些功能？
2. 什么是智能安全帽？
3. 门禁系统设备有哪些？它们的功能是什么？
4. 视频监控系统设备有哪些？它们的作用是什么？
5. 特种设备安全数据采集设备有哪些？它们的功能是什么？
6. 升降机智能化监测系统设备有哪些？它们的功能是什么？
7. 周界入侵防护系统设备有哪些？它们的功能是什么？
8. 扬尘噪声监控系统设备有哪些？它们的功能是什么？
9. 降尘喷淋系统设备有哪些？它们的功能是什么？
10. 智能烟感监测系统设备有哪些？它们的功能是什么？
11. 质量安全监管设备有哪些？它们的功能是什么？
12. 质量安全移动巡检系统设备有哪些？它们的功能是什么？
13. 集中信息化展示设备有哪些？它们的功能是什么？
14. 什么是 DTU 数传终端？
15. 无线网桥有哪些功能？
16. 什么是 NB-IoT？
17. 云平台虚拟硬盘有哪些功能？
18. 云计算平台的优势是什么？

项目9

智慧工地业务功能

能力目标：

通过本项目的学习，能够熟悉智慧工地信息管理功能模块、人员管理功能模块、生产管理功能模块、技术管理功能模块、质量管理功能模块、安全管理功能模块、施工项目环境管理模块、视频监控功能模块、机械设备管理功能模块的内容和要求，识别和应用模块功能。

学习目标：

1. 熟悉工程信息管理功能模块。
2. 熟悉人员管理功能模块。
3. 熟悉生产管理功能模块。
4. 熟悉技术管理功能模块。
5. 熟悉质量管理功能模块。
6. 熟悉安全管理功能模块。
7. 熟悉施工项目环境管理模块。
8. 熟悉视频监控功能模块。
9. 熟悉机械设备管理功能模块。

任务9.1 工程信息管理功能模块

训练目标：

熟悉基本信息、统计信息、数据分析等功能要求。

9.1.1 工程信息管理功能模块内容和要求

1. 工程信息管理功能模块内容

工程信息管理功能模块内容包括基本信息、统计信息、数据分析等。

2. 工程信息管理功能模块要求

工程信息管理功能模块要求见表9-1。

表9-1 工程信息管理功能模块要求

序号	内容	功能要求
1	基本信息	提供录入、编辑、查询和展示项目名称、地址、规模、类型、参建单位、开工时间、竣工时间等信息的功能
		提供查询和展示工程勘察设计审查证明文件、招标投标证明文件、合同证明文件、施工许可、质量安全监督、绿色施工措施等信息的功能
		提供展示项目经理、技术负责人、总监理工程师等项目主要人员信息的功能
2	统计信息	提供人员、生产、技术、质量、安全、施工现场环境、视频监控、设备管理信息统计展示功能
		提供人员、生产、技术、质量、安全、施工现场环境、视频监控、设备管理预警信息展示功能
3	数据分析	提供数据专题分析功能
		提供多维度的数据分析功能
		提供生成图表、报表功能
		提供多源数据来源分析功能 各业务功能数据、相关数据库数据、直接导入Excel数据表、人工补录数据、在线填报的数据
		提供对统计、分析结果进行汇报、分享的功能

9.1.2 工程信息管理功能模块说明

1）工程基本信息功能模块是智慧工地系统的基本功能要求，用于统计工程项目的基本信息、统计信息以及数据分析。

2）基本信息，工程项目基本信息展示，包含但不限于项目本身的基本信息，如项目名称、地址、规模、类型、参建单位、开工时间、竣工时间等信息的录入、编辑、查询、展示；项目相关规范文件的查询展示；项目团队主要负责人信息展示。

3）统计信息，工程项目各业务功能数据的统计结果的展示，包含但不限于提供人员、生产、技术、质量、安全、施工现场环境、视频监控、设备管理信息统计、预警信息展示。

4）数据分析，满足施工现场的数据应用的要求，提供不同来源的数据分析包含但不限于各业务功能数据、相关数据库数据、直接导入 Excel 数据表、人工补录数据、在线填报的数据；提供多项数据分析能力，包含但不限于数据专题分析能力，多维度数据关联分析能力，自动生成图表、报表的能力。

任务 9.2　人员管理功能模块

训练目标：

1. 熟悉人员实名制管理功能模块。
2. 熟悉从业人员行为管理功能模块。
3. 熟悉培训教育管理功能模块。
4. 熟悉人员场内定位管理功能模块。

9.2.1　人员管理功能模块内容和要求

1. 人员管理功能模块内容

人员管理功能模块内容包括用人计划管理、人员实名制管理、人员考勤管理、人员薪资管理、从业人员行为管理、培训教育管理、诚信管理、人员场内定位管理等。

2. 人员管理功能模块要求

人员管理功能模块要求见表 9-2。

表 9-2　人员管理功能模块要求

序号	内容	功能要求
1	用人计划管理	提供用人计划方案管理功能
		提供用人计划监测预警功能
2	人员实名制管理	提供人员信息采集功能，采集信息包括但不限于：人员基本信息、劳动合同、安全教育、银行卡、健康等信息
		提供人员合同管理功能
		提供通过身份证阅读器采集人员身份证信息的功能
		提供电子档案管理功能

（续）

序号	内容	功能要求
3	人员考勤管理	提供人员通行授权管理功能
		支持 IC 卡、生物识别、RFID、蓝牙等授权技术
		提供自动采集人员通行影响资料的功能
		提供自动统计进出场人员数据功能
		提供人员通行权限自动判别功能
		提供自动统计工时数据功能
		提供通过移动设备进行人脸识别考勤功能
		提供出勤综合分析功能
4	人员薪资管理	提供薪资发放记录功能
		提供发放数据统计、分析功能
		提供工资自动计算功能
		提供自动对接银行发放功能
		提供工资专用账户管理功能
		提供薪资预警功能
5	从业人员行为管理	提供核验关键岗位从业人员资格功能
		提供关键岗位人员行为记录档案管理功能
		提供人员操作权限自动判别功能
		提供关键岗位人员电子签章授权及存样管理功能
6	培训教育管理	提供支持在线培训教育功能
		提供在线培训教育发起管理功能
		支持人员通过 PC、手机在线参与培训教育
		提供课程库、试题库、讲师库、机构信息库资源维护功能
		提供考试考核管理功能
		提供培训教育课程管理功能
		提供基于 VR 技术的培训功能
		提供成绩发布、证书、资质管理功能
		提供统计报表功能
7	诚信管理	提供人员奖励行为记录功能
		提供人员不良行为记录功能
		提供黑名单管理功能
		提供黑名单共享功能
		提供人员评价自动分析功能

（续）

序号	内容	功能要求
8	人员场内定位管理	提供进场人员定位功能
		提供轨迹记录功能
		提供智能安全帽管理功能
		提供定位数据与 GIS 或 BIM 关联功能
		提供实时显示定位信息功能
		支持定位技术包括但不限于：北斗、GPS、蓝牙、RFID、Wi-Fi、UWB
		提供现场人员密度、热力图显示功能

9.2.2 人员管理功能模块说明

1）人员管理功能模块内容主要考虑现场实际管理业务，同时结合各级机关制定的相应法律、法规、标准、规范，从用人计划管理、人员实名制管理、人员考勤管理、人员薪资管理、从业人员行为管理、培训教育管理、诚信管理等，实现对从业人员、现场劳务人员的全面有效管理，同时结合新型技术，实现对进场作业人员的定位管理。

2）人员实名制管理。人员基本信息包含但不限于：姓名、性别、血型、身份证号、民族、出生日期、籍贯、家庭住址、身份证签发机关、身份证有效期限、政治面貌、特长、文化程度、建委备案情况、联系电话、暂住地址、紧急联系人、紧急联系电话、身份证复印件、人员登记日期、人员离场日期等；实名制管理必须采集工人的劳动合同信息，并通过系统实现人员合同管理，制式匹配、在线打印等列为可选项。

3）人员考勤管理。生物识别技术已经比较成熟，在其他领域应用较为广泛，考虑实际应用效果及成本，主要考虑人脸识别和虹膜识别两种方式。

4）人员薪资管理。基于目前施工总包企业对农民工工资负全责，劳务分包企业负直接责任的考虑，结合实际项目工资发放情况，对于薪资自动计算、对接网银等作为可选项，只要求准确记录实际发放情况。

5）从业人员行为管理，是对质量、安全、特殊工种等从业人员的行为进行规范，主要涉及关键岗位的人员资格核验管理、从业人员行为记录档案管理、从业人员操作权限自动判别功能及关键岗位人员电子签章授权及存样管理。

6）培训教育管理。以往主要采用传统人工培训的方式。在智慧工地中，应倡导利用新技术推进在线教育在项目现场的应用，提升劳务人员安全教育的效率和效果。

7）人员场内定位管理，主要是利用射频技术实现对进场人员的准确定位，通过定位数据进一步提升现场管理能力。

任务 9.3 生产管理功能模块

训练目标：

1. 熟悉进度管理功能模块。
2. 熟悉采购管理功能模块。
3. 熟悉物资管理功能模块。
4. 熟悉合同管理功能模块。

9.3.1 生产管理功能模块内容和要求

1. 生产管理功能模块内容

生产管理功能模块内容包括进度管理、采购管理、物资管理、合同管理功能模块。

2. 生产管理功能模块要求

生产管理功能模块要求见表 9-3。

表 9-3 生产管理功能模块要求

序号	内容	功能要求
1	进度管理	提供项目 WBS 构建功能
		提供填报形象进度功能
		提供通过总包企业自动采集进度的功能
		提供形象进度与 BIM 关联的功能
		提供形象进度在线展示功能
		提供形象进度关联验收数据功能
		提供通过智能设备自动采集形象进度的功能（如：无人机航拍、视频自动采集）
		提供编制进度计划功能
		提供实时动态管理现场进度功能
		提供进度预警功能
		提供现场进度管理与 BIM 关联的功能
		提供施工日志自动生成功能
		提供施工任务管理功能
		提供看板功能

（续）

序号	内容	功能要求
2	采购管理	提供供应商管理功能
		提供采购合同管理功能
		提供物资采购计划管理功能
		提供物资采购评价功能
3	物资管理	提供物资统一编码功能
		提供物资二维码标识管理功能
		提供物资进场验收功能
		提供物资称重计量功能
		提供物资验收通过移动设备点验功能
		提供物资台账管理功能
		提供无人值守材料进场点验功能
		提供领用申请功能
		提供发料功能
		提供库存盘点功能
		提供库存台账功能
		提供现场废料计量功能
		提供现场废料统计分析功能
		提供现场废料台账功能
		提供数据统计、分析、共享、检索功能
4	合同管理	提供合同登记的功能，管理所有与合同有关的文件，包括合同原稿、变更文件、附图等内容，将任意格式的电子版文档可以直接导入系统中
		提供合同执行进度管理功能，明确记录合同执行进度，并与计划进度进行对比
		提供合同预警功能，自动扫描并对所有快到期的结款、审批、收货、验收、付款等关键节点或事项进行预警
		提供合同变更功能，记录合同变更的原因、影响，并将变更依据作为附件导入系统
		提供结算管理、合同收款功能

9.3.2 生产管理功能模块说明

1）生产管理主要围绕进度、采购、物资、合同四部分内容，其他涉及内容通过其他细分管理项整合到智慧工地平台应用。

2）进度管理，是项目管理的核心要素，也是生产管理中非常重要的管理环节，所以在进度管理中涉及 WBS 分解，以实现精细进度管控；也需要具备形象进度管理，结合 BIM 技术实现进度与模型的有机结合。

3）采购管理，主要针对合格供应商名录、采购计划及合同管理。

4）物资管理，是现场施工组织、资源配置、成本管控的重点，有效地实现物资管理对提升现场管理能力、资源综合利用能力及成本分析能力都有较大意义，同时结合物资的特性提出称重和移动点验两种方式，实现对所有物资材料的全面覆盖。

5）合同管理。合同管理非常重要，考虑很多企业已经自行建设了各类信息化系统来进行合同的有效管理，所以表 9-3 中的合同管理主要针对大项进行规定，具备项目级合同管理能力即可。

任务 9.4 技术管理功能模块

训练目标：

1. 熟悉技术文件管理功能模块。
2. 熟悉施工组织设计管理功能模块。
3. 熟悉施工工艺管理功能模块。
4. 熟悉技术文件审核、审批管理功能模块。
5. 熟悉技术交底管理功能模块。

9.4.1 技术管理功能模块内容和要求

1. 技术管理功能模块内容

技术管理功能模块内容包括项目标准资料规范库，技术文件管理，施工组织设计管理，施工工艺管理，电子图样深化、优化管理，技术文件审核、审批管理，技术开发管理，技术交底管理等。

2. 技术管理功能模块要求

技术管理功能模块要求见表 9-4。

表 9-4 技术管理功能模块要求

序号	内容	功能要求
1	项目标准规范库	提供项目标准规范库分类管理功能
		提供项目标准资料规范库录入、查询、展示等功能

（续）

序号	内容	功能要求
2	技术文件管理	提供技术文件在线提交及审查功能
		提供台账管理功能
		提供通知公示功能
		提供方案在线编辑功能
		提供技术文件交底管理功能
		提供与 BIM 关联功能
3	施工组织设计管理	提供在线查询功能
		提供下载、传输施工组织功能
		提供权限分级授权功能
		提供工序安排 BIM 模拟展示功能
		提供资源配置 BIM 模拟展示功能
		提供平面布置 BIM 模拟展示功能
		提供在线编辑功能
		提供施工组织优化报告功能
		提供问题记录汇总管理功能
4	施工工艺管理	提供在线查询施工工艺库功能
		提供下载、传输施工工艺功能
		提供上传更新工艺库功能
		提供权限分级授权功能
		提供复杂节点 BIM 三维展示功能
		提供脚手架施工工艺模拟 BIM 三维展示功能
		提供大型设备及构件安装工艺模拟 BIM 三维展示功能
		提供预制构件拼装施工工艺模拟 BIM 三维展示功能
		提供模板工程施工工艺模拟 BIM 三维展示功能
		提供临时支撑施工工艺模拟 BIM 三维展示功能
		提供土方工程施工工艺模拟 BIM 三维展示功能
5	电子图样深化优化管理	提供电子图样信息筛选功能
		提供设计图及 BIM 深化、优化图下载、传送功能
		提供上传更新电子图样功能
		提供权限分级授权功能
		提供电子图样关联建筑信息模型功能
		提供设计变更电子图样标注管理功能

（续）

序号	内容	功能要求
6	技术文件审核、审批管理	提供在线编辑技术核定单功能
		提供在线审核技术核定单功能
		提供出具技术核定单功能
		提供与 BIM 关联功能
7	技术开发管理	提供在线签到功能
		提供在线培训功能
		提供在线消息推送功能
		提供人员统计管理功能
		提供技术革新、改造等识别功能
		提供与 BIM 关联功能
8	技术交底管理	提供在线技术交底功能
		提供权限分级授权管理功能
		提供实时传输数据功能
		提供数据统计、分析、检索功能
		提供与 BIM 关联功能

9.4.2 技术管理功能模块说明

1）技术是保障现场生产安全有效进行的重要组成部分，利用先进技术提升现场技术管理能力，主要从建设项目涉及的标准资料规范库，对技术文件，施工组织设计，施工工艺，电子图样深化、优化，技术文件审核、审批，技术开发、技术交底等进行管理。

2）标准资料规范库，考虑到房屋建筑与市政工程领域涉及标准规范较多，标准规范的更新调整非常频繁，项目现场应用的过程中会出现频繁确认各类标准规范是否适用，及各类标准规范的学习理解需要相关资料的情况，通过标准规范库能够快速地查找各类标准规范，极大地提升现场管理人员的工作效率，同时能够支持移动办公应用场景。

3）技术文件管理，施工组织设计管理，施工工艺管理，电子图样深化优化管理，技术文件审核、审批管理，技术开发管理，技术交底管理是现场技术管理的核心工作内容，主要考虑结合 BIM 技术，利用互联网及移动互联网实现在线能力，实现传统纸质方式向信息模型结合的方式转变，同时利用 BIM 技术对要呈现的技术内容进行细化和虚拟实现，提升技术管理的直观性、可用性，同时校验相应技术的可行性。

任务 9.5 质量管理功能模块

训练目标：

1. 熟悉质量计划管理功能模块。
2. 熟悉变更管理功能模块。
3. 熟悉检验检测管理功能模块。
4. 熟悉旁站管理功能模块。
5. 熟悉检查管理功能模块。
6. 熟悉验收管理管理功能模块。
7. 熟悉质量资料管理功能模块。

9.5.1 质量管理功能模块内容和要求

1. 质量管理功能模块内容

质量管理功能模块内容包含质量计划管理、变更管理、检验检测管理、旁站管理、检查管理、验收管理、质量资料管理、数字化档案管理等。

2. 质量管理功能模块要求

质量管理功能模块要求见表 9-5。

表 9-5 质量管理功能模块要求

序号	内容	功能要求
1	质量计划管理	提供在线提交质量计划及审查功能
		提供台账管理功能
		提供通知公示功能
		提供方案在线编辑功能
		提供质量计划交底管理功能
2	变更管理	提供变更台账管理功能
		提供图样版本管理功能
		提供变更信息与 BIM 关联功能
		提供变更资料 CA 认证、电子签章和无纸化功能

（续）

序号	内容	功能要求
3	检验检测管理	提供取样过程记录留存功能
		提供建材质量监管功能
		提供检验检测数据现场提交功能
		提供检验检测数据统计、查询、分析及预警功能
		提供检验检测报告的有效性验证功能
		提供 BIM 关联功能
		提供大体积及冬期施工混凝土自动采集温度功能
		具备通过无线方式传输大体积及冬期施工混凝土采集温度的能力
		提供通过 PC/移动设备实时查看大体积及冬期施工混凝土温度的功能
		具备大体积及冬期施工混凝土测温数据断电续传能力
		提供大体积及冬期施工混凝土温度超标预警功能
		提供大体积及冬期施工混凝土测温记录统计、分析功能
		提供现场标养实验室恒温恒湿自动控制功能
		提供现场标养实验室养护台账记录功能
		提供现场标养实验室温湿度报警功能
		具备实时采集现场标养实验室温湿度数据的能力
		具备现场视频监控、现场标养实验的能力
4	旁站管理	提供发起旁站申请功能
		提供接受旁站任务功能
		提供监理人员旁站工作轨迹管理功能
		提供通过手持设备即时填写旁站信息单及拍照和数据上传的功能
		具备移动设备离线模式处理数据的能力
		提供旁站轮换提醒功能
		提供远程实时查询旁站采集信息的功能
		提供问题追责的功能

（续）

序号	内容	功能要求
5	检查管理	提供质量检查项维护功能
		提供制定质量检查计划功能
		提供拍照和短视频录制功能
		具备移动设备离线模式处理数据的能力
		提供生成和推送整改通知单功能
		提供实时查看整改完成情况功能
		提供记录实测实量数据功能
		提供检查数据统计、查询、分析及预警功能
		提供将检查位置与建筑信息模型关联的功能
		具备通过物联网设备采集质量数据能力（如：红外测距仪、激光扫描仪、道路压实监测、道路摊铺监测等）
6	验收管理	提供监理人员、施工方验收过程中的工作轨迹管理功能
		提供分项报验申请功能
		提供监理人员接收报验申请的功能
		提供手持设备对具体分部分项工程进行验收，填写验收数据，拍摄验收现场照片并上传的功能
		具备移动设备离线模式处理数据的能力
		提供对采集的验收数据进行汇总分析的功能
7	质量资料管理	提供对检验批、分项、子分部、分部、子单位工程、单位工程以及工程验收过程的行为信息、质量信息的采集、处置功能
		具备 CA 认证、电子签章和无纸化工作的能力
		具备将质量资料与建筑信息模型关联的功能
8	数字化档案管理	提供将数字档案自动组卷的功能
		提供将数字档案与建筑信息模型关联的功能

9.5.2 质量管理功能模块说明

1）质量管理功能模块是智慧工地建设平台的基本功能要求，实现对质量计划管理、变更管理、检验检测管理、旁站管理、检查管理、验收管理、质量资料管理、数字化档案管理等提供信息化、智能化技术支持，并适应质量监管技术的发展趋势。

2）质量计划管理，满足施工现场的质量计划管理的要求，提供包含但不限于质量计划的在线提交、审查、在线编辑、公示、台账的功能，同时实现质量计划的交底管理功能。

3）变更管理，对施工现场产生的变更进行规范管理，涵盖变更的记录台账，变更图样的版本管理，变更与建筑信息模型的信息管理，以及变更过程中的 CA 认证、电子签章管理，实现无纸化、信息化变更过程管理。

4）检验检测管理，满足施工现场质量检验检测的管理要求，提供检验检测信息化管理，包括取样过程记录留存，检验检测数据现场提交，检验检测数据统计、查询、分析及预警，检验检测报告的有效性验证，具备施工现场、检测机构、管理部门数据共享能力以及与 BIM 信息关联能力，同时提供施工现场常见的大体积及冬期施工混凝土测温等信息化管理能力以及现场标养实验室管理能力。

5）旁站管理，满足监理方对施工现场的质量管理要求，提供施工方发起旁站申请，监理方接收旁站任务功能，监理人员旁站工作轨迹管理，通过手持设备即时填写旁站信息单及拍照和数据上传，长时间旁站轮换提醒功能，远程实时查询旁站采集信息，问题追责等监理方参与工程质量管理的信息化手段。

6）检查管理，满足施工现场质量检查的要求，提供质量检查项电子化维护及制定质量检查计划的信息化管理手段；检查过程提供记录实测实量数据，支持拍照、文字和短视频录制上传记录，并且移动设备应具备离线数据记录能力，以确保施工现场在没有网络的情况下正常完成检查信息采集；对于检查出的质量问题生成和推送整改通知单，实时查看整改完成情况功能，提供将检查位置与建筑信息模型关联的能力，实现检查数据统计、查询、分析及预警功能；还应具备通过物联网设备采集质量数据能力（如：红外测距仪、激光扫描仪、道路压实监测、道路摊铺监测等），以实现智能化质量数据采集检查。

7）验收管理，满足监理方、施工方对项目验收的管理要求，具备质量问题及处理全过程的信息化管理，对监理人员、施工方验收过程中的工作轨迹管理，检验批、分项、子分部、分部、子单位工程、单位工程以及工程验收申请，提供设备对具体分部分项工程进行验收，填写验收数据，拍摄验收现场照片并上传等行为信息、质量信息的采集和信息化管理，具备采集的验收数据记录信息数据统计、分析、查询功能。可即时发现工程隐患信息和操作不规范行为，即时发出警示和整改信息给相关责任人，实现工序验收的信息化管理流程。

8）质量资料管理，实现对检验批、分项、子分部、分部、子单位工程、单位工程以及工程验收过程的行为信息、质量信息的采集、处置、质量资料数字化管理，质量资料关联岗位及责任人、CA 认证、电子签章和无纸化管理。实现将质量资料与建筑信息模型关联，质量资料关联构件，质量资料逆向定位构件等质量资料管理。

9）数字化档案管理，数字档案验收信息化管理，实现自动化档案组卷，关联建筑信息模型，实现基于 BIM 的数字化档案管理。

任务9.6 安全管理功能模块

训练目标：

1. 熟悉安全方案管理功能模块。
2. 熟悉危险性较大的分部分项工程信息管理功能模块。
3. 熟悉安全生产风险管控管理功能模块。
4. 熟悉隐患排查管理功能模块。
5. 熟悉有害气体监测管理功能模块。
6. 熟悉应急管理功能模块。
7. 熟悉安全资料管理功能模块。

9.6.1 安全管理功能模块内容和要求

1. 安全管理功能模块内容

安全管理功能模块内容包括安全方案管理、危险性较大的分部分项工程信息管理、安全生产风险管控管理、隐患排查管理、有害气体监测管理、应急管理、安全资料管理等。

2. 安全管理功能模块要求

安全管理功能模块要求见表9-6。

表9-6 安全管理功能模块要求

序号	内容	功能要求
1	安全方案管理	提供在线提交安全方案及审查功能
		提供台账管理功能
		提供通知公示功能
		提供方案在线编辑功能
		提供安全方案交底管理功能
2	危险性较大的分部分项工程信息管理	提供危险性较大的分部分项工程评定功能
		提供专家论证管理功能
		提供危险性较大的分部分项工程登记功能
		提供危险性较大的分部分项工程施工方案和应急事故处置预案电子记录、电子审批、电子签名功能

（续）

序号	内容	功能要求
2	危险性较大的分部分项工程信息管理	提供危险性较大的分部分项工程在线论证功能
		提供危险性较大的分部分项工程进度管理功能
		提供危险性较大的分部分项工程分级管控功能
		具备通过移动终端设备进行危险性较大的分部分项工程动态管理能力
		对监控技术成熟的危险性较大的分部分项工程项目（如高支模）布置监测设备
		提供深基坑工程监测关联基坑建筑信息模型功能，实时监测动态可视化
		提供基坑监测数据实时分析功能
		提供基坑监测数据预警实时推送功能
		提供基坑远程监控功能
		提供基坑重点支护面域变形 3D 激光扫描监测功能
		提供基坑日常巡检与监测问题快速处理功能
		提供一键信息推送所有干系人的功能
3	安全生产风险管控管理	提供安全生产风险辨识功能
		提供安全生产风险等级评定功能
		提供安全生产风险台账功能
		提供施工方案、防护措施、检查管理功能
		提供施工各项安全防护设施（模板、架体等）验收功能
4	隐患排查管理	提供危险源库管理功能
		提供安全检查计划制定功能
		提供拍照和短视频录制功能
		提供生成和推送整改通知单功能
		提供实时查看整改完成情况功能
		具备移动设备离线模式处理数据的能力
		提供检查数据统计、查询、分析及预警功能
5	有害气体监测管理	在空气流动性低的封闭和半封闭的区域设置不少于 1 个有害气体监测点
		提供实时监控有害气体数据功能
		具备实时传输监测数据能力
		具备与监测设备联动能力
		提供监测数据统计、分析、检索功能
		提供移动设备实时查看监测数据功能
		提供报警功能
		在空气流动性低的封闭和半封闭的区域均布置监测点
		提供一键信息推送所有干系人的功能

（续）

序号	内容	功能要求
6	应急管理	提供环境、事故信息预警展示功能
		提供应急预警、预案管理功能
		提供集中管理各类预警处置干系人的功能
		提供一键信息推送所有干系人的功能
		提供集中管理应急物资的数量、空间分布、使用记录的功能
		提供记录各类应急处置过程信息的功能
		提供应急处置事件中的行为可追溯查询功能
		提供汇总施工现场每个月预警总次数的功能
7	安全资料管理	提供安全管理过程的行为信息、安全信息的采集和处置功能
		提供安全问题整改处理全过程管理功能
		提供数字化安全资料管理功能
		提供 CA 认证、电子签章功能
		提供关联 BIM 功能，实现资料可追溯

9.6.2 安全管理功能模块说明

1）《危险性较大的分部分项工程安全管理规定》（中华人民共和国住房和城乡建设部令第 37 号）和《住房城乡建设部办公厅关于实施<危险性较大的分部分项工程安全管理规定>有关问题的通知》（建办质〔2018〕31 号）明确了危险性较大的分部分项工程及超过一定规模的危险性较大的分部分项工程的范围。

2）安全方案管理，满足施工现场的安全方案管理的要求，提供包含但不限于安全方案的在线提交、审查、在线编辑、公示、台账的功能，同时实现安全方案的交底功能。

3）危险性较大的分部分项工程信息管理，提供危险性较大的分部分项工程登记、评定、专家论证管理、施工方案和应急事故处置预案电子记录、电子审批和电子签名、危险性较大的分部分项工程在线论证、危险性较大的分部分项工程进度管理、危险性较大的分部分项工程分级管控、通过移动终端设备进行危险性较大的分部分项工程动态管理功能，实现对监控技术成熟的危险性较大的分部分项工程（如高支模、基坑安全监测）布置监测设备，设置监控监测预警值（与专项方案预警值匹配），实现超过预警值自动预警、处置方式及验收结果记录等功能。危险性较大的分部分项工程在进行风险评估时，应对照危险源数据库和项目实际情况，勾选项目危险源，制定危险源清单，明确危险因素和危险等级。

4）安全生产风险管控管理，对施工现场安全生产风险实现信息化管控，提供安全生产风险辨识、安全生产风险等级评定、安全生产风险台账以及应对的施工方案、防护措施、检查管理及对施工各项安全防护设施（模板、架体等）验收功能，实现安全生产风险管控的清晰、有序、有备监控管理。

5）隐患排查管理，满足施工现场隐患排查的要求，提供危险源库电子化维护管理和制定安全检查计划的信息化管理手段；支持巡检人员录入巡检过程发现的隐患信息，支持拍照上传，应实现检查、监控监测等过程监管，并通过设备检测、视频记录或移动设备拍照功能将检查、监测数据实时上传；应支持巡检人员录入巡检过程发现的隐患信息，支持拍照上传，发起整改通知，整改通知应支持短信或移动消息通知整改负责人；应实现巡检人员根据整改记录进行复查，并记录复查情况，确定整改是否通过。应支持整改负责人在整改完成后上传整改后的情况，整改完成后应支持短信或移动消息通知巡检人员。

6）有害气体监测管理，通过在空气流动性低的封闭和半封闭的区域设置有害气体监测点，进行有害气体数据自动采集、实时统计分析、传输查看、预警来确保施工安全，并能实现与联动设备进行处置，降低有害气体危险，以达到具备施工安全条件。

7）应急管理，为满足施工现场施工应急处置的要求，提供环境及事故信息预警展示，应急预警预案管理，集中管理各类预警处置干系人，一键信息推送所有干系人，集中管理应急物资的数量、空间分布、使用记录，记录各类应急处置过程信息，应急处置事件中的行为可追溯查询，汇总施工现场每个月预警的总次数的功能，实现施工现场针对应急管理信息预警、预案管理、应急处置过程涉及的人员和物资、处置过程信息全面的管理与记录。

8）安全资料管理，实现对安全管理过程的行为信息、安全信息的采集和处置，生产安全问题整改处理全过程管理，实现安全信息的采集、处置、安全资料数字化管理，安全资料关联岗位及责任人，CA 认证、电子签章和无纸化管理，实现将安全资料与建筑信息模型关联、安全资料关联构件、安全资料逆向定位构件等安全资料管理。

任务 9.7 施工现场环境管理模块

训练目标：

1. 熟悉扬尘监测管理功能模块。
2. 熟悉噪声监测管理功能模块。
3. 熟悉现场小气候监测管理功能模块。
4. 熟悉施工用水监测管理功能模块。
5. 熟悉施工垃圾监测管理功能模块。

9.7.1 施工现场环境管理功能模块内容和要求

1. 施工现场环境管理功能模块内容

施工现场环境管理功能模块内容包括扬尘监测管理、噪声监测管理、现场小气候监测管理、施工用电监测管理、施工用水监测管理、施工垃圾监测管理、绿色建筑评价管理等。

2. 施工现场环境管理功能模块要求

施工现场环境管理功能模块要求见表9-7。

表9-7 施工现场环境管理功能模块要求

序号	内容	功能要求
1	扬尘监测管理	在施工扬尘重点区域设置不少于1个扬尘监测点
		具备实时监控PM10、PM2.5数据能力
		具备实时传输监测数据能力
		具备与防尘控制设备联动能力
		提供监测数据统计、分析、检索功能
		提供移动设备实时查看检测数据功能
		提供声光报警功能
		在扬尘产生区域均布置监测点
2	噪声监测管理	在施工现场设置不少于1个噪声监测点
		具备实时监控噪声数据能力
		具备实时传输监测数据能力
		提供监测数据统计、分析、检索功能
		提供移动设备实时查看监测数据功能
		满足国家现行标准《建筑施工场界环境噪声排放标准》（GB 12523—2011）的规定
		提供声光报警功能
3	现场小气候监测管理	应在施工现场布置不少于1个小气候监测点
		检测内容包括但不限于：温度、湿度、风向、风力
		具备实时传输监测数据能力
		提供移动设备实时查看监测数据功能
		提供数据统计、分析、检索功能
		具备实时采集雨量监测数据的能力
		提供声光报警功能

（续）

序号	内容	功能要求
4	施工用电监测管理	具备智能监测用电消耗数据的能力
		提供物联网智能数据采集功能
		提供用电数据统计、分析、预警、检索功能
		提供通过移动设备查看用电数据功能
		具备远程控制用电设备能力
		具备限量用电能力
		提供综合能耗分析能力
5	施工用水监测管理	支持物联网智能水表和智能阀门
		具备实时采集终端水量数据能力
		提供终端阀门智能卡控制功能
		提供按用水量、供水次数、供水时间等进行水量控制功能
		提供用水数据统计、分析、预警、检索功能
		提供通过移动设备实时查看用水数据功能
		提供综合能耗分析功能
6	施工垃圾监测管理	提供建筑垃圾基本信息记录功能
		提供垃圾称重及计量功能
		提供垃圾申报、跟踪、结算等数据的监控功能
		提供污水排放监测功能
		提供通过移动设备查看垃圾数据功能
		提供数据统计、分析、预警、检索功能
		具备通过 AI 技术自动识别垃圾种类的能力
7	绿色建筑评价管理	按照国家现行标准《绿色建筑评价标准》（GB/T 50378—2019）中施工管理相关评价指标进行评价
		提供评价指标采集对应数据的功能
		提供根据评价指标自动/手动打分功能
		提供自动汇总得分功能
		提供自动评定星级功能
		提供统计、查询、检索等功能

9.7.2 施工现场环境管理功能模块说明

1）国家现行标准《绿色建筑评价标准》（GB/T 50378—2019）对施工过程中的绿色管理评价做了详细规定，绿色建筑是未来发展的重点方向，在建筑物建造的过程中同样需要充分保障符合绿色建筑的相关评价标准，同时结合环保要求，保障建造过程的绿色可持续。

2）扬尘、噪声、现场小气候监测管理，要求不得少于一个监测点，实际项目可以根据规模、施工方案、周边环境等进一步考虑实际的布设范围和具体点。

3）施工用水、用电监测管理，主要考虑对水资源的再利用。工程施工环节属于用水、用电量较大的生产环节，需要采用实际管理措施提升节水节电能力，利用物联网技术实现对用水、用电的动态监控，不仅仅掌握使用数据，还可以根据数据的分析进一步掌握现场实际管理情况，有助于优化设备和施工组织配置，合理利用资源。

4）施工垃圾监测管理，是城市垃圾处理的一项重要工作，需要加强对施工垃圾的监控管理，应采用各种办法降低施工垃圾的排放量，在推行碳排放标准以后，有利于施工企业的良性发展。

5）绿色建筑评价管理，是对整个建筑物的全生命周期进行评估，主要对施工过程进行评价，评价依据执行《绿色建筑评价标准》中的要求。

任务 9.8 视频监控功能模块

训练目标：

1. 熟悉视频采集功能模块。
2. 熟悉视频查看功能模块。
3. 熟悉视频控制功能模块。
4. 熟悉数据存储功能模块。
5. 熟悉设备管理功能模块。
6. 熟悉联动报警功能模块。
7. 熟悉监控中心功能模块。

9.8.1 视频监控功能模块内容和要求

1. 视频监控功能模块内容

视频监控功能模块内容包括视频采集、视频查看、视频控制、数据存储、设备管理、权限管理、联动报警、监控中心等。

2. 视频监控功能模块要求

视频监控功能模块要求见表 9-8。

表 9-8 视频监控功能模块要求

序号	内容	功能要求
1	视频采集	采集范围包括但不限于施工现场出入口、重点施工作业区域、危险性较大工程作业面
		施工作业区域、危险性较大工程作业面、危险区域、禁止进入区域
		根据建筑面积确定监控点位最低数量
		在制高点布置不少于 1 台高清摄像机，水平支持 360°旋转，支持巡航、守望位、线扫画面冻结功能
		监控数据具备联网传输能力
		具备夜间视频采集能力，有效可视距离不小于 30m
		对生活区进行视频全覆盖，对作业区域开阔面实现全覆盖
		支持不少于 6 路采集数据图像 OSD 叠加
		出入口设置不少于 1 台人脸比对图像识别设备
		支持监控 HTML5 标准的 HLS 视频流，可直接用于浏览器和移动端播放
		监控设备具备 4G/Wi-Fi 无线传输能力
		提供安全帽、工作服穿戴识别，图像测距功能
		提供图像抓拍，黑、白名单比对，及对接第三方数据库
		提供音频采集功能，能实现视频、音频同步切换
2	视频查看	提供监控视频实时查看功能
		提供视频回放功能，支持通过 IP 地址、时间、预警类型、名称等检索功能，支持多路同步回放、全屏回放、视频摘要等功能
		提供摄像头分组布局，多画面浏览功能
		提供视频轮巡功能，支持设置轮巡时间间隔，支持多个摄像头显示顺序设置
		提供通过互联网实现实时视频查看功能，端到端视频延时不大于 3s，图像分辨率不小于 1280×720
		提供通过移动端实现实时视频查看功能，端到端视频延时不大于 3s，图像分辨率不小于 480×800
		支持三码流、多客户端同时访问
		视频本地数据回放分辨率不低于 1920×1080
3	视频控制	提供云平台控制功能，可实现调节摄像头的旋转角度、镜头景深远近等
		支持 BMP/JPG 图片手动或自动抓拍

（续）

序号	内容	功能要求
4	数据存储	视频存储时间不应小于 30d
		提供视频备份功能，支持视频日期备份功能
		支持图片、视频、数据分类存储
		支持 H264、H265 混合编码
5	设备管理	提供设备 IP 地址配置功能
		提供设备参数配置功能
		提供设备初始化功能
6	权限管理	提供访问权限设置功能
		提供配置权限设置功能
7	联动报警	提供环境监测和设备状态异常报警联动功能
		具备外接联动报警设备能力
		提供 UWB、蓝牙、RFID 实现定位、轨迹联动功能
		提供自动识别功能，包括但不限于：人员识别、车辆识别、行为识别
		出现打架斗殴行为时，提供自动预警功能
		提供移动侦测，视频遮挡，周界，绊线，人脸检测，失焦、偏色检测，物体跟踪，场景变换检测等功能
8	监控中心	支持分布式、集中式等多种管理模式
		监控系统具备不少于三级组织架构管理能力

9.8.2 视频监控功能模块说明

视频监控技术已经比较成熟，在未来 AI 技术的应用领域，视频监控技术是重要组成部分。通过视频监控技术实时掌握项目现场的动态情况，便于各级管理机构、企业各个管理层级实时了解项目的情况，有助于项目的有效管理。结合工程项目的实际特点，强化视频监控的联动报警功能，利用 AI 技术进一步提升管理效能，可对各种不合规行为和危险行为进行提前预警，大力提升现场管理的覆盖度、及时性。

任务 9.9 机械设备管理功能模块

训练目标：

1. 熟悉机械设备基本信息管理功能模块。

2. 熟悉机械设备维护保养及检查管理功能模块。
3. 熟悉塔式起重机安全监控管理功能模块。
4. 熟悉升降机安全监控管理功能模块。

9.9.1 机械设备管理功能模块内容和要求

1. 机械设备管理功能模块内容

机械设备管理功能模块内容包括机械设备基本信息管理、机械设备维护保养及检查管理、重点施工机械定位管理、塔式起重机安全监控管理、升降机安全监控管理等。

2. 机械设备管理功能模块要求

机械设备管理功能模块要求见表9-9。

表9-9 机械设备管理功能模块要求

序号	内容	功能要求
1	机械设备基本信息管理	提供设备台账功能
		提供统一编码功能
		提供生成二维码或其他快捷唯一标识的功能
		提供检索、统计、分析功能
		提供使用电子标签功能
2	机械设备维护保养及检查管理	提供建立维护保养计划功能
		提供记录维护保养信息功能
		提供预警及信息推送主要干系人功能
		提供统计、分析、检索功能
		提供移动设备扫描二维码或识别电子标签快速完成业务的功能
3	重点施工机械定位管理	提供定位能力
		定位数据与GIS信息关联
		提供可移动设备轨迹记录功能
		提供通过定位信息查看机械设备其他业务数据功能
		提供移动端实时查看定位信息功能
4	塔式起重机安全监控管理	提供塔式起重机械设备运行数据实时监测、控制功能
		提供群塔作业防碰撞监测及预警、控制功能
		提供对操作人员的生物识别管理功能
		提供图形化实时同步塔式起重机械运行数据展示功能
		提供自动记录运行数据及预警数据功能
		提供吊钩可视化功能

（续）

序号	内容	功能要求
4	塔式起重机安全监控管理	提供监测数据实时无线传输功能
		提供数据统计、分析、检索功能
		提供声光报警功能
		提供设备工效分析功能
5	升降机安全监控管理	提供升降机运行数据实时监测、控制功能
		提供对操作人员的生物识别管理功能
		提供图形化实时同步塔式升降机械运行数据展示功能
		提供自动记录运行数据及预警数据功能
		具备监测数据实时无线传输能力
		提供数据统计、分析、检索功能
		提供声光报警功能
		提供设备工效分析功能
		提供乘坐人数识别功能

9.9.2 机械设备管理功能模块说明

1）机械设备管理主要针对现场危险性较大的内容，同时建立机械设备台账，将机械设备的基本信息、日常维护保养及检查有效管理起来。

2）机械设备维护保养及检查管理是保障机械设备正常工作、排除隐患的重要环节，利用二维码或电子标签对各类设备进行快速管理，同时利用移动设备实现动态、快速的业务操作和检查工作，提升现场机械设备管理的实际落地效果。

3）重点施工机械定位管理主要从该机械设备属于移动设备且危险性较大、该机械设备的调配对现场生产组织影响较大两个维度考虑，项目可以对该类设备配置定位设备，实时掌握设备的具体位置，记录设备运行的轨迹数据，实现对设备安全运行、高效运行进行有效掌控。

4）塔式起重机和升降机监控管理主要围绕其安全运行来考虑，通过连接智能控制设备保障其安全运行，实时采集工作数据，可以实现对其工作效能的评价，有助于现场及时调整生产组织。

小结

本项目系统介绍了智慧工地信息管理功能模块、人员管理功能模块、生产管理功能模块、技术管理功能模块、质量管理功能模块、安全管理功能模块、施工项目环境管理模块、视频监控功能模块、机械设备管理功能模块的内容和要求，识别和应用模块功能。

讨论与思考

1. 工程信息管理功能模块包括哪些内容？
2. 人员管理功能模块包括哪些内容？
3. 生产管理功能模块包括哪些内容？
4. 技术管理功能模块包括哪些内容？
5. 质量管理功能模块包括哪些内容？
6. 安全管理功能模块包括哪些内容？
7. 施工项目环境管理模块包括哪些内容？
8. 视频监控功能模块包括哪些内容？

项目10

智慧工地管理系统集成与运行维护

能力目标:

通过本项目的学习，能够识别智慧工地管理系统集成，具备智慧工地管理系统运行和维护的能力。

学习目标:

1. 熟悉智慧工地管理系统集成内容和要求。
2. 熟悉智慧工地管理系统数据接口内容和要求。

任务10.1 智慧工地管理系统集成

训练目标:

1. 识别系统集成内容。
2. 分析系统集成要求。

案例：
山东省肿瘤医院智慧工地应用（扫描二维码下载案例文件）

10.1.1 智慧工地管理系统集成内容和要求

1. 系统集成内容

（1）智慧工地管理系统内部集成包括界面集成、应用集成、数据集成、环境集成四部分。

（2）智慧工地管理系统外部集成主要是与政府监管部门的业务应用系统集成。

2. 系统集成要求

系统集成要求见表10-1。

表 10-1　系统集成要求

序号	项目	项目要求	
1	内部集成	界面集成	通过门户系统的建设将智慧工地管理系统所包含的工程信息、人员、生产、技术、质量、安全、施工现场环境、视频监控、设备管理 9 大模块的展现视图统一集成，集成方式应包括 URL 集成、Iframe 集成、Web Service 集成和 API 集成等
		应用集成	通过功能界面调用、服务调用、数据共享等方式实现工程项目在工程信息、人员、生产、技术、质量、安全、施工现场环境、视频监控、设备管理等专项业务应用系统之间在应用层面的业务协同
		数据集成	包括智慧工地管理系统数据库的创建与管理，统一数据访问的规划与建设，基础数据的统一维护管理，不同逻辑库之间的数据抽取、统计计算及面向主题服务的数据转换等
		环境集成	包括网络环境的集成、安全环境的集成、机房环境的集成、终端设备环境的集成、服务器存储等硬件设备的集成、基础系统软件的集成
2	外部集成		提供与省、地市、县三级工程行政主管部门的数据服务接口

10.1.2　智慧工地系统集成说明

智慧工地涉及项目现场管理的方方面面，在建设过程中一种技术、一个系统是无法解决的，需要整合多种技术，建设不同的管理系统、应用工具，还要考虑软件与硬件的整合应用等，需要充分考虑系统的集成要求，需要从智慧工地管理系统内部、外部两个维度来考量。

任务 10.2　智慧工地管理系统数据接口

训练目标：

1. 识别数据接口内容。
2. 熟悉数据接口要求。

10.2.1 智慧工地管理系统数据接口内容和要求

1. 数据接口建设内容

数据内容及接口、数据类型、数据格式、传输方式、传输频率。

1）数据接口应公开发布，实现各系统间数据共享。

2）数据接口应包含所有业务系统及智能物联网设备。

2. 数据接口要求

数据接口要求见表 10-2。

表 10-2 数据接口要求

序号	项目	项目要求
1	数据内容及接口	提供工程信息管理访问接口
		提供人员管理访问接口
		提供生产管理访问接口
		提供技术管理访问接口
		提供质量管理访问接口
		提供安全管理访问接口
		提供施工现场环境管理访问接口
		提供视频监控访问接口
		提供机械设备管理访问接口
		建立行业监管平台数据访问接口，实现采集数据的标准化，其中安全监管数据应符合《全国建筑施工安全监管信息系统共享交换数据标准（试行）》（建办质〔2018〕5 号）
2	数据类型	结构化数据
		非结构化数据
3	数据格式	应实现各数据类型的标准化，统一编码
		应支持 JSON、XML、文本等数据交换格式
		数据内容应包含数据唯一标识、项目唯一编码、采集设备唯一编码、数据采集时间等
4	传输方式	支持从智慧工地施工现场采集
		支持从其他智慧工地管理系统共享同步
		支持由具有权限的后台管理人员录入
		支持有线和无线两种数据传输方式

（续）

序号	项目	项目要求
4	传输方式	采用 Http、Socket、Wi－Fi（IEEE802.11 协议）、Mesh、蓝牙、ZigBee、Thread、Z-Wave、NFC、UWB、Li-Fi 等一种或多种通信协议进行网络传输
5	传输频率	采集数据应按设置频率周期进行数据传输，传输频率应支持可配置，支持按 d、h、min、s 设置
		报警数据应在产生时及时传输

10.2.2 智慧工地管理系统运行维护说明

在智慧工地建设的过程中，会出现整合已有建设系统、新建各类系统的情况，涉及软件厂商、硬件厂商等，需要各类业务系统数据互联互通。为了保障公平竞争，各系统服务商都应公开数据接口，降低施工企业协调难度，提升系统数据的互联互通能力，真正使企业体会智慧工地的应用价值。数据接口不仅仅是软件系统要制定，各类智能物联网设备也需要公布自己的数据据接。

任务10.3 智慧工地管理系统运行维护

训练目标：

1. 识别智慧工地管理系统运行维护内容。
2. 熟悉智慧工地管理系统运行维护要求。

10.3.1 智慧工地管理系统运行维护内容和要求

1. 智慧工地管理系统运行维护内容

智慧工地管理系统运行维护内容包括运行维护规范、运行维护管理、系统升级管理。

2. 智慧工地管理系统运行维护要求

智慧工地管理系统运行维护要求见表10-3。

表10-3 智慧工地管理系统运行维护要求

序号	项目	项目要求
1	运行维护规范	运行与维护对象包括但不限于网络系统、主机和存储系统、数据库和软件系统

（续）

序号	项目	项目要求
1	运行维护规范	具备设备操作手册、系统维护手册、系统架构手册等常规运维指导文件
		具备运维巡检技术，进行预防性维护
		具备故障响应、应急处理流程及方案
		具备备份和故障后恢复的准备工作
2	运行维护管理	具备设备运行状态、设备间网络端口转发与路由、业务数据库和应用进程等的日常监控和运行状态报告
		具备硬件设备操作系统、业务中间件软件、业务应用系统和数据库的优化配置
		系统中的配置元素记录在案，并应通过配置管理工作流程进行系统配置变更
		定期对设备的运行状态及近期维修过的设备进行复检，对网络线路进行检查与测试
		按照运维巡检计划填写日常运维记录
		定期对设备内、外部进行清洁工作
		系统运行时，对关键指标不达标的情况，应预警并标记故障，提示更换
		做到故障及时发现、及时报告、及时解决和及时存档
		运行与维护的全部过程应进行记录和存档，并应对每次故障记录进行分析
		运行与维护从业人员应具备相应的专业技能，并进行定期技术培训
		建立重点设备、特种设备日常运维记录，并严格遵守国家关于特种设备使用、维护等相关方面的规定
		选择在施工现场空闲时间进行系统运行维护
3	系统升级管理	定期进行设备盘点、固定资产登记、设备与系统运行情况评估，并进行下一年度系统升级的合理化建议
		利用自动化运维技术实现自动化编译、测试、部署、启动、运行
		系统更新升级过程出现故障时，自动回退到更新前状态

10.3.2 智慧工地管理系统运行维护说明

运行维护主要为了保障系统稳定工作，同时要考虑系统的可持续发展，本项目主要围绕运行维护规范、运行维护管理及系统升级管理进行说明。科学技术的进步速度是非常快的，现有的技术需要不断地革新，在这个过程中需要不断地进行系统的评估，现有技术是否可以升级实现新的能力，是否需要淘汰老技术进行更换，同时在建设的时候也需要充分地评估技术的可持续发展，使其具备升级改造的空间。

案例：智慧工地施工现场安全监控系统技术方案。

小结

本项目系统地介绍了智慧工地管理系统集成、数据接口和运行维护。

讨论与思考

1. 智慧工地的关键技术有哪些？它们如何支持智慧工地的各种功能需求？
2. 智慧工地涉及多种关键技术，这些技术的关系是什么？应当如何集成应用？
3. 怎样才能做好智慧工地运行维护？

附录

典型案例

案例1：槐房再生水厂智慧建造实践。

案例2：国家速滑馆项目基于BIM的智慧建造实践。

参考文献

[1] 范红岩，宋岩丽. 建筑工程项目管理［M］. 北京：北京大学出版社，2008.

[2] 周鹏，奉丽玲. 建筑工程项目管理［M］. 北京：冶金工业出版社，2010.

[3] 银花. 建筑工程项目管理［M］. 北京：机械工业出版社，2010.

[4] 李玉芬，冯宁. 建筑工程项目管理［M］. 北京：机械工业出版社，2008.

[5] 胡六星. 建筑工程项目管理［M］. 北京：机械工业出版社，2011.

[6] 郭汉丁，郭伟. 工程项目管理概论［M］. 北京：电子工业出版社，2010.

[7] 成虎，陈群. 工程项目管理［M］. 北京：中国建筑工业出版社，2009.

[8] 武佩牛. 建设工程项目管理［M］. 北京：机械工业出版社，2008.

[9] 王云. 建筑工程项目管理［M］. 北京：北京理工大学出版社，2012.

[10] 毛桂平，周任. 建筑工程项目管理［M］. 北京：清华大学出版社，2015.

[11] 张献奇，胡玉梅. 建筑施工组织与管理［M］. 北京：冶金工业出版社，2010.

[12] 冯美宇. 建筑施工组织与管理［M］. 武汉：武汉理工大学出版社，2011.

[13] 郭辉. 建筑施工组织与管理［M］. 青岛：中国海洋大学出版社，2010.

[14] 可淑玲，宋文学. 建筑工程施工组织与管理［M］. 广州：华南理工大学出版社，2015.

[15] 危道军. 工程项目管理［M］. 武汉：武汉理工大学出版社，2015.

[16] 韩国平，陈晋中. 建筑施工组织与管理［M］. 北京：清华大学出版社，2012.

[17] 张瑞生. 建筑工程安全管理［M］. 武汉：武汉理工大学出版社，2009.

[18] 黄春蕾. 建筑施工安全管理［M］. 北京：科学技术文献出版社，2015.

[19] 李久林. 智慧建造关键技术与工程应用［M］. 北京：中国建筑工业出版社，2017.

[20] 王要武，陶斌辉. 智慧工地理论与应用［M］. 北京：中国建筑工业出版社，2019.